高等学校计算机应用规划教材

MATLAB 2012 简明教程

薛山　编著

清华大学出版社

北　京

内 容 简 介

本书基于 MATLAB R2012a，重点介绍 MATLAB 的基础应用，包括利用 MATLAB 进行科学计算、编写程序、绘制图形等，以简练的语言和代表性的实例向读者介绍 MATLAB 的功能和使用方法，为初识 MATLAB 的用户提供指导。本书共分 12 章，包括 MATLAB R2012a 简介，MATLAB 的基本使用方法，数组和向量，MATLAB 的数学运算，字符串、单元数组和结构体，MATLAB 编程，MATLAB 的符号处理、MATLAB 绘图，MATLAB 句柄图形，MATLAB GUI 设计，Simulink 的建模与仿真，文件和数据的导入与导出。全书对 MATLAB 的常用函数和功能进行了详细介绍，并通过实例及大量的图形进行说明。此外，本书每章后面都配有习题，辅助读者学习 MATLAB。

本书结构清晰、内容详尽，可以作为理工科院校相关专业的教材，也可以作为 MATLAB 初、中级用户学习的参考书。

本书电子教案、习题答案和实例源文件可以到 http://www.tupwk.com.cn/downpage/index.asp 网站下载。

图书在版编目(CIP)数据

MATLAB 2012 简明教程/薛山 编著．—北京：清华大学出版社，2013.6（2021.8 重印）

(高等学校计算机应用规划教材)

ISBN 978-7-302-32472-0

Ⅰ. ①M… Ⅱ. ①薛… Ⅲ. ①MATLAB 软件—高等学校—教材 Ⅳ. ①TP317

中国版本图书馆 CIP 数据核字(2013)第 105114 号

责任编辑： 胡辰浩 易银荣
装帧设计： 牛静敏
责任校对： 成凤进
责任印制： 沈 露

出版发行： 清华大学出版社
网 址： http://www.tup.com.cn，http://www.wqbook.com
地 址： 北京清华大学学研大厦 A 座 **邮 编：** 100084
社 总 机： 010-62770175 **邮 购：** 010-62786544
投稿与读者服务： 010-62776969, c-service@tup.tsinghua.edu.cn
质 量 反 馈： 010-62772015, zhiliang@tup.tsinghua.edu.cn
课 件 下 载： http://www.tup.com.cn，010-62794504

印 装 者： 北京国马印刷厂
经 销： 全国新华书店
开 本： 185mm×260mm **印 张：** 21.75 **字 数：** 502 千字
版 次： 2013 年 6 月第 1 版 **印 次：** 2021 年 8 月第 7 次印刷
定 价： 66.00 元

产品编号：041144-03

前　言

MATLAB 是当前最优秀的科学计算软件之一，也是许多科学领域中分析、应用和开发的基本工具。MATLAB 的全称是 Matrix Laboratory，是由美国 Mathworks 公司于 20 世纪 80 年代推出的数学软件。最初它是一种专门用于矩阵运算的软件，经过多年的发展，MATLAB 已经发展成为一种功能全面的软件，几乎可以解决科学计算中的所有问题。而且 MATLAB 编写简单、代码效率高等优点使得 MATLAB 在通信、信号处理、金融计算等领域都已经被广泛应用。

MATLAB R2012a 为 2012 年的最新版本。本书详细介绍了 MATLAB R2012a 的功能和使用方法，并且按照由浅入深的顺序安排章节，依次介绍了 MATLAB R2012a 的基本应用、数学计算功能及高级应用，如编程功能、绘图、GUI 设计及 Simulink 建模等。通过详细介绍各功能中的常用函数、函数的使用方法以及函数的具体应用，使读者掌握这些功能。每一章的开始部分简要介绍本章的基本内容，并且指定学习目标，使读者能够明确学习任务。课后配有习题，习题紧扣每章内容。通过这些习题的训练，读者可以加深对 MATLAB 的了解，更加熟悉 MATLAB 的应用。通过阅读此书，读者可以快速、全面地掌握 MATLAB R2012a 的使用方法，通过书中的例题及课后的习题训练，可以达到熟练应用和融会贯通。

本书共分 12 章。第 1 章介绍 MATLAB 的发展历史、基本功能特点和软件使用界面；第 2 章介绍 MATLAB 数学计算基本使用方法，包括 MATLAB 的常用数学函数、数据类型、操作函数及 MATLAB 脚本文件等，熟悉 MATLAB 的基本运算功能；第 3 章介绍 MATLAB 数组和向量，包括数组和向量的创建、数组的基本运算、数组和向量的操作；第 4 章介绍 MATLAB 的数学计算功能，包括函数运算、数据插值及微分方程求解等；第 5 章介绍 MATLAB 的其他数据结构，包括字符串、单元数组和结构体，为 MATLAB 编程及更多功能的实现打下基础；第 6 章介绍 MATLAB 编程，包括 MATLAB 程序设计的脚本文件、程序设计与开发、基本语法、语句结构及程序调试等；第 7 章介绍 MATLAB 的符号运算工具箱，包括功能和实现等；第 8 章介绍 MATLAB 绘图，绘图是 MATLAB 的一个重要特点，主要介绍基本的图形绘制、绘制图形的常用操作、特殊图形的绘制等内容；第 9 章介绍 MATLAB 句柄图形，为学习 MATLAB 图形用户接口(GUI)设计做好准备；第 10 章介绍 MATLAB GUI 设计；第 11 章介绍 Simulink，主要是介绍 Simulink 建模的基本操作、Simulink 的功能模块库、常见 Simulink 模型以及 S 函数；第 12 章介绍 MATLAB 中的常用输入输出操作。

本书是多人智慧的结晶，除封面署名的作者外，参与编写的人员还有郑艳君、裴淑娟、李辉、张宇怀、徐晓明、薛继军、岳殿召、陈添荣、侯铁国、刘军勇和李淑萍等。由于时间较紧，书中难免有错误与不足之处，恳请专家和广大读者批评指正。在编写本书的过程中参考了相关文献，在此向这些文献的作者深表感谢。我们的邮箱是 huchenhao@263.net，电话是 010-62796045。

作　者

2013年3月

目　录

第1章 MATLAB R2012a简介

MATLAB 是一种将数据结构、编程特性以及图形用户界面完美地结合到一起的软件。MATLAB 的核心是矩阵和数组，在 MATLAB 中，所有数据都是以数组的形式来表示和存储的。MATLAB 提供了常用的矩阵代数运算功能，同时还提供了非常广泛和灵活的数组运算功能，用于数据集的处理。MATLAB 的编程特性与其他高级语言类似，同时它还可以与其他语言(如 Fortran 和 C 语言)混合编程，进一步扩展了它的功能。在图形可视化方面，MATLAB 提供了大量绘图函数，方便用户进行图形绘制，同时 MATLAB 提供了图形用户接口(GUI)，通过 GUI，用户可以进行可视化编程。Simulink 基于 MATLAB 的框图设计环境，可以用来对各种动态系统进行建模、分析和仿真，它的建模范围广泛，可以针对任何能够用数学来描述的系统进行建模，如航空航天动力学系统、卫星控制制导系统、通信系统、船舶及汽车等，其中包括：连续、离散，条件执行，事件驱动，单速率、多速率和混杂系统等。而且 Simulink 还提供了丰富的功能块以及不同的专业模块集合，利用 Simulink 几乎可以做到不书写一行代码就完成整个动态系统的建模工作。

本章主要介绍 MATLAB 的一些基本知识，主要包括 MATLAB 的功能、发展历史以及 MATLAB R2012a 的新功能等。另外，本章将对 MATLAB 的界面及路径管理等进行介绍。

本章学习目标

- ✔ 了解 MATLAB 的基本功能和特点
- ✔ 了解 MATLAB 的基本界面
- ✔ 了解 MATLAB 的路径搜索

1.1 MATLAB 简 介

MATLAB 是 MathWorks 公司用 C 语言开发的软件，其中的矩阵算法来自 Linpack 和 Eispack 课题的研究成果。本节主要介绍 MATLAB 的整体情况及其特点。

1.1.1 MATLAB 概述

MATLAB 作为一种高级科学计算软件，是进行算法开发、数据可视化、数据分析以及数值计算的交互式应用开发环境。世界上许多科研工作者都在使用 MATLAB 产品来加快他们的科研进程，缩短数据分析和算法开发的时间，研发出更加先进的产品和技术。相对于传统的 C、C++或者 Fortran 语言，MATLAB 提供了高效快速解决各种科学计算问题的方法。目前，MATLAB 产品已经被广泛认可为科学计算领域内的标准软件之一。

MATLAB 可以被广泛地应用于不同领域，如信号与图像处理、控制系统设计与仿真、通信系统设计与仿真、测量测试与数据采集、金融数理分析以及生物科学等。在 MATLAB 中内嵌了丰富的数学、统计和工程计算函数。使用这些函数进行问题的分析解答，无论是问题的提出还是结果的表达都能采用工程师习惯的数学描述方法。这一特点使 MATLAB 成为了数学分析、算法开发及应用程序开发的良好环境。MATLAB 是 MathWorks 产品家族中所有产品的基础。附加的工具箱扩展 MATLAB 基本环境用于解决特定领域的工程问题。高级科学计算语言。

MATLAB 有以下几个特点。

- 代码、数据文件的集成管理环境。
- 算法设计开发的交互式工具。
- 用于线性代数、统计、傅立叶分析、滤波器设计、优化和数值计算的基本数学函数。
- 2-D 和 3-D 数据可视化。
- 创建自定义工程师图形界面的工具。
- 与第三方算法开发工具(如 C/C++、FORTRAN、Java、COM、Microsoft Excel 等)集成开发基于 MATLAB 的算法。

MATLAB 中有许多附加的软件模块。这些软件模块也被称为工具箱，它们可以执行更加复杂的计算。用户可以单独购买这些模块，但是，所有模块都必须在核心 MATLAB 程序下运行。工具箱处理诸如以下的这些应用：图像和信号处理、财务分析、控制系统设计和模糊逻辑。

1.1.2 MATLAB 的基本功能

MATLAB 将高性能的数值计算和可视化功能集成，并提供了大量的内置函数，从而被广泛地应用于科学计算、控制系统和信息处理等领域的分析、仿真和设计工作，而且利用 MATLAB 产品的开放式结构，可以很容易地对 MATLAB 的功能进行扩充，从而在不断深化对问题认识的同时，逐步完善 MATLAB 产品以提高产品自身的竞争能力。

MATLAB 的基本功能如下。

1. 数学计算功能

MATLAB 的数学计算功能是 MATLAB 的重要组成部分，也是最基础的部分，包括矩阵运算、数值运算以及各种算法。

2. 图形化显示功能

MATLAB 可以将数值计算的结果通过图形化的界面显示出来，包括 2D 和 3D 界面。

3. M 语言编程功能

用户可以在 MATLAB 中使用 M 语言编写脚本文件或者函数来实现用户所需要的功能，而且 M 语言语法简单，方便于学习和使用。

4. 编译功能

MATLAB 可以通过编译器将用户自己编写的 M 文件或者函数生成函数库，支持 Java 语言编程，提供 COM 服务和 COM 控制，输入输出各种 MATLAB 及其他标准格式的数据文件。通过这些功能，使得 MATLAB 能够同其他高级编程语言混合使用，大大提高了实用性。

5. 图形用户界面开发功能

利用图形化的工具创建图形用户界面开发环境(GUIDE)，支持多种界面元素：按钮(PUSH BUTTON)、单选按钮(RADIO BUTTON)、复选框(CHECK BOXES)、滑块(SLIDERS)、文本编辑框(EDIT BOX)和 ActiveX 控件，并提供界面外观、属性、行为响应等设置方式来实现相应的功能。利用图形界面，用户可以很方便地和计算机进行交流。

6. Simulink 建模仿真功能

Simulink 是 MATLAB 的重要组成部分，可以用来对各种动态系统进行建模、分析和仿真。Simulink 包含了强大的功能模块，而且利用简单的图形拖动、连线等操作构建出系统框图模型。同时，Simulink 与基于有限状态机理论的 Stateflow 紧密集成，可以针对任何能用数学来描述的系统进行建模。

7. 自动代码生成功能

自动代码生成工具主要有 Real-Time Workshop 和 Stateflow Coder，通过代码生成工具可以直接将 Simulink 与 Stateflow 建立的模型转化为简捷可靠的程序代码，操作简单，整个代码生成的过程都是自动完成的，极大地方便了用户。

1.1.3 MATLAB 的更新

MATLAB 正处于不断的发展中，每年 MathWorks 公司定期发布 MATLAB 的新版本。

MATLAB R2012a 更新了多个产品模块，添加了新的特性，包括 MATLAB、Simulink 和 Polyspace 产品的新功能，以及对 77 种其他产品的更新和补丁修复。

- MATLAB：统一了用于一维、二维与三维数值积分的函数并提升了基本数学和内插函数的性能。
- MATLAB Compiler：可以下载 MATLAB Compiler Runtime(MCR)，简化编译后的程序和组件的分发。
- Image Processing Toolbox：通过亮度指标优化进行自动图像配准。
- Statistics Toolbox：增强了使用线性、广义线性和非线性回归进行拟合、预测和绘图的界面。

- System Identification Toolbox：识别连续时间传递函数代码生成产品。
- HDL Coder：可替代 Simulink HDL Coder 的新产品，添加了直接从 MATLAB 生成 HDL 代码的功能。
- HDL Verifier：可替代 EDA Simulator Link 的新产品，添加了 Altera FPGA 在线支持。
- MATLAB Coder：可从用户定义的系统对象生成代码并自动生成动态共享库。
- Embedded Coder：AUTOSAR 4.0 兼容性，减少了数据副本，并通过 Simulink Web 视图实现代码生成报告的链接用于在 MATLAB 和 Simulink 中进行设计的系统工具箱(System Toolbox)。
- Computer Vision System Toolbox：Viola-Jones 对象检测、MSER 特征检测和 CAMShift 跟踪。
- Communications System Toolbox：USRP 无线电支持、LTE MIMO 信道模型以及 LDPC、Turbo 解码器和其他算法的 GPU 支持 Simulink 产品系列重要功能。
- Simulink：从目标硬件(包括 LEGO® MINDSTORMS® NXT™和 BeagleBoard™)上的 Simulink 直接运行模型的能力。
- SimMechanics：具有新的三维可视化功能的第二代多体建模和仿真技术。
- Real-Time Windows Target：使用 Simulink 标准模式实时执行 Windows®中的模型。

用户可以通过登录网站 http://www.mathworks.com/了解 MATLAB 的最新信息。

1.2 MATLAB R2012a 的用户界面

MATLAB 的用户界面包含 6 个常用窗口和大量功能强大的工具按钮。对这些窗口和工具的认识是掌握和应用 MATLAB R2012a 的基础。本节将介绍这些窗口和工具的基本知识。

1.2.1 启动 MATLAB R2012a

在正确完成安装并重新启动计算机之后，选择“开始”|“所有程序”| MATLAB| R2012a | MATLAB R2012a 命令，或者直接双击桌面上的 MATLAB 图标，启动 MATLAB R2012a。

1.2.2 MATLAB R2012a 的主界面

MATLAB R2012a 的默认窗口如图 1-1 所示，其中包括菜单栏、工具栏、命令窗口、命令历史窗口、工作区窗口和当前目录窗口等。

用户可以通过 Desktop 菜单改变该界面，选择显示或隐藏的窗口，还可以改变窗口的大小、位置、风格等。

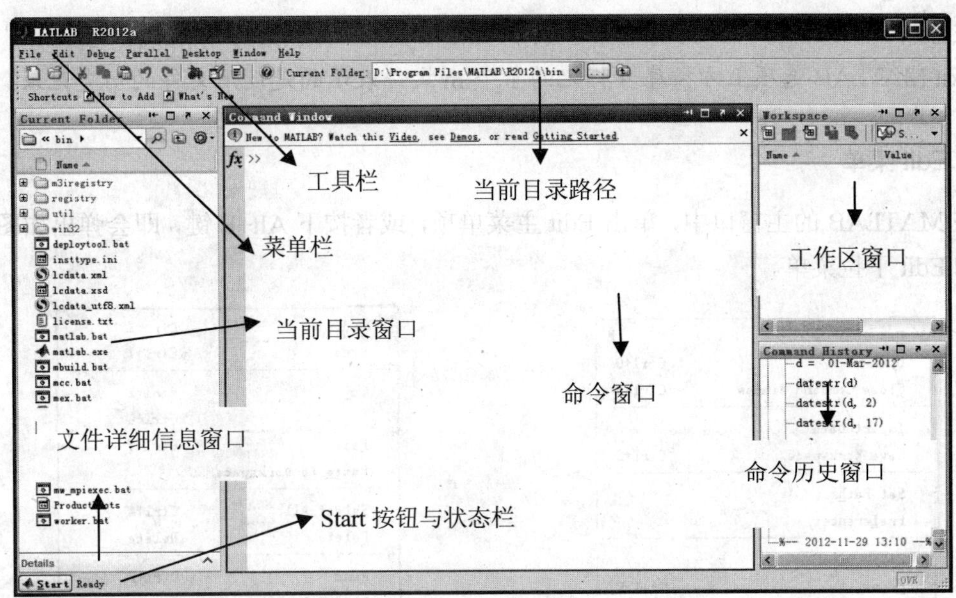

图 1-1　MATLAB R2012a 的主界面

1.2.3　MATLAB R2012a 的菜单栏及其功能

菜单栏位于 MATLAB 主窗口的最上层，如图 1-2 所示。

File　Edit　View　Debug　Parallel　Desktop　Window　Help

图 1-2　MATLAB 的菜单栏

1. File 菜单

在 MATLAB 主窗口中，单击 File 主菜单项，或者按下 Alt+F 键，即会弹出如图 1-3 所示的 File 下拉菜单。

对应图 1-3，对 File 菜单中的各主要选项介绍如下。

(1) New：用于建立新的 M 文件、图形、模型和图形用户界面。

(2) Open：用于打开 MATLAB 的.m、.mat、.mdl 等文件，Ctrl+O 是其快捷键。

(3) Close Command Window：关闭命令窗口，Ctrl+W 是其快捷键。

(4) Import Data：用于从其他文件导入数据。

(5) Save Workspace：选择路径，并将工作区的数据存放到所选路径的文件上，Ctrl+S 是其快捷键。

(6) Set Path：设置工作路径。

(7) Preferences：设置命令窗口的属性。

(8) Page Setup：页面设置，Ctrl+P 是其快捷键。

(9) Print：打印属性设置。

(10) Exit MATLAB：退出，Ctrl+Q 是其快捷键。

注意：

Exit MATLAB 选项上方按序号标记的 1 个.m 文件表示的是调用文件的历史记录。

2. Edit 菜单

在 MATLAB 的主窗口中，单击 Edit 主菜单项，或者按下 Alt+E 键，即会弹出如图 1-4 所示的 Edit 下拉菜单。

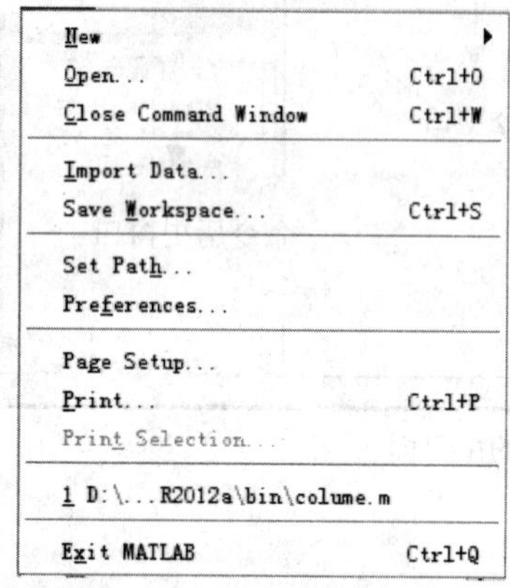

图 1-3　File 菜单

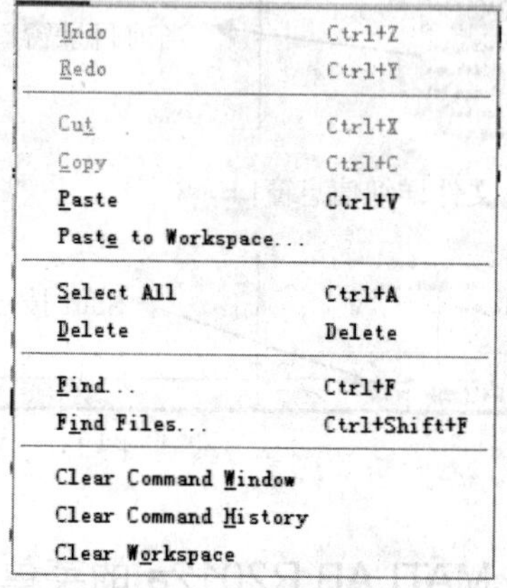

图 1-4　Edit 菜单

对应图 1-4，对 Edit 菜单中的各主要选项介绍如下。

(1) Undo：撤销上一步操作，操作快捷键为 Ctrl+Z。

(2) Redo：重新执行上一步操作，操作快捷键为 Ctrl+Y。

(3) Cut：剪切选中的对象，操作快捷键为 Ctrl+X。

(4) Copy：复制选中的对象，操作快捷键为 Ctrl+C。

(5) Paste：粘贴剪贴板中的内容，操作快捷键为 Ctrl+V。

(6) Paste to Workspace：复制到工作区。

(7) Select All：全部选择，操作快捷键为 Ctrl+A。

(8) Delete：删除选中对象，操作快捷键为 Delete。

(9) Find：查找所选对象，操作快捷键为 Ctrl+F。

(10) Find Files：查找所需文件，操作快捷键为 Ctrl+Shift+F。

(11) Clear Command Window：清除命令窗口区的对象。

(12) Clear Command History：清除命令窗口区的历史记录。

(13) Clear Workspace：清除工作区的对象。

3. Debug 菜单

在 MATLAB 的主窗口中，单击 Debug 主菜单项，或者按下 Alt+B 键，即会弹出如图 1-5 所示的 Debug 下拉菜单栏。

对应图 1-5，对 Debug 菜单中的各主要选项介绍如下。

(1) Open Files when Debugging：调试时打开文件。

(2) Step：单步调试，操作快捷键为 F10。

(3) Step In：单步调试时进入子程序，操作快捷键为 F11。

(4) Step Out：单步调试时跳出子程序，操作快捷键为 Shift+F11。

(5) Continue：使程序执行到下一断点，操作快捷键为 F5。

(6) Clear Breakpoints in All Files：清除所有打开文件中的断点。

(7) Stop if Errors/Warnings：当程序出现错误或者警告时，停止执行。

(8) Exit Debug Mode：退出调试，操作快捷键为 Shift+ F5。

4. Parallel 菜单

在 MATLAB 的主窗口中，单击 Parallel 主菜单项，或者按下 Alt+P 键，即会弹出如图 1-6 所示的 Parallel 下拉菜单。

✔ Open Files when Debugging
Step　F10
Step In　F11
Step Out　Shift+F11
Continue　F5
Clear Breakpoints in All Files
Stop if Errors/Warnings...
Exit Debug Mode　Shift+F5

图 1-5　Debug 菜单

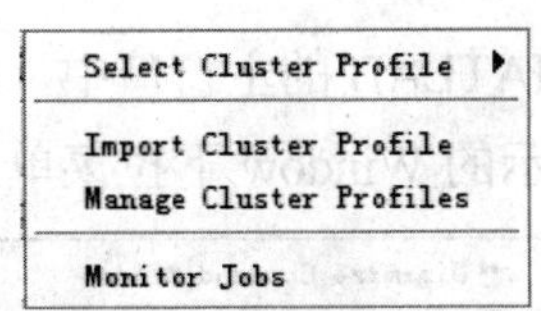

图 1-6　Parallel 菜单

对应图 1-6，对 Parallel 菜单中的各主要选项介绍如下。

(1) Select Cluster Profile：选择集群配置。

(2) Import Cluster Profile：输入集群配置。

(3) Manage Cluster Profiles：管理集群配置。

(4) Monitor Jobs：监测工作。

5. Desktop 菜单栏

在 MATLAB 的主窗口中，单击 Desktop 主菜单项，或者按下 Alt+D 键，即会弹出如图 1-7 所示的 Desktop 下拉菜单栏。

(1) Minimize Command Window：最小化命令窗口。

(2) Maximize Command Window：最大化命令窗口，操作快捷键为 Ctrl+Shift+M。

(3) Undock Command Window：移除命令窗口，操作快捷键为 Ctrl+Shift+U。

(4) Move Command Window：移动命令窗口。

(5) Resize Command Window：调整命令窗口的大小。

(6) Desktop Layout：恢复 MATLAB 的运行环境的界面为默认状态下的界面组合。

(7) Save Layout：保存用户的窗口显示模式。

(8) Organize Layouts：组织 Matlab 的界面布局。

(9) Command Window：控制命令窗口的显示。

(10) Command History：控制命令历史窗口的显示。

(11) Current Folder：控制当前目录窗口的显示。

(12) Workspace：控制数据编辑窗口的显示。

(13) Help：控制帮助系统窗口的显示。

(14) Profiler：控制 M 文件分析窗口的显示。

(15) File Exchange：控制文件交换窗口的显示。

(16) Editor：控制编辑窗口的显示。

(17) Figures：控制统计窗口的显示。

(18) Web Browser：控制网页浏览器窗口的显示。

(19) Variable Editor：控制变量编辑器窗口的显示。

(20) Comparison Tool：控制比较工具窗口的显示。

(21) Toolbars：控制工具条的显示。

(22) Titles：控制标题栏的显示。

6. Window 菜单栏

在 MATLAB 的主窗口中，单击 Window 主菜单项，或者按下 Alt+W 键，即会弹出如图 1-8 所示的 Window 下拉菜单。

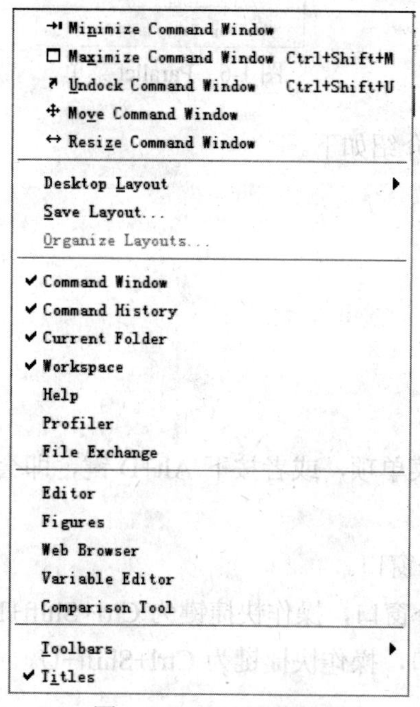

图 1-7　Desktop 菜单

Close All Documents
Next Tool　Ctrl+Tab
Previous Tool　Ctrl+Shift+Tab
Next Tab　Ctrl+Page Down
Previous Tab　Ctrl+Page Up
0 Command Window　Ctrl+0
1 Command History　Ctrl+1
2 Current Folder　Ctrl+2
3 Workspace　Ctrl+3

图 1-8　Window 菜单

对应图 1-8，对 Window 菜单中的各主要选项介绍如下。

(1) Close All Documents：关闭所有文档。

(2) Next Tool：执行下一个工具，操作快捷键为 Ctrl+Tab。

(3) Previous Tool：执行前一个工具，操作快捷键为 Ctrl+Shift+Tab。

(4) Next Tab：移到下一项，操作快捷键为 Ctrl+Page Down。

(5) Previous Tab：移到前一项，操作快捷键为 Ctrl+Page Up。
(6) 0 Command Window：选定命令窗口，操作快捷键为 Ctrl+0。
(7) 1 Command History：选定命令历史窗口，操作快捷键为 Ctrl+ 1。
(8) 2 Current Folder：选定当前路径窗口，操作快捷键为 Ctrl+2。
(9) 3 Workspace：选定工作区窗口，操作快捷键为 Ctrl+3。

7. Help 菜单栏

在 MATLAB 的主窗口中，单击 Help 主菜单项，或者按下 Alt+H 键，即会弹出如图 1-9 所示的 Help 下拉菜单。

对应图 1-9，对 Help 菜单中的各主要选项介绍如下。

(1) Product Help：产品帮助手册。
(2) Using the Desktop：介绍使用 Desktop。
(3) Using the Command Window：介绍命令窗口。
(4) Web Resources：网络资源。
(5) Check for Updates：检查软件是否更新。
(6) Demos：范例程序。
(7) Terms of Use：使用说明。
(8) Patents：专利说明。
(9) About MATLAB：显示有关 MATLAB 的信息。

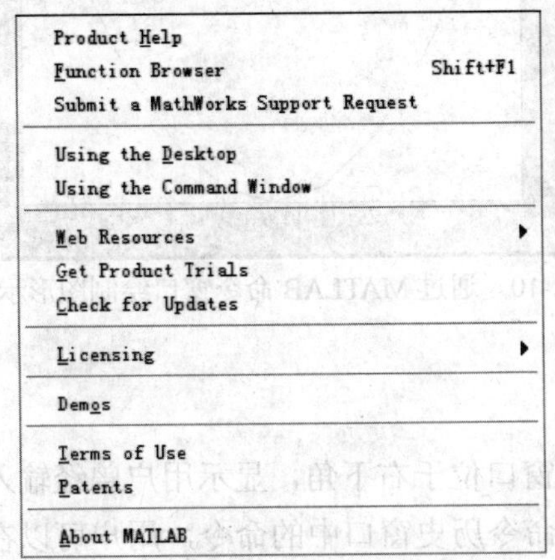

图 1-9　Help 菜单栏

1.2.4　MATLAB R2012a 的窗口

MATLAB R2012a 的主要窗口有 4 个，分别为命令窗口、命令历史窗口、工作区窗口和当前路径窗口，如图 1-1 所示。

本节主要内容是对 MATLAB 工作界面的这些窗口进行介绍。

1. 命令窗口

打开 MATLAB 时，命令窗口自动显示于 MATLAB 界面中，如图 1-1 中间的主窗口。

命令窗口是和 MATLAB 编译器连接的主要窗口。“>>”为运算提示符，表示 MATLAB 处于准备状态，用户可以输入命令，按下 Enter 键执行，并在命令窗口中显示运行结果。如可在命令窗口中输入以下内容：

```
>> x=[-5:5];
>> y=x.^2
```

得到结果为：

```
y =
    25    16     9     4     1     0     1     4     9    16    25
```

继续输入命令以绘制 x-y 的图形，如下所示：

```
>> plot(x,y)
```

得到的图形如图 1-10 所示。

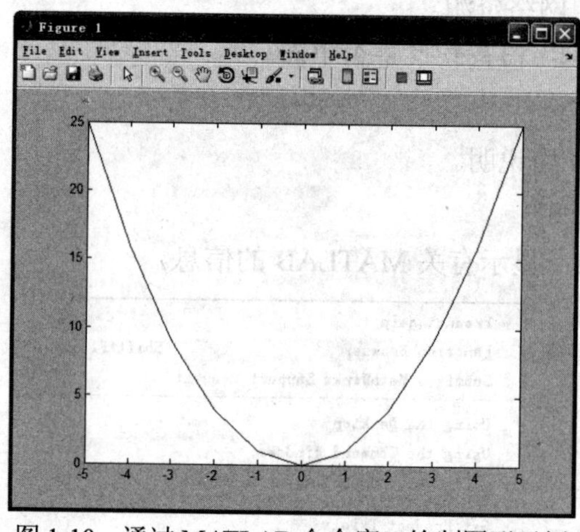

图 1-10　通过 MATLAB 命令窗口绘制图形示例

2. 命令历史窗口

默认情况下，命令历史窗口位于右下角，显示用户曾经输入过的命令，并显示输入的时间，方便用户查询。对于命令历史窗口中的命令，用户可以在某节点上右击，在弹出的快捷菜单中选择命令进行相应的操作，如图 1-11 所示，或者双击再次执行。

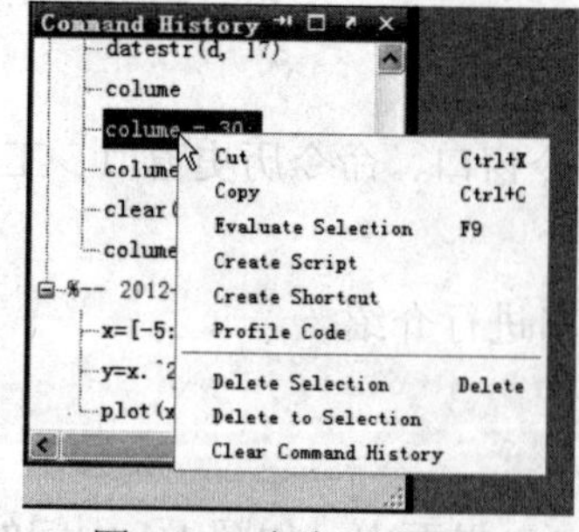

图 1-11　命令历史窗口

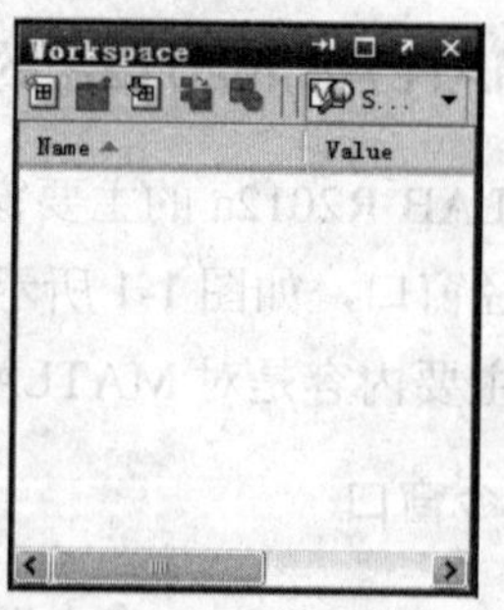

图 1-12　工作区窗口

3. 工作区窗口

工作区窗口，可以通过标签显示或隐藏。工作区窗口中显示当前工作区中的所有变量及其大小和类型等。通过工作区可以对这些变量进行管理。工作区的界面如图 1-12 所示，其中包含了工作区工具栏和显示窗口。通过工具栏可以新建或删除变量、导入导出数据、绘制变量的图形等。另外，右击变量名可以对该变量进行操作，如图 1-13 所示。

4. 当前目录窗口

当前目录窗口显示当前路径下的所有文件和文件夹及其相关信息，并且可以通过单击当前目录窗口的按钮或在右键快捷菜单中对这些文件进行操作，如图 1-14 所示。

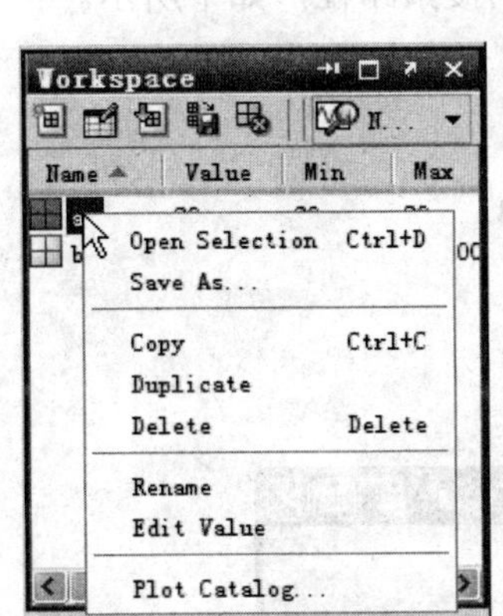

图 1-13　对工作区的操作

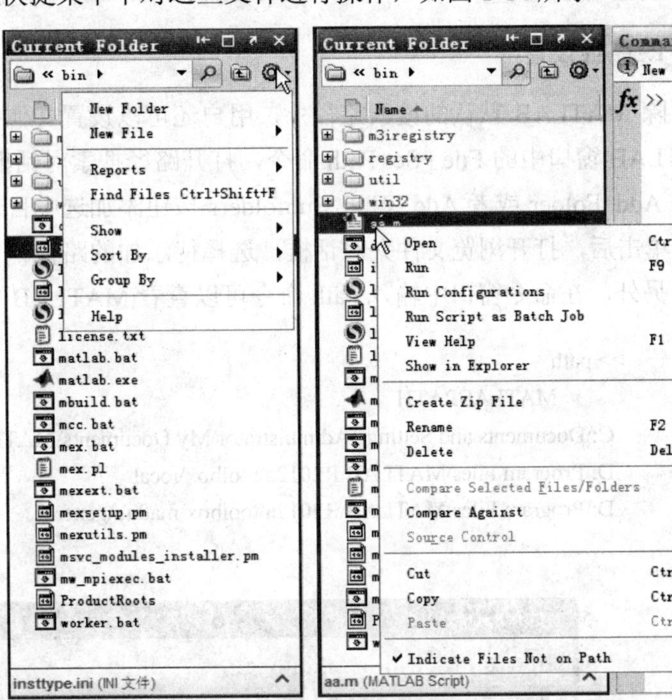

图 1-14　当前目录窗口

1.3　MATLAB R2012a 的当前路径和路径搜索

1.3.1　MATLAB R2012a 的当前路径

查看 MATLAB 当前路径的方式有两种：查看工具栏中的当前路径栏，或者在命令窗口中输入查看命令，如下所示。

```
>> cd
D:\Program Files\MATLAB\R2012a\bin
```

用户可以通过工具栏中的当前路径工具改变当前路径，如图 1-15 所示。

图 1-15　改变当前路径

1.3.2　MATLAB R2012a 的路径搜索

MATLAB 中有一个专门用于寻找 M 文件的路径搜索器，用于查找文件系统中的 M 文件。在默认情况下，MATLAB 的搜索路径包含 MATLAB 产品中的全部文件。在 MATLAB 中所有要运行的命令必须存在于搜索路径中，或者存在于当前文件夹中。本节介绍 MATLAB 的路径搜索。

1. 路径设置

除 MATLAB 默认的搜索路径外，用户还可以设置其他搜索路径。设置方法为：选择 MATLAB 窗口中的 File | Set Path 命令，打开路径搜索对话框，如图 1-16 所示。用户可以单击 Add Folder 或者 Add With Subfolders 按钮添加选中目录或者添加选中目录及其子目录。单击后，打开浏览文件夹对话框，选择待添加的路径。

另外，在命令窗口中输入 path 命令可以查看 MATLAB 中的搜索路径，如下所示。

```
>> path
        MATLABPATH
    C:\Documents and Settings\Administrator\My Documents\MATLAB
    D:\Program Files\MATLAB\R2012a\toolbox\local
    D:\Program Files\MATLAB\R2012a\toolbox\matlab\general
    ……
```

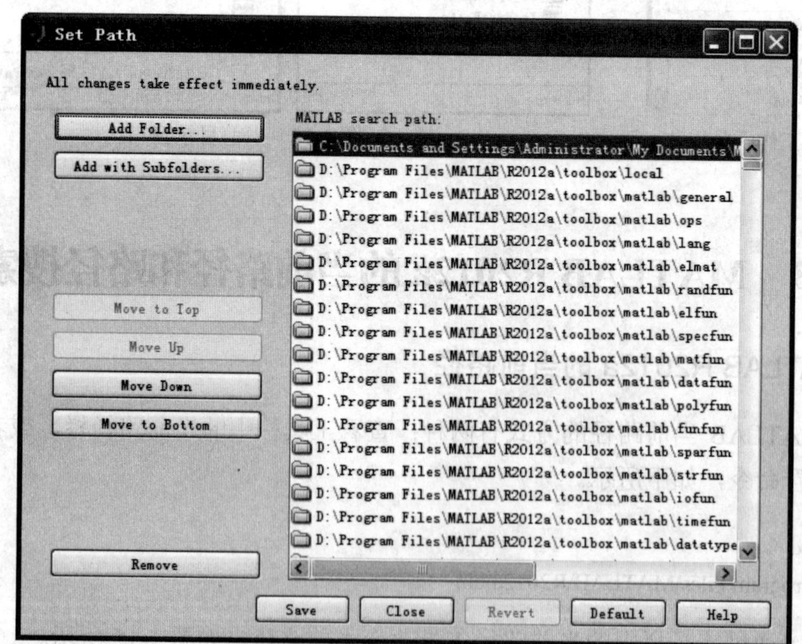

图 1-16　MATLAB 路径搜索对话框

2. MATLAB 的搜索顺序

当在命令窗口中或一个 M 文件中输入一个元素名称时，MATLAB 按照下面的顺序搜索该元素的意义，以元素 foo 为例进行介绍。

(1) 查找工作区中是否存在名为 foo 的变量。

(2) 在当前路径中查找是否存在名为 foo.m 的文件。

(3) 按照顺序查找搜索路径中是否存在该文件。如果存在多个名为 foo.m 的文件，则调用首先查到的文件。

因此，在为变量和函数命名时，需要考虑 MATLAB 的路径搜索顺序，合理地为变量和函数命名，保证程序的正确运行。

1.4 习　　题

1. 阐述 MATLAB 的功能。
2. 访问 http://www.mathworks.cn/，了解 MATLAB 的更多信息。
3. 认识并了解 MATLAB 的各窗口，查看其中的菜单及工具栏的内容。
4. 查看 MATLAB 的当前路径，将其设置为 MATLAB 根目录。

第2章　MATLAB的基本使用方法

如前所述，MATLAB R2012a 具有功能强大、简便、直观等优点。本章将介绍 MATLAB R2012a 的基本使用方法，包括其简单操作、数据类型、操作符、常用数学函数和 MATLAB 脚本文件等。用户在学习完本章的内容后，可以进行基本的数学运算，能够解决学习和科研中遇到的数学问题，能够编写简单的脚本文件。

本章学习目标

- ☑ 掌握利用 MATLAB R2012a 的命令窗口进行简单的数学运算
- ☑ 掌握常用的操作命令和快捷键
- ☑ 了解 MATLAB R2012a 的数据类型
- ☑ 了解 MATLAB R2012a 的运算符
- ☑ 了解 MATLAB R2012a 的一些基础函数
- ☑ 了解 MATLAB R2012a 的脚本文件

2.1　简单的数学运算

2.1.1　最简单的计算器使用法

MATLAB R2012a 的命令窗口为用户提供了一个很好的交互平台，当命令窗口处于激活状态时，会出现“>>”提示符。用户可以在提示符后面输入命令或直接输入数学表达式进行运算。

下面介绍几种基本数学计算方法。

1. 直接输入法

在命令窗口中直接输入数学表达式，按 Enter 键即可得到运算结果。

例 2-1　圆柱体的底面半径为 5，高为 10，计算该圆柱体的体积。

在 MATLAB 中直接输入表达式：

```
>> pi*5^2*10
ans =
  785.3982
```

当没有将结果赋予一个变量时，MATLAB 自动为结果赋予暂时变量名 ans，即 answer。

2. 存储变量法

例 2-2　使用存储变量法再次求解例 2-1。

首先计算圆柱体的底面积，再利用底面积和高计算圆柱体的体积。如下所示：

```
>> s= pi*5^2
s =
    78.5398
>> v=s*10
v =
  785.3982
```

在本例中，计算圆柱体的底面积时，将结果保存为 s，在求体积时直接利用该结果，避免了重复计算，并且思路清晰，运算过程一目了然。

在大多数情况下，MATLAB 对空格不予处理，因此在书写表达式时，可以利用空格调整表达式的格式，使表达式更易于阅读。在 MATLAB 表达式中，遵守四则运算法则，与通常法则相同。即运算从左到右进行，乘法和除法优先于加减法，指数运算优先于乘除法，括号的运算级别最高；在有多重括号存在的情况下，从括号的最里边向最外边逐渐扩展。需要注意的是，在 MATLAB 中只用小括号代表运算级别，中括号只用于生成向量和矩阵，花括号用于生成单元数组。

2.1.2　MATLAB 中的常用数学函数

MATLAB 提供了一系列的函数支持基本的数学运算，这些函数中的大多数调用格式和人们平时的书写习惯一致，方便用户记忆和书写。

例 2-3　已知三角形的三条边长度分别 1、2、$\sqrt{3}$，求长度为 1 和 2 的两条边的夹角大小。

利用余弦定理进行求解。在命令窗口中输入如下命令：

```
>> a=1;b=2;c=sqrt(3);
>> cos_alpha = (a^2 + b^2 -c^2) / (2*a*b)
cos_alpha =
    0.5000
>> alpha=acos(cos_alpha)
alpha =
    1.0472
>> alpha=alpha*180/pi
alpha =
    60.0000
```

该例中首先计算夹角的余弦，然后通过反余弦函数求该角的大小，得到值为弧度，因此将其转化为角度。另外，还可以使用函数 acosd 返回该角的度数。在命令窗口中输入如下内容：

```
>> clear alpha;
>> alpha=acosd(cos_alpha)
alpha =
    60.0000
```

可见，返回的结果与上面相同，但是直接返回了该角的度数。

MATLAB 提供的基本初等函数包括三角函数(表 2-1)、指数函数和对数函数(表 2-2)、复数函数(表 2-3)、取整和求余函数(表 2-4)、坐标变换函数(表 2-5)、数理函数(表 2-6)和一些特殊函数。限于篇幅，对于其他函数这里不再一一介绍，仅在下列表中给出这些函数的名称和功能。

表 2-1　MATLAB 三角函数表

函 数 名	描　述
acos / acosd	反余弦函数，返回值为弧度/角度
acot / acotd	反余切函数，返回值为弧度/角度
acsc / acscd	反余割函数，返回值为弧度/角度
asec / asecd	反正割函数，返回值为弧度/角度
asin / asind	反正弦函数，返回值为弧度/角度
atan / atand	反正切函数，返回值为弧度/角度
cos / cosd	余弦函数，输入值为弧度/角度
cot / cotd	余切函数，输入值为弧度/角度
csc / cscd	余割函数，输入值为弧度/角度
sec / secd	正割函数，输入值为弧度/角度
sin / sind	正弦函数，输入值为弧度/角度
tan / tand	正切函数，输入值为弧度/角度
atan2	4 个象限内反正切
acosh / cosh	(反)双曲余弦函数
acoth / coth	(反)双曲余切函数
acsch / csch	(反)双曲余割函数
asech / sech	(反)双曲正割函数
asinh / sinh	(反)双曲正弦函数
atanh / tanh	(反)双曲正切函数

表 2-2　指数函数和对数函数表

函 数 名	描　述
^	乘方运算符
exp	求幂(以 e 为底)
expm1	指数减 1(即 exp(x)-1)
log	求自然对数(以 e 为底)

(续表)

函 数 名	描 述
log10	求以 10 为底的对数
log1p	求 x+1 的自然对数
log2	求以 2 为底的对数，用于浮点数分割
nthroot	返回实数的 n 次根
pow2	求以 2 为底的幂
reallog	求非负实数的自然对数
realpow	求非负实数的乘方
realsqrt	求非负实数的平方根
sqrt	求平方根
nextpow2	求最小的 p，使得 2^p 不小于给定的数 n

表 2-3　复数函数表

函 数 名	描 述
abs	求实数的绝对值或者复数的模
angle	求复数的相角(以弧度为单位)
conj	求复数的共轭值
imag	求复数的虚部
real	求复数的实部
unwrap	复数的相角展开
isreal	判断是否为实数
cplxpair	将矢量按共轭复数对重新排列
complex	由实部和虚部创建复数

表 2-4　取整和求余函数

函 数 名	描 述
fix	取整
floor	floor(x)，取不大于 x 的最大整数
ceil	ceil(x)，取不小于 x 的最小整数
round	四舍五入
mod	求模或者有符号取余
rem	求除法的余数
sign	符号函数

表 2-5　坐标变换函数

函 数 名	描　述
cart2sph	笛卡尔坐标到球坐标的转换
cart2pol	笛卡尔坐标到柱坐标或极坐标的转换
pol2cart	柱坐标或极坐标到笛卡尔坐标的转换
sph2cart	球坐标到笛卡尔坐标的转换

表 2-6　数理函数

函 数 名	描　述
factor	factor(n)，返回 n 的全部素数因子
factorial	阶乘
gcd	最大公因数
isprime	判断是否为素数
lcm	最小公倍数
nchoosek	多项式系数或所有组合
perms	所有排列
primes	生成素数列表
rat, rats	进行分数估计

2.1.3　MATLAB 的数学运算符

数学表达式中的各种符号在 MATLAB R2012a 中的对应符号如表 2-7 所示。

表 2-7　数学运算符号及其功能

符　号	功　能	实　例
+	加法	3+5=8
-	减法	3-5=-2
*	矩阵乘法	3*5=15
.*	乘，点乘，即数组乘法	
/	右除	3/5 =0.6000
./	数组右除	
\	左除	3\5= 1.6667
.\	数组左除	
^	乘方	3^5= 243
.^	数组乘方	
'	矩阵共轭转置	
.'	矩阵转置	

需要注意的是，右除和左除的意义并不相同。右除为常规的除法，而左除的意义如下：

```
a\b=b/a
```

例 2-4　矩阵乘法和点乘。

```
>> A = magic(3)
A =
     8     1     6
     3     5     7
     4     9     2
>> B = round(rand(3)*10)
B =
     8     9     3
     9     6     5
     1     1    10
>> C1=A*B
C1 =
    79    84    89
    76    64   104
   115    92    77
>> C2=A*B
C2 =
    64     9    18
    27    30    35
     4     9    20
```

在该例中 C1 为两个矩阵 A 和 B 的乘积，C2 的每个元素为 A 和 B 对应元素的乘积。

例 2-5　矩阵乘方和数组乘方。

继续例 2-4 的输入：

```
>> C3 = A^2
C3 =
    91    67    67
    67    91    67
    67    67    91
>> C4 = A.^2
C4 =
    64     1    36
     9    25    49
    16    81     4
```

在该例中，C3 为矩阵 A 的平方，C4 为矩阵对应元素的平方。

2.1.4　标点符号的使用

在 MATLAB 中，标点符号有着充分的意义，可以用标点符号进行运算，或者用标点符号包含特定的意义。MATLAB 中一些常用标点符号的含义如表 2-8 所示。

表 2-8　MATLAB 中的标点符号

标 点 符 号	定　义	标 点 符 号	定　义
分号(;)	数组行分隔符；取消运行显示	点(.)	小数点；结构体成员访问
逗号(,)	数组列分隔符；函数参数分隔符	省略号(…)	续行符
冒号(:)	在数组中应用较多，如生成等差数列	引号('')	定义字符串
圆括号(( ))	指定运算优先级；函数参数调用；数组索引	等号(=)	赋值语句
方括号([ ])	定义矩阵	感叹号(!)	调用操作系统运算
花括号({ })	定义单元数组	百分号(%)	注释语句的标识

下面对常用的符号进行介绍。

1. 分号(;)

分号用于区分数组的行，或者用于一个语句的结尾处，取消运行显示。

例 2-6　分号的作用。

```
>> A=ones(3);
>> B=ones(3)
B =
     1     1     1
     1     1     1
     1     1     1
```

该例共有两条语句，第一条语句生成 3×3 的全 1 矩阵，以分号结尾，命令窗口中没有显示语句执行的结果；第二条语句与第一条类似，直接按 Enter 键，在命令窗口中显示该语句的运行结果。如要显示矩阵 A 的内容，即查看第一条语句的运行结果，则如下所示：

```
>> A
A =
     1     1     1
     1     1     1
     1     1     1
```

2. 百分号(%)

该符号用于在程序文本中添加注释，增加程序的可读性。百分号之后的文本都将视作注释，系统不对其进行编译。

例 2-7　添加注释语句。

```
>> A = magic(3)                % create a 3*3 magic matrix
A =
     8     1     6
     3     5     7
     4     9     2
```

该语句生成 3×3 魔术矩阵，%后面的语句没有执行。可以参考例 2-4 中的结果进行比较。

注意：

魔术矩阵为每行、列以及对角之和均相等的矩阵。

2.2　常用的操作命令和快捷键

为方便用户操作，MATLAB 中定义了一些快捷键。用户掌握一些常用的操作命令和快捷键，可以使得对 MATLAB 的操作更加便利。MATLAB 中的常用快捷键和操作命令分别如表 2-9 和表 2-10 所示。

表 2-9　MATLAB 的常用快捷键

快 捷 键	功　能	快 捷 键	功　能
↑(Ctrl + P)	调用上一行	Home(Ctrl+A)	移动到命令行开头
↓(Ctrl + N)	调用下一行	End(Ctrl+E)	移动到命令行结尾
←(Ctrl + B)	光标左移一个字符	Ctrl + Home	移动到命令窗口顶部
→(Ctrl + F)	光标右移一个字符	Ctrl + End	移动到命令窗口底部
Ctrl + ←	光标左移一个单词	Shift + Home	选中光标和表达式开头之间的内容
Ctrl + →	光标右移一个单词	Shift + End	选中光标和表达式结尾之间的内容
Esc	取消当前输入行	Ctrl + K	剪切光标和表达式结尾之间的内容

表 2-10　MATLAB 常用操作命令

命　令	功　能	命　令	功　能
cd	显示或改变工作目录	hold	图形保持命令
clc	清空命令窗口	load	加载指定文件中的变量
clear	清除工作区中的变量	pack	整理内存碎片
clf	清除图形窗口	path	显示搜索目录
diary	日志文件命令	quit	退出 MATLAB
dir	显示当前目录下文件	save	保存内存变量
disp	显示变量或文字的内容	type	显示文件内容
echo	命令窗口信息显示开关		

2.3　MATLAB R2012a 的数据类型

数字为数学运算的最基本对象。在 MATLAB 中，数字的数据类型有双精度(double)型、单精度型和各种有符号和无符号整数型。本节主要介绍这些数据类型。

2.3.1　整数

MATLAB 支持 8 位、16 位、32 位和 64 位的有符号和无符号整数数据类型，如表 2-11 所示。

表 2-11　MATLAB 中的数据类型

数据类型	描　述
uint8	8 位无符号整数，范围为 0~255(即 $0\sim2^8-1$)
int8	8 位有符号整数，范围为-128~127(即 $-2^7\sim2^7-1$)
uint16	16 位无符号整数，范围为 0~65535(即 $0\sim2^{16}-1$)
int16	16 位有符号整数，范围为-32768~32767(即 $-2^{15}\sim2^{15}-1$)
uint32	32 位无符号整数，范围为 0~4294967295(即 $0\sim2^{32}-1$)
int32	32 位有符号整数，范围为-2147483648~2147483647(即 $-2^{31}\sim2^{31}-1$)
uint64	64 位无符号整数，范围为 0~18446744073709551615(即 $0\sim2^{64}-1$)
int64	64 位有符号整数，范围为-9223372036854775808~9223372036854775807(即 $-2^{63}\sim2^{63}-1$)

上述整数数据类型除了定义范围不同外，具有相同的性质。

由于 MATLAB 默认的数据类型为双精度型，因此在定义整型变量时，需指定变量的数据类型。

例 2-8　整型数据类型的定义。

```
>> x=int8(50)            %指定 x 的数据类型为 int8
x =
    50
>> class(x)
ans =
int8
>> y=50                  %未指定 y 的数据类型
y =
    50
>> class(y)
ans =
double
```

类型相同的整数之间可以进行运算，返回相同类型的结果。在进行加、减和乘法运算时比较简单，在进行除法运算时稍微复杂一些，因为在多精度情况下，整数的除法不一定能得到整数的结果。在进行除法运算时，MATLAB 首先将两个数视为双精度类型进行运算，然后将结果转化为相应的整型数据。

例 2-9　整数的运算。

```
>> x=int8(45)
x =
    45
>> y=int8(-2)
y =
    -2
>> z1=x+y
z1 =
    43
>> z2=x-y
z2 =
    47
>> z3=x*y
z3 =
   -90
>> z4=x/y
z4 =
   -23
>> class(z1),class(z2),class(z3),class(z4)
ans =
int8
ans =
int8
ans =
int8
ans =
int8
```

MATLAB 中不允许进行不同整数类型之间的运算。

例 2-10　不同整数类型之间不允许进行运算。

```
>> x=int8(40);
>> y=int16(20);
>> z=x+y
Error using  +
Integers can only be combined with integers of the same class, or scalar
doubles.
```

由于每种整数数据类型都有相应的取值范围，因此数学运算有可能产生结果溢出。MATLAB 利用饱和处理解决此类问题，即当运算结果超出了此类数据类型的上限或下限时，系统将结果设置为该上限或下限。

例 2-11　整数运算中的数据溢出。

```
>> x=int8(100);
>> y=int8(90);
>> z=x+y
z =
   127
>> x-3*y
ans =
   -27
>> x-y-y-y
ans =
  -128
```

当计算 *x+y* 时，结果溢出上限，因此结果为 127；计算 *x-3*y* 时，3*y 溢出上限，结果为 127，继续计算，得到最后结果-27；计算 *x-y-y-y* 时，从左到右进行计算，结果溢出下限，因此结果为-128。

2.3.2　浮点数

MATLAB 的默认数据类型是双精度类型(Double)。为了节省存储空间，MATLAB 也支持单精度数据类型的数组。

单精度和双精度数据类型的取值范围和精度可以通过例 2-12 的方式进行查看。

例 2-12　单精度和双精度数据类型的取值范围和精度。

```
>> realmin('single')
ans =
   1.1755e-38
>> realmax('single')
ans =
   3.4028e+38
>> eps('single')
ans =
   1.1921e-07
>> realmin('double')
ans =
   2.2251e-308
>> realmax('double')
ans =
   1.7977e+308
>> eps('double')
```

```
ans =
   2.2204e-16
```

创建单精度类型的变量时需要声明变量类型，与创建整型变量类似。单精度数据类型的数据进行运算时，返回值为单精度。

2.3.3 复数

复数由两个部分组成：实部和虚部。基本虚数单位等于$\sqrt{-1}$，在 MATLAB 中虚数单位由 i 或者 j 表示。

MATLAB 中可以通过两种方法创建复数：第一种方法为直接输入法，第二种方法为通过 complex 函数实现。直接输入法见例 2-13。

例 2-13 通过直接输入法创建复数。

```
>> z = 6 + 7i
z =
   6.0000 + 7.0000i
>> x= 9;
>> y =5;
>> z = x+y*i
z =
   9.0000 + 5.0000i
```

另一种创建复数的方法为通过 complex 函数。complex 函数的调用方法如下。

(1) c = complex(a,b)：返回结果 c 为复数，其实部为 a，虚部为 b。输入参数 a 和 b 可以为标量，或者维数、大小相同的向量、矩阵或者多维数组；输出参数与 a 和 b 的结构相同。a 和 b 可以有不同的数据类型，当 a 和 b 为各种不同的类型时，返回值分别如下。

① 当 a 和 b 中有一个为单精度时，返回结果为单精度。

② 如果 a 和 b 其中一个为整数类型，则另外一个必须有相同的整数类型，或者为 双精度型，返回结果 c 为相同的整数类型。

(2) c = complex(a)：只有一个输入参数，返回结果 c 为复数，其实部为 a，虚部为 0。但是此时 c 的数据类型为复数。

例 2-14 通过 complex 函数创建复数。

```
>> a = uint8([1;2;3;4]);
>> b = uint8([2;2;7;7]);
>> c = complex(a,b)
c =
     1 +    2i
     2 +    2i
     3 +    7i
     4 +    7i
```

例 2-15 通过 complex 函数创建复数和直接创建复数的比较。

```
>> x=4;y=0;
>> z1=x+i*y;
>> z2=complex(x,y);
>> isreal(z1),isreal(z2)
ans =
     1
ans =
     0
```

2.3.4 逻辑变量

逻辑数据类型通过 1 和 0 分别表示逻辑真和逻辑假。一些 MATLAB 函数或操作符会返回逻辑真或逻辑假表示条件是否满足，如表达式(5 * 10) > 40 返回逻辑真。

在 MATLAB 中，存在逻辑数组，如下面的表达式返回逻辑数组。

```
>> [30 40 50 60 70] > 40
ans =
     0     0     1     1     1
```

1. 逻辑数组的创建

创建逻辑数组最简单的方法为直接输入元素的值为 true 或者 false。

例 2-16 直接创建逻辑数组。

```
>> x = [true, true, false, true, false]
x =
     1     1     0     1     0
>> class(x)
ans =
logical
```

逻辑数组也可以通过逻辑表达式生成，如例 2-17。

例 2-17 通过逻辑表达式生成逻辑数组。

```
>> x = magic(4) >= 9
x =
     1     0     0     1
     0     1     1     0
     1     0     0     1
     0     1     1     0
```

MATLAB 中返回逻辑值的函数和操作符如表 2-12 所示。

表 2-12 MATLAB 中返回逻辑值的函数和操作符

函 数	说 明
true, false	将输入参数转化为逻辑值
logical	将数值转化为逻辑值
& (and), | (or), ~ (not), xor, any, all	逻辑操作符
&&, ||	“并”和“或”的简写方式
== (eq), ~= (ne), < (lt), > (gt), <= (le), >= (ge)	关系操作符
所有的 is* 类型的函数，cellfun	判断函数
strcmp, strncmp, strcmpi, strncmpi	字符串比较

对于大型的逻辑数组，如果其中只有少数元素为 1，可以采用稀疏矩阵的方式进行存储和运算，如下所示。

```
>> x = sparse(magic(20) > 395)
x =
    (1,1)        1
    (1,4)        1
    (1,5)        1
   (20,18)       1
   (20,19)       1
```

2. 逻辑数组的应用

MATLAB 中逻辑数组主要有两种应用：用于条件表达式和用于数组索引。

如果仅当条件成立时执行某段代码，可以应用逻辑数组进行判断和控制，如例 2-18。

例 2-18 通过逻辑数组控制程序流程。

```
>> str = 'Hello';
>> if ~isempty(str) && ischar(str)
    sprintf('Input string is "%s"', str)
    end
ans =
    Input string is 'Hello'
```

该段程序中，只有当 str 非空并且为字符串时，执行 sprintf 语句。

在 MATLAB 中支持通过一个数组对另一个数组进行索引，如下所示。

```
>> A = 5:5:50
A =
     5    10    15    20    25    30    35    40    45    50
>> B = [1 3 6 7 10];
```

```
>> A(B)
ans =
     5    15    30    35    50
```

通过数组 B 对数组 A 的第 1、3、6、7、10 个元素进行访问。另外，MATLAB 允许以逻辑数组作为数组索引，对数组元素进行访问，见例 2-19。

例 2-19　通过逻辑数组对数组进行索引，将数组 A 中超过 0.5 的元素置为 0。

```
>> A = rand(5);
>> B = A > 0.5;
>> A(B) = 0
A =
         0    0.0975    0.1576    0.1419         0
         0    0.2785         0    0.4218    0.0357
    0.1270         0         0         0         0
         0         0    0.4854         0         0
         0         0         0         0         0
```

例 2-20　通过逻辑数组对数组进行索引，将数组 A 中非素数置为 0。

```
>> A = magic(4)
A =
    16     2     3    13
     5    11    10     8
     9     7     6    12
     4    14    15     1
>> B = isprime(A)
B =
     0     1     1     1
     1     1     0     0
     0     1     0     0
     0     0     0     0
>> A(~B) = 0
A =
     0     2     3    13
     5    11     0     0
     0     7     0     0
     0     0     0     0
```

3. 逻辑数组的判断

MATLAB 中提供了一组函数用于判断数组是否为逻辑数组，如表 2-13 所示。

表 2-13　MATLAB 中用于判断数组是否为逻辑数组的方法

函　　数	功　　能
whos(x)	显示数组 x 的元素值及数据类型
islogical(x)	判断数组 x 是否为逻辑数组，是则返回真
isa(x, 'logical')	判断数组 x 是否为逻辑数组，是则返回真
class(x)	返回数组 x 的数据类型
cellfun('islogical', x)	判断单元数组的每个单元是否为逻辑值

例 2-21　判断数组是否为逻辑数组。

```
>> C{1,1} = pi;
>> C{1,2} = 1;
>> C{1,3} = ispc;
>> C{1,4} = magic(3)
C =
    [3.1416]     [1]     [1]     [3x3 double]
>> for k = 1:4
x(k) = islogical(C{1,k});
end
>> x
x =
     (3,1)          1
     (1,4)          1
     (1,5)          1
    (20,18)         1
    (20,19)         1
```

2.3.5　各种数据类型之间的转换

在 MATLAB 中，各种数据类型之间可以互相转换，转换方式为：(1) datatype(variable)，其中 datatype 为目标数据类型，variable 为待转换的变量；(2) cast(x,'type')，将 x 的类型转换为'type'指定的类型。

例 2-22　数据类型之间的转换。

```
>> x=single(6.9)
x =
    6.9000
>> x1=int8(x)
x1 =
    7
>> class(x1)
ans =
```

```
int8
>> x2=double(x)
x2 =
      6.9000
>> class(x2)
ans =
double
```

转换时，如果由高精度数据类型转换为低精度数据类型，则对数据进行四舍五入；如果由定义范围大的数据类型转换为定义范围小的数据类型，则返回目标数据类型的上限或下限。

2.3.6 数据类型操作函数

MATLAB R2012a 中提供了大量和数据类型相关的操作函数，如表 2-14 所示。

表 2-14　数据类型相关的函数

函　　数	描　　述
double	创建或转化为双精度类型
single	创建或转化为单精度类型
int8,int16, int32,int64	创建或转化为相应的有符号整数类型
uint8,uint16, uint32,uint64	创建或转化为相应的无符号整数类型
isnumeric	判断是否为整数或浮点数，是则返回 true(或者 1)
isinteger	判断是否为整数，是则返回 true(或者 1)
isfloat	判断是否为浮点数，是则返回 true(或者 1)
isa(x,'type')	判断是否为'type'指定的类型，是则返回 true(或者 1)
cast(x,'type')	设置 x 的类型为'type'
intmax('type')	'type'类型的最大整数值
intmin('type')	'type'类型的最小整数值
realmax('type')	'type'类型的最大浮点实数值
realmin('type')	'type'类型的最小浮点实数值
eps('type')	'type' 类型 eps 值
eps('x')	变量 x 的 eps 值

注意：

其中的'type'包括'numeric'、'integer'、'float'和所有的数据类型。

2.3.7　变量

变量是程序的基本元素之一。与其他语言不同，MATLAB 不需要对变量进行事先声明，也不需要指定变量的类型，系统会根据对变量赋予的值为变量自动指定类型。本节主要介绍变量的命名规则，关于变量的更多知识，将会在第 6 章进行进一步介绍。

MATLAB 的变量命名规则与其他计算机语言类似。首先，变量名必须是一个单一的词，不能包含空格，另外其命名必须符合下列规则。

(1) 变量名区分大小写。如 pi 和 Pi 是两个不同的变量。在命令窗口中输入如下的命令，查看其结果。

```
>> pi
ans =
    3.1416
>> Pi
Undefined function or variable 'Pi'.
>> Pi=2.0
Pi =
     2
>> pi
ans =
    3.1416
```

pi 是系统预定义的变量，在命令窗口中输入 pi，则显示该变量的值为 3.1416。输入 Pi，系统提示该变量不存在，可见 pi 和 Pi 为两个不同的变量。将 Pi 赋值为 2.0，再次查看变量 pi 的值，仍旧为 3.1416，即 Pi 的改变不影响 pi 的值。

(2) 变量名长度不超过 63 个字符，超过的部分将会被忽略。

(3) 变量名必须以字母开始，其后可以为字母、数字或者下划线。MATLAB 中的变量名不支持其他符号，因为其他符号在 MATLAB 中具有特殊的意义。

除上述 3 条规则外，还有一些其他规定，如用户不能利用 MATLAB 中的关键字(保留字)作为变量名。用户可以利用 iskeyword 命令查看系统的预定义关键字，或者使用该函数判断一个字符串是否为预定义关键字。

```
>> iskeyword
ans =
    'break'
    'case'
    'catch'
    'classdef'
    'continue'
    'else'
    'elseif'
    'end'
```

```
        'for'
        'function'
        'global'
        'if'
        'otherwise'
        'parfor'
        'persistent'
        'return'
        'spmd'
        'switch'
        'try'
        'while'
>> iskeyword if
ans =
        1
>> iskeyword keyword
ans =
        0
```

另外，用户可以使用 isvarname 函数判断一个变量名是否合法，如下所示：

```
>> isvarname keyword
ans =
        1
```

该例显示 keyword 为合法变量名，用户可以使用。

2.3.8　系统预定义的特殊变量

除用户定义的变量之外，MATLAB 定义了一些特殊变量，如果用户没有对这些变量另行赋值，则采用其默认值。MALTAB 的预定义特殊变量如表 2-15 所示。

表 2-15　MATLAB 的预定义变量

变 量 名	描　述
ans	结果显示的默认变量名
beep	使计算机发出“嘟嘟”声
pi	圆周率
eps	浮点数的精度(2.2204e-016)，MALTAB 中的最小数
inf	无穷大，如当除数为 0 时系统返回 inf
NaN 或 nan	表示不定数，即结果不能确定
i 或 j	虚数单位
nargin	函数的输入参数个数
nargout	函数的输出参数个数

(续表)

变量名	描述
realmin	可用的最小正实数 2.2251e-308
realmax	可用的最大正实数值 1.7977e+308
bitmax	可用的最大正整数(以双精度格式存储)
varargin	可变的函数输入参数个数
varargout	可变的函数输出参数个数

下面以虚数单位 i 为例说明这些变量的用法，见例 2-23。

例 2-23　系统预定义变量的使用。

```
>> clear i                                %清除该变量的定义
>> i
ans =
       0 + 1.0000i
>> i=1:3                                  %重新定义变量 i 的值
i =
     1     2     3
>> clear i                                %清除该变量的定义
>> i
ans =
       0 + 1.0000i
```

该例中首先清除 i 的定义，查看 i 的值，为虚数单位，再对 i 重新赋值，则其原来的值被覆盖，清除其定义后，i 的值回到默认值。

MATLAB 中，允许用户再次定义这些变量，对这些变量赋值，如例 2-23 中对 i 再次赋值。但是在编写程序时，应尽量避免对系统预定义的变量重新赋值，或者使用已有函数名作为变量名，以免程序产生非预期结果。

2.4　MATLAB R2012a 的运算符

在前面已经介绍了 MATLAB 中的数学运算符，本节将介绍 MATLAB 的其他运算符，即关系运算符、逻辑运算符及一些其他字符。

MATLAB 中提供了一些关于逻辑运算的运算符和函数，这些运算符和函数用于求解真假命题的答案。逻辑运算的一个重要应用在于控制给予真假命题的一系列命令的流程，或者决定执行次序。

作为所有关系和逻辑表达式的输入，MATLAB 把任何非零数值当作真，而只把零当作假。所有关系和逻辑表达式的输出，当结果为真时输出为 1，当结果为假时输出为 0。

2.4.1 关系运算符

MATLAB 的关系运算符能用来比较两个相同大小的数组，或用来比较一个数组和一个标量。MATLAB 的关系运算符包括所有常用的比较运算符，如表 2-16 所示。

表 2-16　MATLAB 中的关系运算符

运 算 符	说　明	运 算 符	说　明
<	小于	<=	小于或等于
>	大于	>=	大于或等于
==	等于	~=	不等于

注意：

等于运算符是由两个=号共同组成而不是一个简单的=号。在 MATLAB 中，一个=号是赋值或者替换运算符。

例 2-24　关系运算符的运用。

```
>> A=round(rand(1,10)*10)
A =
     8     7     4     7     2     7     0     3     0     1
>> B=ones(1,10)+2
B =
     3     3     3     3     3     3     3     3     3     3
>> R_Comp1=A>B
R_Comp1 =
     1     1     1     1     0     1     0     0     0     0
>> R_Comp2=A>5
R_Comp2 =
     1     1     0     1     0     1     0     0     0     0
>> R_Comp3=A==7
R_Comp3 =
     0     1     0     1     0     1     0     0     0     0
```

本例简单说明了关系运算符的使用，在以后的章节中也会涉及关系运算。

2.4.2 逻辑运算符

逻辑运算符主要包括“与”、“或”和“非”。使用逻辑运算符可以将多个表达式组合在一起，或者对关系表达式取反。MATLAB 中的逻辑运算符如表 2-17 所示。

表 2-17　MATLAB 中的逻辑运算符

运 算 符	描　述
&	与
&&	与，只适用于标量。a && b，当 a 的值为假时，则忽略 b 的值
|	或

(续表)

运　算　符	描　　述
||	或，只适用于标量。a || b，当 a 的值为真时，则忽略 b 的值
~	非

例 2-25　逻辑运算符的应用。

```
>> a=5,b=9
a =
     5
b =
     9
>> c1 = (a<b) && (b/a==fix(b/a))
c1 =
     0
>> c2 = (a<b) || (b/a==fix(b/a))
c2 =
     1
```

该例中，当 a 小于 b，并且 a 是 b 的因子这两个条件同时满足时 c1 为 1，否则为 0；当两个条件中至少有一个满足时，c2 为 1，否则为 0。

2.4.3　运算符优先级

MATLAB 在执行含有关系运算和逻辑运算的数学运算时，同样遵循一套优先级原则。MATLAB 首先执行具有较高优先级的运算，然后执行具有较低优先级的运算；如果两个运算的优先级相同，则按从左到右的顺序执行。MALTAB 中各运算符的优先级顺序如表 2-18 所示，表中按照优先级从高到低的顺序排列各运算符。

表 2-18　MATLAB 运算符的优先级

序　号	运　算　符
1	圆括号 ()
2	转置 (.')，共轭转置 (')，乘方 (.^)，矩阵乘方 (^)
3	标量加法 (+)、减法 (-)、取反 (~)
4	乘法 (.*)，矩阵乘法 (*)，右除 (./)，左除 (.\)，矩阵右除 (/)，矩阵左除 (\)
5	加法 (+)，减法 (-)，逻辑非 (~)
6	冒号运算符 (:)
7	小于 (<)，小于等于 (<=)，大于 (>)，大于等于 (>=)，等于 (==)，不等于 (~=)
8	数组逻辑与 (&)
9	数组逻辑或 (|)
10	逻辑与 (&&)
11	逻辑或 (||)

2.5　MATLAB 的一些基础函数

2.5.1　位操作函数

所有数据在计算机中是转化为二进制进行操作的，因此，有必要对数据进行按位操作。MATLAB 中提供了一些函数用于数据的按位操作，这些函数如表 2-19 所示。

表 2-19　MATLAB 中的位操作函数

函　数	功　能	调用格式举例
bitand	按位进行“与”操作	C = bitand(A, B)
bitcmp	按位进行“补”操作	C = bitcmp(A)，C = bitcmp(A, n)
bitget	获取指定位置的值	C = bitget(A, bit)
bitmax	获取双精度浮点整数的最大值	bitmax
bitor	按位进行“或”操作	C = bitor(A, B)
bitset	设定指定位置的值	C = bitset(A, bit)，C = bitset(A, bit, v)
bitshift	移位操作	C = bitshift(A, k)，C = bitshift(A, k, n)
bitxor	按位进行“异或”操作	C = bitxor(A, B)
swapbytes	按字节进行“逆”操作	Y = swapbytes(X)

例 2-26　MATLAB 的位操作函数。

```
>> A = 28;                    % binary 11100
>> B = 21;                    % binary 10101
>> bitand(A,B)
ans =
    20
>> bitor(A,B)
ans =
    29
>> bitcmp(A,5)
ans =
     3
>> bitxor(A,B)
ans =
     9
```

2.5.2　逻辑运算函数

除逻辑运算符外，MATLAB 中还提供了大量的逻辑运算函数，可以满足程序中的更多需求。MATLAB 中的逻辑运算函数如表 2-20 所示。

表 2-20　MATLAB 中的逻辑运算函数

函　　数	功　　能	调用格式举例
all	判断数组元素是否全部非零	B = all(A)，B = all(A, dim)
any	判断数组是否存在非零元素	B = any(A)，B = any(A, dim)
false	逻辑 0(假)	false，false(n) 等
find	查找非零元素的下标及其值	Ind = find(X)，ind = find(X, k) 等
is*	查看元素状态	代表一类函数，如 iscell 等
isa	判断输入是否为给定类的对象	K = isa(obj, 'class_name')
iskeyword	判断字符串是否为 MATLAB 关键字	tf = iskeyword('str')，iskeyword str
isvarname	判断字符串是否为有效变量名	tf = isvarname('str')，isvarname str
logical	将数值变量转化为逻辑变量	K = logical(A)
true	逻辑 1(真)	true，true(n) 等
xor	逻辑“异或”	C = xor(A, B)

例 2-27　逻辑运算函数。

```
>> A = [1 2 3; 4 5 6; 7 8 9];
>> B = logical(eye(3))
B =
      1      0      0
      0      1      0
      0      0      1
>> A(B)
ans =
      1
      5
      9
>> X = [1 0 4 -3 0 0 0 8 6];
>> indices = find(X)
indices =
      1      3      4      8      9
```

2.5.3　集合函数

MATLAB 中的集合函数如表 2-21 所示。

表 2-21　MATLAB 中的集合函数

函　　数	功　　能	调用格式举例
intersect	计算两个集合的交集	c = intersect(A, B)
ismember	集合的数组成员	tf = ismember(A, S) tf = ismember(A, S, 'rows')

(续表)

函　　数	功　　能	调用格式举例
setdiff	向量的集合差	c = setdiff(A, B) c = setdiff(A, B, 'rows')
issorted	判断几何元素是否按序排列	tf = issorted(A) tf = issorted(A, 'rows')
setxor	集合异或	c = setxor(A, B) c = setxor(A, B, 'rows')
union	两个向量的集合并	c = union(A, B) c = union(A, B, 'rows')
unique	删除集合中的重复元素	b = unique(A) b = unique(A, 'rows')

例 2-28　集合函数的操作。

```
>> A = [1 2 3 6];
>> B = [1 2 3 4 6 10 20];
>> [c, ia, ib] = intersect(A, B)
c =
      1      2      3      6
ia =                          %   c 中元素在 A 中的下标
      1      2      3      4
ib =                          %   c 中元素在 B 中的下标
      1      2      3      5
>> A = magic(5);
>> B = magic(4);
>> [c, i] = setdiff(A(:), B(:));
>> c'
ans =
    17     18     19     20     21     22     23     24     25
>> i'
ans =
      1     10     14     18     19     23      2      6     15
```

2.5.4　时间与日期函数

MATLAB 中的时间与日期函数如表 2-22 所示。

表 2-22　MATLAB 中的时间与日期函数

函　　数	功　　能	调用格式举例
addtodate	通过域修改日期	R = addtodate(D, N, F)
calendar	返回指定月的日历	c = calendar，c = calendar(d)

(续表)

函　数	功　能	调用格式举例
clock	返回当前时间的向量	c = clock
cputime	返回 CPU 运行时间	cputime
date	返回当前日期字符串	str = date
datenum	将时间和日期转化为日期格式	N = datenum(V)，N = datenum(S, F)
datestr	将时间和日期转化为字符串格式	S = datestr(V)，S = datestr(N)
datevec	将时间和日期转化为向量格式	V = datevec(N)，V = datevec(S, F)
eomday	返回指定月的最后一天	E = eomday(Y, M)
etime	时间向量之间的时间间隔	e = etime(t2, t1)
now	当前日期及时间	t = now
tic, toc	计时器	tic any statements toc
weekday	返回指定日期的星期日期	[N, S] = weekday(D)

例 2-29　时间函数的应用。

```
>> d1 = datenum('02-Oct-2012')
d1 =
      735144
>> d2 = datestr(d1 + 10)
d2 =
12-Oct-2012
>> dv1 = datevec(d1)
dv1 =
        2012        10         2         0         0         0
>> dv2 = datevec(d2)
dv2 =
        2012        10        12         0         0         0
```

例 2-30　通过 datestr 函数转化输出格式。

```
>> d = '01-Mar-2012'
d =
01-Mar-2012
>> datestr(d)
ans =
01-Mar-2012
>> datestr(d, 2)
ans =
03/01/12
>> datestr(d, 17)
ans =
Q1-12
```

2.6　MATLAB 脚本文件

对于一些简单的问题，当需要的命令数很少时，用户可以直接在 MATLAB 的命令窗口中输入命令。但是，对于多数问题，所需的命令较多，或者需要逻辑运算，进行流程控制，此时采用直接输入命令的方法会引起不便。针对这些问题，一个合理的解决方法是使用脚本文件。脚本文件不接受输入参数，不返回任何值，而是代码的结合，该方法允许用户将一系列 MATLAB 命令输入到一个简单的脚本文件中，只要在 MATLAB 命令窗口中执行该文件，则会依次执行该文件中的命令。

2.6.1　脚本文件的用法

新建脚本文件(即 M 文件)可以通过 4 种方式进行：单击工具面板区域的 New Script 按钮；单击工具面板区域中的 New 按钮，在打开的下拉菜单中选择 Script 选项；在当前目录窗口中右击，在弹出的菜单中选择 New File | Script 命令；使用快捷键 Ctrl+N。新建后系统会打开文件编辑窗口，在窗口中输入文件内容。

首先通过例 2-31 了解脚本文件的用法。

例 2-31　编写求解圆柱体体积的脚本文件。

新建一个脚本文件，在编辑窗口中输入如下命令：

```
% script m-file example: calculate the volume and surface area of a colume
r=1;                        % the radius of the colume
h=1;                        % the hight of the colume
s=2*r*pi*h + 2*pi*r^2; % calculate the surface area
v=pi*r^2*h;                 % calculate the volume
disp('The surface area of the colume is:'),disp(s);
disp('The volume of the colume is:'),disp(v);
```

编辑完成后，可以单击工具栏中的 Save and Run 按钮执行该脚本(使用快捷键 F5)，或在 File 菜单中选择 Save 命令(单击工具栏中的 Save 按钮或使用快捷键 Ctrl+S)只保存。这里选择保存，将其存为文件 colume。在命令窗口中执行文件，显示结果如下：

```
>> colume
The surface area of the colume is:
    12.5664
The volume of the colume is:
     3.1416
```

在使用脚本文件时需要注意一点：在当前工作区中存在与该脚本同名的变量时，则输入该文件名时，系统将其作为变量名执行。如下所示。

```
>> colume = 30;
>> colume
```

```
colume =
    30
```

在工作区中定义变量 colume 后，输入命令 colume，显示的为变量 colume 的值，此时可以使用 clear 命令清除该变量的值，如下所示。

```
>> clear('colume')
>> colume
The surface area of the colume is:
   12.5664
The volume of the colume is:
    3.1416
```

MATLAB 提供了一些函数用于控制文件的执行，这些函数如表 2-23 所示。

表 2-23　MATLAB 中用于控制文件执行的函数

函　数	描　述
beep	使计算机发出“嘟嘟”声
disp	显示变量内容
echo	在脚本文件执行时，控制脚本文件的内容是否显示
input	提示用户输入数据
keyboard	临时终止 M 文件的执行，让键盘控制脚本执行。按下回车键，则返回到脚本文件
pause pause(n)	暂停，直到用户按下任意键
waitforbuttonpress	暂停，直到用户按下按钮

2.6.2　块注释

在 MATLAB 较早的版本中，注释是逐行进行的，采用百分号(%)进行标记。逐行注释不利于用户增加和修改注释内容。在 MATLAB 7.0 及以后的版本中，用户可以使用“%{”和“%}”符号进行块注释，“%{”和“%}”分别代表注释块的起始和结束。

2.6.3　代码单元

在以往的版本中，MATLAB 通过编译器提供的操作命令和工具执行一段选中的代码。在 MATLAB 7.0 及以后的新版本中，用户可以使用代码单元完成这一操作。一个代码单元指用户在 M 文件中指定的一段代码，以一个代码单元符号(两个百分号加空格，即“%%”)为开始标志，到另一个代码单元符号结束，如果不存在代码单元符号，则直到该文件结束。用户可以通过 MATLAB 编辑器中的 cell 菜单创建和管理代码单元。

需要注意的是，代码单元只能在 MATLAB 编辑器窗口中创建和使用，而在 MATLAB 命令窗口中是无效的。当在命令窗口中运行 M 文件时，将执行文件中的全部语句。

2.7 习 题

1. 创建变量并计算。

(1) 创建 doublc 类型的变量，a=87，b=190，计算 a+b、a-b、a*b。

(2) 创建 uint8 类型的变量，数值与(1)中相同，进行相同的计算。

2. 计算。

(1) $\sin\left(60^\circ\right)$

(2) e^3

(3) $\cos\left(\frac{3}{4}\pi\right)$

3. 设 $u=2$，$v=3$，计算：

(1) $4\frac{uv}{\log v}$

(2) $\frac{\left(e^u+v\right)^2}{v^2-u}$

(3) $\frac{\sqrt{u-3v}}{uv}$

4. 计算如下表达式：

(1) $(3-5i)(4+2i)$

(2) $\sin(2-8i)$

5. 判断下面语句的运算结果。

(1) $4<20$

(2) $4<=20$

(3) $4==20$

(4) $4\sim=20$

(5) 'b'<'B'

6. 设 $a=39$，$b=58$，$c=3$，$d=7$，判断下面表达式的值。

(1) $a>b$

(2) $a<c$

(3) $a>b\&\&b>c$

(4) $a==d$

(5) $a|b>c$

(6) $\sim\sim d$

7. 编写脚本，计算上面第 2 题中的表达式。

8. 编写脚本，输出上面第 6 题中的表达式的值。

第3章　数组和向量

MATLAB 的一个重要功能是能够进行向量和矩阵运算，MATLAB 中的多数功能也是基于向量和矩阵运算。因此，矩阵在 MATLAB 中具有非常重要的位置。在 MATLAB 中，向量和矩阵主要由数组来表示，数组是 MATLAB 的核心数据结构。本章重点介绍数组及数组运算。

本章学习目标

- ✔ 掌握数组和向量的概念与性质
- ✔ 掌握数组与向量的操作和运算方法

3.1　MATLAB 数组

数组是 MATLAB 中的基本构件，数组中的单个数据项称为元素。任何变量在 MATLAB 中都是以数组形式存储和运算的。

1. 按照数组元素个数和排列方式分类

按照数组元素个数和排列方式进行分类，MATLAB 中的数组可能分为 5 种。

(1) 没有元素的空数组(Empty Array)。

(2) 只有一个元素的标量(Scalar)，它实际上是一行一列的数组。

(3) 只有一行或一列的向量(Vector)，分别叫做行向量(Row Vector)或列向量(Column Vector)，也可统称为一维数组。

(4) 普通的具有多行多列元素的二维数组。

(5) 超过二维的多维数组(具有行、列、页等多个维度)。

数组中的元素同样具有取值和位置组合而成的唯一属性。在一个二维数组中，位置是指元素所在的行号与列号(按顺序)。一般而言，n 维数组中元素的位置是一个包含 n 个索引值的向量。

当应用于 n 维数组 A 时，函数 size()按下面两种方式中的一种返回信息：

- 如果按照只有一个返回值的形式调用，如 sz=size(A)，将会返回一个 n 维向量，其中包含了数组每一维的大小；

- 如果按照具有多个返回值的形式调用，如[rows,cols]=size(A)，将返回具有所要求数量的数组 A 的各维大小。为了避免出错，应当给定与数组维数相同的变量个数。

length()函数返回数组的最大维值。如果创建一个具有 2×8×3 大小的 3 维数组，size(A)将会返回[2 8 3]，而 length(A)将返回 8。

对于 m×n 数组的转置(该操作由置于数组标识符后面的撇号字符(')来表明)，将返回一 n×m 的数组，其行与列的数值发生了交换。图 3-1 和图 3-2 给出了一个转置数组的示例。

$$A_{(m\times n)}=\begin{bmatrix} a_{11} & a_{12} & \cdots & a_{1n} \\ a_{21} & a_{22} & \cdots & a_{2n} \\ \vdots & & \ddots & \\ a_{m1} & a_{m2} & \cdots & a_{mn} \end{bmatrix}$$

图 3-1　数组

$$A'_{(n\times m)}=\begin{bmatrix} a_{11} & a_{21} & \cdots & a_{m1} \\ a_{12} & a_{22} & \cdots & a_{m2} \\ \vdots & & \ddots & \\ a_{1n} & a_{2n} & \cdots & a_{mn} \end{bmatrix}$$

图 3-2　数组的转置

一些值得注意的特殊情况如下。

(1) 当一个二维矩阵具有相同的行数和列数时，称其为方阵(Square)。

(2) 当数组中的非零值仅出现在行号和列号相同的位置时，称该数组为对角的(Diagonal)数组。

2. 按照数组的存储方式分类

按照数组的存储方式，MATLAB 中的数组可以分为两种：

- 普通数组；
- 稀疏数组(常称为稀疏矩阵)。

稀疏矩阵适用于那些大部分元素为 0，只有少部分非零元素的数组的存储。这主要是为了提高数据存储和运算的效率。

3.2　创建数组

可以通过直接输入数值来创建数组，也可以通过 MATLAB 内置函数来创建具有某一特点的数组。

使用“；”或者另起一行表明一行的结束，如 A=[2,5,7;1,3,42]。

函数 zeros(m,n)与 ones(m,n)分别产生填充值为 0 或 1 的 m 行 n 列的数组。

函数 rand(m,n)与 randn(m,n)分别产生取值为 0~1 之间的随机数的数组。

函数 diag()具有多种形式，最常用的是 diag(A)，其中 A 为一数组，它将 A 的对角线上的元素作为向量返回；diag(V)，其中 V 为一向量，它返回一个对角线为 V 的方阵。

MATLAB 还提供了 magic(m)函数，它产生一个填充 1 到 m^2 之间数字的数组，其组织方式使得每一行、每一列以及对角线上的元素分别加起来等于相同的数。

例 3-1　创建数组。

在命令窗口中输入以下命令，并观察输出结果：

```
>> A = [2, 5, 7; 1, 3, 42]
A =
     2     5     7
     1     3    42
>> z = zeros(3,2)
z =
     0     0
     0     0
     0     0
>> [z ones(3, 4)] % concatenating arrays
ans =
     0     0     1     1     1     1
     0     0     1     1     1     1
     0     0     1     1     1     1
>> rand(3,4)
ans =
    0.2760    0.1626    0.9597    0.2238
    0.6797    0.1190    0.3404    0.7513
    0.6551    0.4984    0.5853    0.2551
>> rand(size(A))
ans =
    0.5060    0.8909    0.5472
    0.6991    0.9593    0.1386
>> diag(A)
ans =
     2
     3
>> diag(diag(A))
ans =
     2     0
     0     3
>> magic(4)
ans =
    16     2     3    13
     5    11    10     8
     9     7     6    12
     4    14    15     1
```

3.3　数组操作

3.3.1　获取数组中的元素

可以通过将需要获取元素的索引值用括号括起来的方式对数组中的元素进行寻址，其中第一个值为行索引值，第二个值为列索引值。考虑例 3-1 中 A(2,3)产生的值：它将返回在第 2 行第 3 列的元素 42。如果试图读取超出行或列索引值范围的数据，将会出错。

也可以向数组中存储数值，例如，继续进行例 3-1，输入 A(2,3)=0，将得到如下结果：

```
A =
     2     5     7
     1     3     0
```

如果在超出数组范围的位置写入时，MATLAB 将自动对数组进行扩充。如果数组当前元素位置和将要写入新数值的位置之间缺失数据的话，MATLAB 会将缺失数据填充为 0。例如，继续进行例 3-1，输入 A(4, 1)=3，将产生如下结果：

```
A =
     2     5     7
     1     3     0
     0     0     0
     3     0     0
```

3.3.2　数组操作简介

数组操作包括：算术与逻辑运算、函数的使用连接和切片。这一节还将讨论数组特有的两个议题：数组重排与线性化数组。(请参考 3.4.5 节的相关内容后再阅读本节)

1. 数组算术操作

如果两个数组的维数相同或者其中一个是标量(即具有一个长度为 1 的向量，向量将在 3.4 节介绍)的话，对于两个数组中单个元素的算术操作就可以共同执行。加法与减法具有预期的语法，如例 3-2 所示。而乘法、除法与指数运算必须使用“.”操作符号，如.*、./与.^(点号是符号的一部分，顿号不是)分别来进行标量的乘、除与指数运算。

注意：

如果不使用点操作符进行数组的乘、除和指数运算，则需要进行特殊的矩阵操作。在没有预期的条件下发生这种情况时，给出的错误信息是非常难以理解的：

```
Error using   *
Inner matrix dimensions must agree.
```

数组的维数恰好一致时(如方阵数组相乘)的情形会更加难懂，此时得到的并不是标量相乘的结果。

例 3-2　数组数学运算练习。

在命令窗口中输入如下命令，并观察输出：

```
>> A = [2 5 7
1 3 2]
A =
```

```
      2     5     7
      1     3     2
>> A + 5
ans =
      7    10    12
      6     8     7
>>B = ones(2, 3)
B =
      1     1     1
      1     1     1
>> B = B * 2
B =
      2     2     2
      2     2     2
>> A.*B  % 点乘
ans =
      4    10    14
      2     6     4
>> A*B  % 此时矩阵乘运算无法运行
Error using  *
Inner matrix dimensions must agree.
```

2. 数组逻辑运算

如果两个数组的维数相同或者其中一个是标量(即具有长度为 1 的向量)的话，对于两个数组中单个元素的逻辑操作就可以共同执行。结果将是与原数组具有相同大小，且取布尔值的数组。完成例 3-3 以了解数组逻辑操作的工作方式。

在这里，成功地将数组 A 与一标量以及与 A 具有相同维数的数组 B 进行比较。但是在和具有相同数量的元素而形状不同的数组 C 进行比较时则出现了错误。

例 3-3　数组逻辑操作练习。

在命令窗口中输入如下命令：

```
>> A = [2 5; 1 3]
A =
      2     5
      1     3
>> B = [0 6; 3 2];
>> A >= 4
ans =
      0     1
      0     0
>> A >= B
ans =
      1     0
```

```
        0       1
>> C = [1 2 3 4]
C =
        1       2       3       4
>> A > C
Error using  >
Matrix dimensions must agree.
```

3. 使用库函数

对于多数 MATLAB 函数，可以输入数值数组并返回具有相同形状的数组。下面的函数需要引起特别注意，因为它们是这一规则的例外，并且所具有的特定功能被经常用到：

当 sum(v)与 mean(v)函数应用于二维数组时将返回一个行向量，分别包含了数组中每一列的和与平均值。如果需要计算整个数组中所有元素的和时，可以使用 sum(sum(v))函数。

min(v)与 max(v)函数返回两个行向量：每一列中的最大或最小值以及它们在每一列中出现的行号。例如：

```
>> [values rows]=max([2   7   42;
9   14   8;
10   12   -6])
values =
      10      14      42
rows =
       3       2       1
```

这意味着每一列中的最大值分别是 10、14 和 42，它们分别出现在第 3、第 2 和第 1 行。如果确实需要得到整个数组中包含最大值的行号与列号，可以继续使用以下命令：

```
>> [value col]=max(values)
value =
      42
col =
       3
```

这就找出了整个数组的最大值并确定了它出现在第 3 列。为了进一步确定最大值出现的行位置，这里使用最大值出现的列位置对最大行位置向量 rows 进行索引：

```
>> row= rows(col)
row =
       1
```

因此，可以正确地得出该数组中的最大值是 42，它出现在行号为 1、列号为 3 的位置。

4. 数组连接

MATLAB 允许程序设计者按照以下方式将其他的数组连接起来创建新的数组：

(1) 水平向连接，需要每一分量具有相同的行数：

```
A=[B C D ... X Y Z]
```

(2) 垂直向连接，需要每一分量具有相同的列数：

```
A=[B; C; D; ... X; Y; Z]
```

结果将是一个数组，其列数为单个分量的列数，行数为每一个分量的行数之和。

例 3-4　连接数组。

在命令窗口中输入以下命令：

```
>> A = [2 5; 1 7];
>> B = [1 3]'; % makes a column vector
>> [A B]
ans =
     2     5     1
     1     7     3
```

5. 数组切片

将数组中的一部分移入另一数组中的语句一般如下：

```
B(<rangeBR>, <rangeBC>)=A(<rangeAR>, <rangeAC>)
```

其中每一个<range...>为一索引向量，A 为已存在数组，B 可以是已存在数组、一个新数组或者根本不存在(B 取名为 ans)。B 中指定的索引位置的值将被赋予从 A 中相应复制过来的值。使用这一模板的规则如下：

(1) 每一切片数组的每一维数必须相等，或者 A 中的切片大小为 1×1。

(2) 如果执行这一语句之前 B 不存在的话，其中没有被显式赋值的位置将填充为 0。

(3) 如果执行这一语句之前 B 存在的话，没有直接赋值的部分其值保持不变。

6. 数组重排

有时候对数组采取一种维数形式并将其重排为另外一种维数形式是非常有用的。函数 reshape()可以实现此项功能。以下命令：

```
reshape(A, rows, cols, ...)
```

将数组 A(无论其维数是多少)进行重排后返回具有以下大小的数组：

```
(rows×cols×...)
```

并按照需要的维数输出。但是 reshape()函数并不会补充数据填充到空白位置，数组 A 原始维数的乘积必须与新数组维数的乘积相等。试通过例 3-5 来理解如何重排数组。

在这里，首先得到一个 1×10 的数组 A，并尝试将其重排为 4×3 的维数，由于数组元素数不相符，导致出现错误。在数组 A 中连接两个 0 后，则具有正确的元素个数，然后重排成功。

例 3-5　数组重排。

在命令窗口中输入以下命令：

```
>> A = 1:10
A =
     1     2     3     4     5     6     7     8     9    10
>> reshape(A, 4, 3)
Error using reshape
To RESHAPE the number of elements must not change.
>> reshape([A 0 0], 4, 3)
ans =
     1     5     9
     2     6    10
     3     7     0
     4     8     0
```

7. 线性化数组

如果不揭示一个 MATLAB“并不光彩”的秘密，那么对于数组的讨论就不够完整，即多维数组并不是存储在标准的、矩形块的内存中的。与其他的内存块一样，存储数组的内存块也是顺序排放的，数组按照列的顺序存放在内存中。通常，如果 MATLAB 表现得如用户所期望的那样，用户就不用关心数组是如何存储的。但是有些情况下 MATLAB 的作者们是需要暴露这些秘密的。

数组线性化比较明显的基本情形是 find()函数的机制。如果在数组上执行逻辑操作，结果将是与原数组具有相同大小但是取逻辑值的数组。一般 true 值将会随机散布在结果数组内。如果想把这些转换为索引集合，那么希望看到些什么呢？一个具有[row column]索引对的数组处理起来确实很笨拙。因此，MATLAB 的设计者们决定返回这些 true 值的线性位置。用这一结果进行索引暴露了 MATLAB 数组的线性化本质。证实这一点的方法可参见例 3-6。

例 3-6　线性化数组。

在命令窗口中输入以下命令：

```
>> A = [2 5 7 3
8 0 9 42
1 3 4 2]
A =
     2     5     7     3
     8     0     9    42
     1     3     4     2
```

```
>> A > 5
ans =
      0     0     1     0
      1     0     1     1
      0     0     0     0
>> ix = find(A > 5)
ix =
      2
      7
      8
     11
>> A(ix) = A(ix) + 3
A =
      2     5    10     3
     11     0    12    45
      1     3     4     2
>> A(11)
ans =
     45
```

在这里，建立一个 4×3 的数组 A 并计算 A 大于 5 的逻辑数组。当用户将查找这些位置得出的结果存储到变量 ix 中时，可以看到它是一个数值向量。如果按列从左上角往下数，会看到 A 的线性化形式下的第 2、7、8、11 处的值确实是 true，也可以看到使用这一线性化的索引向量获取原来数组中的元素是合法的——本例中，在每一个元素上面加 3。最后，当在仅有 3 行的数组中试图来检索第 11 个元素时，对此用户本来期望 MATLAB 可能出现错误，而实际上 MATLAB 将数组存储值展开，然后数到第 11 个元素——第一列 3 个，第二列 3 个，第三列 3 个——之后抽取出第四列的第二个元素。

注意：

(1) 不暴露数组中寻找逻辑结果的详细步骤，而是采用综合的方式是比较好的：

```
A(A>5)=A(A>5)+3
```

该语句产生期望的结果而没有暴露下面隐藏的不好的秘密。

(2) 不要把使用数组线性化作为程序逻辑的一部分，它将使得程序阅读或理解起来非常困难，而且它从来也不是做某件事情的唯一途径。

为了更充分地理解这些数组操作的思想，需要仔细地阅读代码清单 3-1 中的脚本，研究后面的解释性注释，并完成例 3-7。

代码清单 3-1　数组操作脚本

```
1. A = [2 5 7 3
2. 1 3 4 2];
3. [rows, cols] = size(A);
```

```
odds = 1:2:cols;
disp('odd columns of A using predefined indices')
A(:, odds)
disp('odd columns of A using anonymous indices')
A(end, 1:2:end)
disp('put evens into odd values in a new array')
B(:, odds) = A(:, 2:2:end)
disp('set the even values in B to 99')
B(1, 2:2:end) = 99
disp('find the small values in A')
small = A < 4
disp('add 10 to the small values')
A(small) = A(small) + 10
disp('this can be done in one ugly operation')
A(A < 4) = A(A < 4) + 10
small_index = find(small)
A(small_index) = A(small_index) + 100
```

例 3-7　运行数组操作脚本。

运行代码清单 3-1 中的脚本，并观察结果：

```
>> Untitled2
odd columns of A using predefined indices
ans =
     2     7
     1     4
odd columns of A using anonymous indices
ans =

     1     4
put evens into odd values in a new array
B =

     5     0     3
     3     0     2
set the even values in B to 99
B =

     5    99     3
     3     0     2
find the small values in A
small =

     1     0     0     1
     1     1     0     1
add 10 to the small values
A =

    12     5     7    13
    11    13     4    12
```

```
this can be done in one ugly operation
A =
      12      5      7     13
      11     13      4     12
small_index =
       1
       2
       4
       7
       8
A =
     112      5      7    113
     111    113      4    112
```

注意：

(1) 不要忘记在所有脚本的开头使用 clear 和 clc 命令。

- clear 命令清空当前 Workspace 窗口中的全部变量，防止旧的变量值在脚本文件运行时产生奇怪的行为。
- clc 命令清空 Command 窗口，防止混淆当前脚本文件和以前活动的输出。

(2) 在编写程序时，比较好的方式是一次键入少数几行命令并且逐渐增大所运行的脚本文件，而不是一次编辑一个非常大的脚本然后一次性运行整个脚本。当用户只是在原先可以工作的脚本上仅增加几行程序时，就比较容易找到逻辑问题发生的源头。

(3) 在一行程序里，建立巨大而又复杂的向量操作表达式来解决棘手的问题是很具有诱惑力的。虽然这可能是非常有趣的智力锻炼，但是如果解决方案是一次解决一步而且使用中间变量的话，那么代码就会更易于维护。

在代码清单 3-1 中，各行代码含义如下。

第 1、2 行：创建一个 2×4 的数组 A。

第 3 行：得到行数与列数。

第 4 行：创建向量 odds，它包含了奇数列的索引值。

第 6 行：使用 odds 得到 A 中的奇数列，“：”号表明使用 A 中的所有行。

第 8 行：第 7 行命令的匿名实现。

注意：

可以在数组中的任意维使用 end，它意味着该维的末端。

第 10 行：由于 B 事先并不存在(在脚本文件开始时运行 clear 的一个理由就是可以确信这一点)，因此创建一新的数组。B 中没有被赋值的元素被填充为 0。

第 12 行：将 B 中选中位置处的元素设为 99。

第 14 行：数组上的逻辑操作产生具有逻辑结果的数组。

第 16 行：在 A 中的较小的元素上面加 10。

第 18 行：该命令不仅非常复杂，而且效率不高，因为它对 A 使用了两次逻辑操作。

第 19 行：函数 find()实际上返回原数组线性化形式下索引值的列向量。如例 3-7 中所示。

第 20 行：如上所述，在索引一个数组之前使用 find()函数是不必要的，但是它仍能正常工作。

注意：

所有的结果均与预期相符合。

3.4　MATLAB 向量

向量是对相似数据项的集合进行分组的最简单方式，首先需要考虑的是数值或逻辑值组成的向量。许多语言也称向量为线性数组或线性矩阵，正如其名，向量是数据的一维分组，如图 3-6 所示。

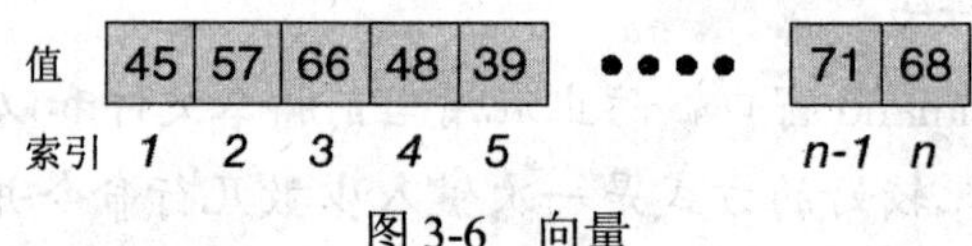

图 3-6　向量

向量中单个的数据项通常称为元素(element)。向量元素的两个独立且截然不同的属性(数值及在向量中的位置)决定了其在某一特定向量中的唯一性。例如，图 3-6 中处在向量中第 3 个位置的数据项 66，其值为 66，其位置为 3。在向量中可能存在其他取值为 66 的元素，但是没有其他元素会处于此向量中的第 3 个位置处。

3.4.1　创建向量

与创建单独的数据项方法一样，创建向量也有两种方法：

(1) 使用一系列常值来创建向量。

(2) 通过对已有的向量进行操作产生新的向量。

下面说明如何由常值来创建向量。

(1) 直接输入，如 A＝[2,5,7,1,3](逗号是可选的，一般情况下可以省略)。

(2) 使用冒号输入某个范围内的数值，如，B=1:3:20，其中第一个数为起始值，第二个数为增量(如果增量为 1，冒号可以省略)，第三个数为结束值。

(3) 使用 linspace()函数创建取值位于两个数之间且具有指定长度的向量。例如 C=linspace(0,20,11)，其中第一个参数为下限，第二个参数为上限，第三个参数为向量中数值的个数。

(4) 使用 zeros(1,n)、ones(1,n)、rand(1,n)(均匀分布随机数)以及 randn(1,n)(正态分布随机数)等函数创建填充值为 0、1 或位于 0、1 之间随机数的向量。

例 3-8　向量练习。

在命令窗口中输入如下命令：

```
>> A = [2 5 7 1 3]
A =
     2     5     7     1     3
>> B = 1:3:20
B =
     1     4     7    10    13    16    19
>> C = linspace(0, 20, 11)
C =
     0     2     4     6     8    10    12    14    16    18    20
>> D = [4]
D =
     4
>> E = zeros(1,4)
E =
     0     0     0     0
```

然后单击位于 MATLAB 窗口左上方的 Workspace 标签并查看其中的内容。

Workspace 窗口给出所创建变量的三类信息：变量名、变量的值及变量的类，也就是变量的数据类型。

注意：

如果向量的尺寸足够小的话，Value 栏将显示其实际内容；其他情况下将看到形如<1×11 double>的属性描述。

在例 3-8 中有意创建了只包含一个元素的向量 D，或许结果会令用户惊讶，无论在 Commad 窗口还是在 Workspace 窗口中，D 的显示均类似于一个标量。在 MATLAB 中通常如此——所有的标量均被作为具有单位长度的向量加以考虑。

3.4.2　向量尺寸

向量还有一个专门的属性：向量的长度(如图 3-6 中所示的 n)。在多数情况下，该长度在向量创建时就已固定。实际上，MATLAB 能够通过插入或删除元素来增加或减小向量的长度。MATLAB 通常提供两个函数来确定数组的大小。函数 size(V)在对向量 V 进行操作后将返回包含两个数值的另一向量：向量的行数(总是 1)和列数(向量的长度)。函数 length(V)返回数组大小中的最大值——对于向量，该数值即为其长度。

3.4.3　向量索引

如前所述，向量中的每一元素均具有两个属性：元素的值及其在向量中的位置。可以通过两种方式获取数组中的元素：使用数值向量索引或者通过逻辑向量索引。

1. 数值索引

通过将需要检索的一个或多个元素的索引值括在括号内可以获取单个或一组元素值。继续例 3-8，输入 A(3)会返回第三个元素值 7。如果试图读取索引值超出向量长度或者小于 1 的元素，则会报错。

可以通过赋值语句来改变向量中元素的值。试通过例 3-9 来了解怎样改变向量中的元素。

例 3-9　改变向量中的元素。

对例 3-8 中的向量 A 进行如下改变：

```
>> A(5) = 42
A =
     2     5     7     1    42
```

MATLAB 的一个独特之处在于当尝试向超出向量范围的位置写入时所表现出的行为。当向低于 1 的位置写入时是非法的，而向超出当前末尾位置写入时，MATLAB 将自动对向量进行扩展。如果在向量的当前元素与试图写入的新元素之间缺失元素的话，MATLAB 将用 0 值填充缺失元素。试通过练习例 3-10 来理解其工作过程。

在例 3-10 中要求在长度为 5 的向量中存入第 8 个元素。此时 MTALAB 并不报错，而是通过自动做两件事情来完成此项命令：将向量长度扩展为 8，并将还没有赋值的元素存储为 0。

这一过程称为向量索引(Indexing A Vector)，在这些简单的例子中，使用单个数来作为索引值。实际上，一般情况下可以使用索引向量来对另外一个向量进行索引。而且索引向量的长度并不需要和待索引向量的长度相同——它可以或长或短，但是索引向量的值必须为正，并且如果用于从向量中提取数据的话，索引值不能大于向量的长度。

例 3-10　扩展向量。

对例 3-9 中的向量 A 进一步扩展：

```
>> A(8) = 3
A =
     2     5     7     1    42     0     0     3
```

2. 逻辑索引

逻辑操作的结果为 true 或 false。这类数据称为布尔值(Boolean Value)或逻辑值(Logical Value)。与数值一样，通过指定其中的真、假值，逻辑值也可以组成数组。例如，给出如下 mask 变量：

```
>> mask = [true false false true]
mask =
     1     0     0     1
```

注意：

命令窗口中显示的逻辑变量值是用 1 代表真，用 0 代表假。

如下所示，可以用逻辑向量来索引任意向量：

```
>> A = [2 4 6 8 10];
>> A(mask)
ans =
    2    8
```

当用逻辑向量进行索引时，结果中将包含原向量中下列位置处的元素：对应逻辑索引向量中取值为真的位置。逻辑索引向量的长度可以比原向量更短，但是不能更长。

3.4.4　缩短向量

有时需要从向量中移除元素。例如，一个由某仪器的测量值组成的向量，已知第三个读数的设置不正确，在对数据进行处理之前希望将错误的读数去除。可以使用空向量[ ]的一种特殊用法来完成此项任务。如其名字和符号所示，空向量中不包含任何元素。如果将空向量赋予某一向量(如 A)中的一个元素，那么该元素将从 A 中移除，A 就减少了一个元素。

例 3-11　缩短向量。

将例 3-10 中的向量 A 缩短：

```
>> A(4) = []
A =
    2    5    7    42    0    0    3
```

注意：

实际中很少将缩短向量作为对问题的正确求解方法，而且这样做可能会导致逻辑混乱。有可能的话，要使用索引来对需要保留的元素进行复制。

如上所见，原本希望将原先长度为 8 的向量中的第 4 个元素去除，结果向量中仅包含 7 个元素，而原先取值为 1 的第 4 个元素被移除。

3.4.5　向量操作

MATLAB 语言的本质核心在于具有丰富的数组和向量操作工具。本节首先说明如何使用这些工具操作向量，并推广到对数组(多维向量)的应用，最后是对矩阵的操作。

有 3 种方法直接从对标量的操作推广而来：

- 算术操作；
- 逻辑操作；
- 应用库函数。

有两种方法是针对一般情况下的数组和特殊情况下的向量的：

- 连接；
- 切片(广义索引)。

1. 算术操作

只要两个向量长度相同或者其中一个是标量(即长度为 1 的向量)，那么算术操作就可以在这两个向量中的每一个元素上共同执行。如例 3-12 所示，其中的加、减法具有用户预期的语法形式。而乘、除以及指数运算由于实际上与每一个元素，而不是矩阵操作相关，因此在语法上具有一定的特点。在设计 MATLAB 语言时，其常用符号是对矩阵操作默认保留的。但是，由于逐个元素相乘操作从根本上相异于矩阵操作，因此对它们需要一套新的符号。符号.*、./和.^(.是符号的一部分而顿号不是)被分别用作逐个元素相乘、相除及指数运算。由于矩阵加、减跟逐个元素相加、减是相同的，因此它们没有特殊的运算符。

例 3-12　使用向量数学运算。

在命令窗口中输入如下命令：

```
>> A = [2 5 7 1 3];
>> A + 5
ans =
     7    10    12     6     8
>> A .* 2
ans =
     4    10    14     2     6
>> B = -1:1:3
B =
    -1     0     1     2     3
>> A .* B % element-by-element multiplication
ans =
    -2     0     7     2     9
>> A * B % matrix multiplication!!
Error using   *
Inner matrix dimensions must agree.
>> C = [1 2 3]
C =
     1     2     3
>> A .* C % A and C must have the same length
Error using   .*
Matrix dimensions must agree.
```

这里首先了解了标量的加法和乘法，然后是关于向量 A、B 逐个元素的操作。第一个错误的产生是由于在乘法符号中省略了“.”，从而调用了对于向量 A、B 来讲不正确的矩阵操作而引起的。第二个错误的产生是由于算术操作中的两个向量必须具有相同的大小。同样应当注意，使用%符号意味着程序行的剩余部分为注释。

可以通过一元减法操作符“－”来改变向量中所有值的符号。

2. 逻辑操作

在前面讨论了逻辑索引，但却一直没有用到它。在这一节中，会了解到对向量进行逻辑操作将产生逻辑结果向量，然后可以应用这些逻辑结果向量来进行向量索引，这可以使得复杂的逻辑表达式变得非常清晰。

与算术操作一样，如果两个向量长度相同或者其中一个是标量(即长度为 1 的向量)，可以在两个向量上执行逐个元素的逻辑操作，结果将是与原始向量具有相同长度的且取逻辑值的向量。例 3-13 解释了逻辑表达式是如何工作的。

首先建立向量 A、B，然后执行两种合法的逻辑操作：找出 A 中不小于 5 的元素位置以及找出相同位置上不小于 B 中元素的向量 A 的元素位置。与算术操作相同，如果对具有不同大小的向量(大小均不为 1)使用逻辑操作则会出现错误。

例 3-13　使用向量逻辑表达式。

在命令窗口中输入以下命令：

```
>> A = [2 5 7 1 3];
>> B = [0 6 5 3 2];
>> A >= 5
ans =
     0     1     1     0     0
>> A >= B
ans =
     1     0     1     0     1
>> C = [1 2 3]
C =
     1     2     3
>> A > C
Error using  >
Matrix dimensions must agree.
```

可以使用逻辑“与”(&)和“或”(|)操作将逻辑操作符组合成复杂的操作。这些逻辑操作符实际具有两种风格：&/|和&&/||。单个操作符&和|对具有匹配尺寸的逻辑数组的单个逻辑值进行逐元素的匹配执行。而双操作符&&和||将单个逻辑结果结合起来，经常与条件表达式联结在一起(见第 6 章)。通过例 3-14，了解逻辑操作符是如何工作的。

例 3-14　逻辑向量的使用。

在命令窗口中输入以下命令：

```
>> A = [true true false false];
>> B = [true false true false];
>> A & B
ans =
     1     0     0     0
>> A | B
```

```
ans =
        1     1     1     0
>> C = [1 0 0]
C =
        1     0     0
>> A & C
Error using  &
Inputs must have the same size.
```

在例 3-14 中，成功地将具有相同长度的两个逻辑向量结合起来，但是与算术运算一样，在对不同长度的向量结合时没有成功。

如果要得到对应逻辑向量中元素为真的向量元素索引值，函数 find()可以完成此项任务，它需要输入一个逻辑值数组，然后输出取真值的元素所对应位置的向量。通过例 3-15，了解该函数是如何工作的。

例 3-15　使用 find()函数。

在命令窗口中输入以下命令：

```
>> A = [2 5 7 1 3];
>> A > 4
ans =
        0     1     1     0     0
>> find(A > 4)
ans =
        2     3
```

可以使用一元操作符~来对逻辑向量的所有元素求非(将真变为假，将假变为真)。例如：

```
>> na = ~[true true false true]
na =
        0     0     1     0
```

可以看到，na 中的每一个元素对应于原向量中元素的逻辑取非。和通常的数学和逻辑运算一样，操作符的优先级决定了操作执行的顺序。表 3-1 给出了 MATLAB 中操作符的优先级。表中同一行中的操作符按照由左向右的优先级执行。操作符通常的优先级可以通过对特定的操作加上括号()来撤销。

表 3-1　操作符优先级

操 作 符	描 述
.'、.^	标量转置与标量乘幂
'、^	矩阵转置与矩阵乘幂
+、-、~	一元操作符
.*、./、.\、*、/、\	乘、除、左除
+、-	加、减

(续表)

操 作 符	描 述
:	冒号操作符
<、<=、>=、>、==、~=	比较
&	元素级与
|	元素级或
&&	逻辑与
||	逻辑或

3. 应用库函数

MATLAB 提供了丰富的数学函数集，覆盖了算术、三角以及统计学等领域。附录 A 给出了部分函数的列表。如果想得到完整的函数列表，可以使用 MATLAB 工具条中的 Help 选项。相对于单个数值，MATLAB 函数多接受数值向量并返回相同长度的向量。下面的函数值得特别重视，因为它们所具备的功能经常被用到。

- sum(v)与 mean(v)：输入一个向量然后分别返回向量中所有元素的和与平均值。
- min(v)与 max(v)函数返回两个量：向量中的最大值和最小值以及该值在向量中出现的位置。例如以下语句表明最大值为 42，是向量中的第三个元素：

```
>> [value where] = max([2 7 42 9 -4])
value =
    42
where =
     3
```

- round(v)、ceil(v)、floor(v)与 fix(v)函数：将向量中所有数值的小数部分去掉，它们分别对应常规的舍入、向上舍入、向下舍入以及向零舍入。

4. 连接

在 3.4.1 节中讲解了可以通过将数值组合在方括号中来创建向量，如：

```
A=[2 5 7 1 3]
```

这实际上是连接的一种特殊情况。MATLAB 还可以通过将其他向量连接在一起而建立新的向量：

```
A=[B C D ... X Y Z]
```

其中，括号里面的每一单项可以是定义为常量或变量的任意向量，A 的长度是各个向量的长度之和。3.4.1 节给出的较为简单的向量创建方法实际上是这种规则的特例，因为每一数值也隐含为一个 1×1 的向量，得到结果为 1×N 的向量，N 为括号内数值的个数。试着将例 3-16 中的向量连接起来。

例 3-16　连接向量。

在命令窗口中输入以下命令：

```
>> A = [2 5 7];
>> B = [1 3];
>> [A B]
ans =
      2     5     7     1     3
```

注意：

结果向量不是嵌套在一起的，而是完全展开的。

5. 切片

如前文所提，抽取并替换向量中的元素称为索引。但是，索引并不局限于向量中的单个元素，还可以使用索引向量(Vector of Indices)。这些索引向量可以是以前命名的向量的值，也可以在需要时匿名创建。当索引一个向量中的单个元素时(如 A(4))，实际上匿名创建了一个 1×1 的索引向量 4，然后用其抽取数组 A 的特定元素。

创建所需要的匿名索引向量时，使用了冒号操作符其他的一些含义。产生数值向量的一般形式如下：

```
<start> : <increment> : <end>
```

读者已经知道，当省略< increment >部分时，其默认增量为 1。在匿名索引向量时，同时具有以下特点：

(1) 关键词 end 定义为向量的长度；

(2) 操作符：为 1:end 的缩写。

最后，如前所见，在 MATLAB 中使用具有逻辑值的向量对待索引的向量进行索引时，索引向量的长度等于或小于待索引向量的长度时均是合法的。例如，A 定义为：

```
A = [2 5 7 1 3]
```

那么 A([false true false true])返回：

```
ans =
      5     1
```

产生一个仅含有两个元素的向量，它们是原向量中对应于逻辑索引值为真的位置处的元素。正如在本节稍后部分所看到的，这对于索引一个向量中符合某个特定条件的数据项来说是非常有用的。

向量切片(将一个向量中的一部分移入另外一个向量的一部分中)的基本语句形式如下：

```
B(<rangeB>)=A(<rangeA>)
```

其中<rangeB>与<rangeA>均为索引向量，A 为一个已存在的数组，B 可以是一个已存在的数组、一个新数组或者根本不存在(B 取名为 ans)。B 中 rangeB 索引值范围内的数值被赋予 A 中 rangeA 上的数值。使用这一模板的规则如下：

rangeB 的大小必须与 rangeA 的大小相同或者 rangeA 的大小为 1。

如果执行这一语句之前 B 不存在的话，其中没有被显式赋值的位置将填充为 0。

如果执行这一语句之前 B 存在的话，没有直接在 rangeB 范围内赋值的部分其值保持不变。

分析代码清单 3-2 中的注释，并做例 3-17。

代码清单 3-2　向量索引脚本

```
1. clear
2. clc
3. A = [2 5 7 1 3 4];
4. odds = 1:2:length(A);
5.
6. disp('odd values of A using predefined indices')
7. A(odds)
8. disp('odd values of A using anonymous indices')
9. A(1:2:end)
10. disp('put evens into odd values in a new array')
11. B(odds) = A(2:2:end)
12. disp('set the even values in B to 99')
13. B(2:2:end) = 99
14. disp('find the small values in A')
15. small = A < 4
16. disp('add 10 to the small values')
17. A(small) = A(small) + 10
18. disp('this can be done in one ugly operation')
19. A(A < 4) = A(A < 4) + 10
```

在代码清单 3-2 中，各行代码的注释如下。

第 1、2 行：clear 与 clc 一般为脚本文件的前两行命令。

第 3 行：创建具有 5 个元素的向量 A。

第 4 行：在预定义索引向量时，如果需要使用某一向量的大小，必须使用 length()函数或者 size()函数。

第 5 行：空行以提高可读性。

第 6 行：disp()函数在 Command 窗口中显示其参数的内容，本例中为“odd values of A using predefined indices”。这里使用 disp()函数而不使用注释，是因为注释只在脚本文件中可见，而不是程序的输出。

第 7 行：使用预先定义的索引向量来获取向量 A 中的元素。由于没有进行赋值，变量 ans 为具有 3 个元素的向量，包含了 A 中奇数位的元素。

注意：

它们是处于奇数位置的元素，而不是取值为奇数的元素。

第 8 行：同样，disp()函数在 Command 窗口中显示其参数的内容，这儿为“odd values of A using anonymously indices”。

第 9 行：第 7 行中命令的匿名实现方式。

注意：

可以在向量中使用关键词 end。

第 10 行：显示“put evens into odd values in a new array”。

第 11 行：由于 B 事先并不存在(在脚本文件开始时运行指令 clear 的一个理由就是确保这一点)，一个具有 5 个(赋给 B 的最大的索引值)元素的新向量被创建。B 中没有被赋值且索引值小于 5 的元素被填充为 0。

第 12 行：显示“set the even values in B to 99”。

第 13 行：如果向量中某一段索引值范围内赋值为一个标量，那么这些索引值范围内的元素均被赋予这一标量的值。

第 14 行：显示“find the small values in A”。

第 15 行：作用于向量上的逻辑操作将返回布尔值结果。它与命令行 small=[1 0 0 1 1 0] 并不相同。如果要创建一个逻辑向量必须使用 true 或者 false，例如：

```
small=[true false false true true false]
```

第 16 行：显示“add 10 to small values”。

第 17 行：这一语句实际上是在一匿名向量上执行标量算术加法“+10”，然后将结果赋予 A 中相应范围内的元素。

第 18 行：显示“this can be done in one ugly operation”。

第 19 行：该命令不仅非常复杂，而且效率不高，因为它对 A 使用了两次逻辑操作符。应用形如第 17 行中的命令要好得多。

例 3-17　运行向量索引脚本。

运行代码清单 3-2 中的脚本，将会在命令窗口中看到如下输出：

```
odd values of A using predefined indices
ans =

     2     7     3

odd values of A using anonymous indices
ans =
     2     7     3
put evens into odd values in a new array
B =
     5     0     1     0     4
set the even values in B to 99
```

```
B =
     5    99     1    99     4
find the small values in A
small =
     1     0     0     1     1     0
add 10 to the small values
A =
    12     5     7    11    13     4
this can be done in one ugly operation
A =
    12     5     7    11    13     4
```

3.5　习　　题

1. 在命令提示符下输入以下两条命令：

```
>> x = [ 9 3 0 6 3]
>> y = mod((sqrt(length(((x+5).*[1 2 3 4 5]))*5)),3)
```

求 y 值为多少？

2. 向量操作是 MATLAB 的主要部分，使用下面这个向量来做练习：

```
vec=[4 5 2 8 4 7 2 64 2 57 2 45 7 43 2 5 7 3 3 6253 3 4 3 0 -65 -343]
```

注意：

不要直接给出下列问题中任何一个的最终结果，不要在问题的任何部分使用迭代。

(1) 创建一个新的向量 vecR，使其为 vec 的转置。

(2) 创建一个新的向量 vecB，使其为 vec 中的前半部分与后半部分对换的结果，这样 vecB 包含的元素为 vec 的后半部分紧接着 vec 的前半部分。

(3) 创建一个新的向量 vecS，使其包含 vec 中所有小于 45 的元素，且元素按照 vec 中的顺序排列。

(4) 创建一个新的向量 vec3R，使其从 vec 中从最后一个元素开始，并且间隔 3 个元素取一个元素，直到第一个元素为止。

(5) 创建一个新的向量 vecN，使其包含 vec 中所有等于 2 或 4 的元素的索引值。

(6) 创建一个新的向量 vecG，使其包含 vec 中去掉索引值为奇数且取值为 2 或 4 的元素后的所有元素。

3. 给定以下 3 个向量：

```
nums1=[7 1 3 5 32 12 1 99 10 24]
nums2=[54 1 456 9 20 45 48 72 61 32 10 94 11]
```

```
nums3=[44 11 25 41 84 77 998 85 2 3 15]
```

编写脚本文件创建相应的 3 个向量 newNums1、newNums2 和 newNums3，分别包含以上 3 个向量中从第一元素开始且间隔取值的元素。

注意：

不能直接将相关数值输入答案中，如果在命令提示符下输入：

```
>> newNumsEx=[6 56 8 445 7 357 4]
```

将不能得分。

提示：

对于 3 个向量而言，其解决方法应当是一样的，只是变换向量名称而已。

第4章　MATLAB的数学运算

MATLAB 最早的功能是数学计算，随其发展，逐渐扩展到其他领域中。但是数学运算仍然是 MATLAB 的核心，其他领域的应用以这些数学运算为基础，如矩阵运算、代数运算等。本章将介绍 MATLAB 的数学功能，如多项式、线性插值、傅立叶变换和微分方程等。通过本章的学习，读者可以利用 MATLAB 编写一些简单的脚本程序，实现一些数学功能。

本章学习目标

- ☑ 掌握多项式运算及插值
- ☑ 掌握函数操作
- ☑ 掌握微分方程

4.1　多项式与插值

多项式在数学中有着极为重要的作用，同时多项式的运算也是工程和应用中经常遇到的问题。MATLAB 提供了一些专门用于处理多项式的函数，用户可以应用这些函数对多项式进行操作。MATLAB 中对多项式的操作包括多项式求根、多项式的四则运算及多项式的微积分。

4.1.1　多项式的表示

在 MATLAB 中多项式用一个行向量表示，向量中的元素为该多项式的系数，按照降序排列。如多项式$9x^3+7x^2+4x^1+3$可以表示为向量 p=[9 7 4 3]。用户可用创建向量的方式创建多项式，再将其显示为多项式，如：

```
>> P=[4,3,6,9];
>> y=poly2sym(P)
y =
4*x^3 + 3*x^2 + 6*x + 9
```

4.1.2　多项式的四则运算

由于多项式是利用向量来表示，多项式的四则运算可以转化为向量的运算。

多项式的加减即为对应项系数的加减，因此可以通过向量的加减来实现。但是在向量的加减中两个向量需要有相同的长度，因此在进行多项式加减时，需要将短的向量前面补 0。

多项式的乘法实际上是多项式系数向量之间的卷积运算，可以通过 MATLAB 中的卷积函数 conv 来完成。多项式的除法为乘法的逆运算，可以通过反卷积函数 deconv 来实现。

下面以实例来说明多项式的四则运算，见例 4-1。

例 4-1　多项式的四则运算。

编写脚本文件，实现多项式的四则运算。脚本内容如下：

```
% polynomial operation
p1=[1 2 1];                                         %定义多项式
p2=[1 1];
length_of_p1=length(p1);
length_of_p2=length(p2);
if length_of_p1 == length_of_p2                     %判断两个多项式长度是否相等
    p1_plus_p2 =p1+p2;                              %多项式相加
    p1_minus_p2=p1-p2;                              %多项式相减
elseif length_of_p1 < length_of_p2
        temp_p1=[zeros(length_of_p2-length_of_p1) p1];
        p1_plus_p2 =temp_p1+p2;
        p1_minus_p2=temp_p1-p2;
else
    temp_p2=[zeros(length_of_p1-length_of_p2) p2];
    p1_plus_p2 =p1+temp_p2;
    p1_minus_p2=p1-temp_p2;
end
p1_multiply_p2=conv(p1,p2);                         %多项式相乘
p1_divide_p2=deconv(p1,p2);                         %多项式除法
p1=poly2sym(p1)                                     %显示多项式 p1
p2=poly2sym(p2)                                     %显示多项式 p2
p1_plus_p2 =poly2sym(p1_plus_p2)
p1_minus_p2=poly2sym(p1_minus_p2)
p1_multiply_p2=poly2sym(p1_multiply_p2)
p1_divide_p2   =poly2sym(p1_divide_p2)
```

在命令窗口中执行该脚本，得到输出结果：

```
>> Untitled
p1 =
x^2 + 2*x + 1
p2 =
x + 1
p1_plus_p2 =
x^2 + 3*x + 2
```

```
p1_minus_p2 =
x^2 + x
p1_multiply_p2 =
x^3 + 3*x^2 + 3*x + 1
p1_divide_p2 =
x + 1
```

4.1.3　多项式的其他运算

除多项式的四则运算外，MATLAB 还提供了多项式的一些其他运算。这些运算及其对应的函数如表 4-1 所示。

表 4-1　多项式运算函数

函　数	功　能
roots	多项式求根
polyval	多项式求值
polyvalm	矩阵多项式求值
polyder	多项式求导
poly	求矩阵的特征多项式；或者求一个多项式，其根为指定的数值
polyfit	多项式曲线拟合
residue	求解余项

下面对这些函数及功能进行介绍。其中，将重点介绍 roots、polyval、polyder、poly、polyfit。关于其他函数的使用，用户可以参阅 MATLAB 帮助文档。

1. roots 函数的使用

这两个函数为功能互逆的两个函数。roots 函数用于求解多项式的根。该函数的输入参数为多项式的系数组成的行向量，返回值为由多项式的根组成的列向量。

例 4-2　roots 函数使用。

```
>> r=[1 3 5];
>> p=poly(r)
p =
     1     -9     23     -15
>> poly2sym(p)
ans =
x^3 - 9*x^2 + 23*x - 15
>> roots(p)
ans =
    5.0000
    3.0000
    1.0000
```

2. polyval 函数

polyval 函数用于多项式求值。对于给定的多项式，利用该函数可以计算该多项式在任意点的值。

例 4-3 多项式求值。

```
>> p=[4 3 2 1];
>> polyval(p,4)
ans =
   313
>> 4*4^3+3*4^2+2*4+1
ans =
   313
```

3. polyder 函数

MATLAB 提供了函数 polyder 用于多项式求导。该函数可以用于求解一个多项式的导数、两个多项式乘积的导数和两个多项式商的导数。下面介绍该函数的用法。

- q = polyder(p)：该命令计算多项式 p 的导数。
- c = polyder(a,b)：该命令实现多项式 a、b 的积的导数。
- [q,d] = polyder(a,b)：该命令实现多项式 a、b 的商的导数，q/d 为最后的结果。

例 4-4 polyder 函数的应用。

```
>> a=[1 2 1];
>> b=[1 -1];
>> p1=polyder(a)
p1 =
     2     2
>> p2=polyder(a,b)
p2 =
     3     2    -1
>> [p3,p4]=polyder(a,b)
p3 =
     1    -2    -3
p4 =
     1    -2     1
```

4. 多项式拟合

曲线拟合是工程中经常要用到的技术之一。MATLAB 提供了曲线拟合工具箱满足用户要求，另外，还提供了多项式拟合函数。函数 polyfit 给出在最小二乘意义下最佳拟合系数。该函数的调用格式为 p=polyfit(x,y,n)。其中，*x*、*y* 分别为待拟合数据的 x 坐标和 y 坐标，*n* 用于指定返回多项式的次数。

例 4-5　利用三阶多项式拟合正弦函数在区间[0, 2π]的部分。

编写脚本，代码如下：

```
% fit sine between 0 and 2*pi using 3 order polyn0mial
x = 0:pi/10:2*pi;
y = sin(x);
z = polyfit(x,y,3);
plot(x,y,'r*');
hold on
f = poly2sym(z);
ezplot(f,[0,2*pi]);
```

拟合结果如图 4-1 所示，其中“*”表示正弦函数的原图像，曲线为拟合结果。脚本中涉及的绘图命令将会在后续章节中陆续介绍。

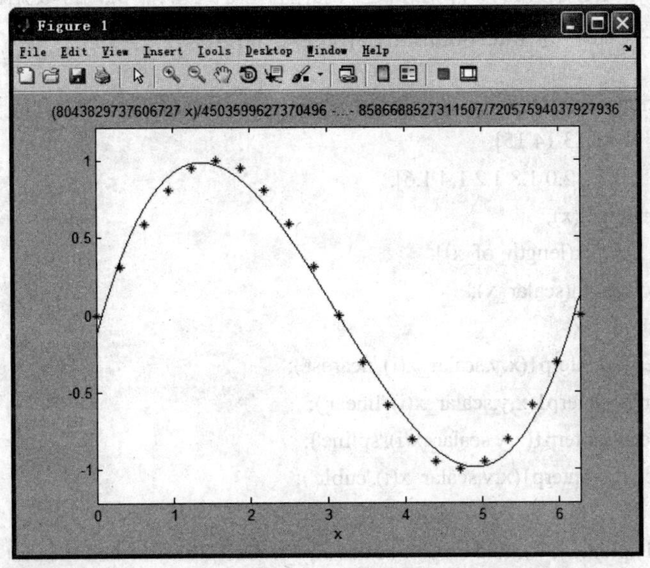

图 4-1　利用三阶多项式拟合正弦函数的结果

4.1.4　数据插值

很多时候，需要根据已知数据推断未知数据，此时就要使用数据插值。

插值运算是根据已有数据的分布规律，找到一个函数表达式可以连接已知的各点，并用这一函数表达式来预测已有数据两点之间任意位置上的数据。MATLAB 提供了对数组的任意一维进行插值的工具，这些工具大多需要用到多维数组的操作。本节主要对一维数据插值进行介绍。

一维插值在曲线拟合和数据分析中具有重要的地位。在 MATLAB 中，一维插值主要是由函数 interp1 实现。该函数的调用格式为 yi = interp1(x,y,xi,method)，其中 *x*、*y* 分别为采用数据的 x 坐标和 y 坐标，xi 为待插值的位置，method 为采用的插值方法，该语句返回函数在点 xi 处的插值结果。该语句中的参数 method 可以选择的内容如表 4-2 所示。

表 4-2　插值函数中可选的方法

参　　数	对 应 方 法
'nearest'	最近邻插值
'linear'	线性插值
'spline'	三次样条插值
'pchip'或'cubic'	三次插值

下面对这些方法进行介绍。

首先看例 4-6，比较 4 种方法的结果差异。

例 4-6　利用上面 4 种方法进行插值。

已知数据 x＝[0，3，5，7，9，11，12，13，14，15]，y＝[0，1.2，1.7，2.0，2.1，2.0，1.8，1.2，1.4，1.6]，采用上面 4 种方法进行插值，得到每隔 0.5 的数据。

编写脚本文件，命名为 interpolation，内容如下：

```
% Interpolation using the four methods
x=[0 3 5 7 9 11 12 13 14 15];
y=[0 1.2 1.7 2.0 2.1 2.0 1.8 1.2 1.4 1.6];
length_of_x=length(x);
scalar_x=[x(1):0.5:x(length_of_x)];
length_of_sx=length(scalar_x);
for i=1:length_of_sx
    y_nearest(i)=interp1(x,y,scalar_x(i),'nearest');
    y_linear(i) =interp1(x,y,scalar_x(i),'linear');
    y_spline(i) =interp1(x,y,scalar_x(i),'spline');
    y_cubic(i)   =interp1(x,y,scalar_x(i),'cubic');
end
subplot(2,2,1),plot(x,y,'*'),hold on,plot(scalar_x,y_nearest),title('method=nearest');
subplot(2,2,2),plot(x,y,'*'),hold on,plot(scalar_x,y_linear),title('method=linear');
subplot(2,2,3),plot(x,y,'*'),hold on,plot(scalar_x,y_spline),title('method=spline');
subplot(2,2,4),plot(x,y,'*'),hold on,plot(scalar_x,y_cubic),title('method=cubic');
```

在命令窗口中执行该脚本，结果如图 4-2 所示。

最近邻插值将插值点 *xi* 的值设置为距离最近的点的对应值。线性插值法用分段线性函数拟合已有数据，返回拟合函数在 *xi* 处的值。三次样条插值采用样条函数对数据进行拟合，并且在任意两点之间的函数为三次函数，最后返回拟合函数在 *xi* 的值。三次插值为一组方法，通过 pchip 函数对数据进行三次 Hermite 插值，这种方法可以保持数据的一致性和数据曲线的形状。

从图 4-2 中可以看出，最近邻插值效果最差，其他 3 种方法的差别不是很大。但是最近邻插值计算简单、快速，因此在需要考虑算法运行时间并且对结果精度要求不是很高时通常采用这种方法。

除了上述的插值方法，一维插值还有另外一种方法，那就是基于快速傅立叶变换的方法。这种方法将输入数据视为周期函数的采样数据，对数据进行傅立叶变换，然后对更多点进行傅立叶逆变换。MATLAB 中函数 interpft 用于完成这一功能。该函数的调用格式为 y = interpft(x,n)，其中 x 为周期函数的均匀采样数据，n 为待返回的数据个数。例 4-7 为利用 interpft 函数对正弦函数在区间(1,10)进行插值的结果。

例 4-7　利用 interpft 对正弦函数进行插值。

编写脚本，内容为：

```
x = 0:pi/5:2*pi;
y = sin(x);
plot(x,y);
hold on
y1 = interpft(y,20);
x1=linspace(0,2*pi,20);
plot(x1,y1,'.');
```

结果的图形显示如图 4-3 所示。

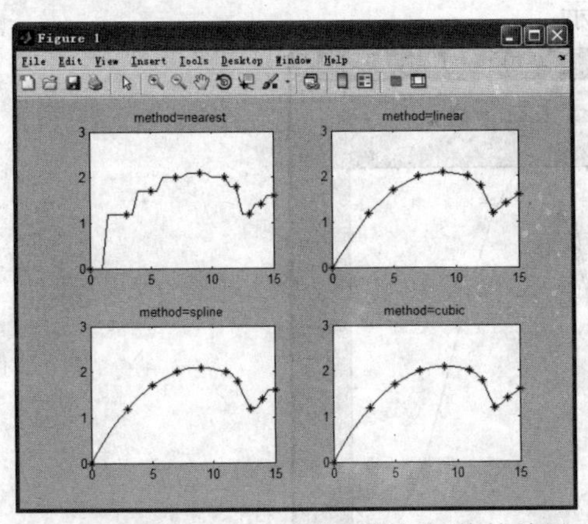

图 4-2　利用 4 种方法进行数据插值的结果

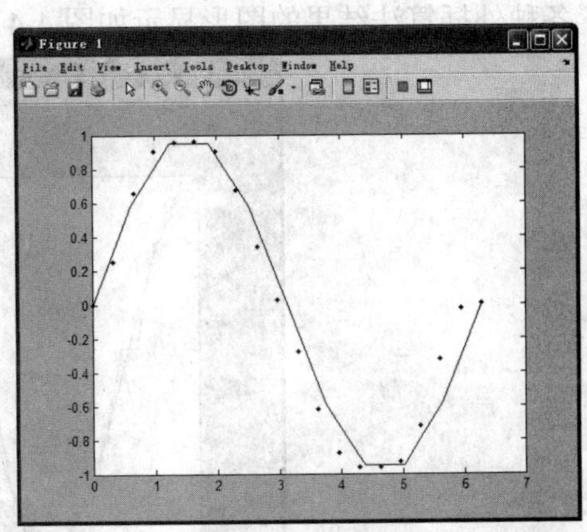

图 4-3　通过 interpft 对正弦函数进行插值的结果

有的时候，当插值点落在已知数据集的外部，就需要对该点进行插值估算，这种外插估值是比较难的。若在 MATLAB 中没有指定外插算法时，对已知数据集外部点上函数值的估值都返回 NaN。

需要外插运算时，可以通过 interp1 函数添加'extrap'参数，指明所用的插值算法也用于外插运算。当然也可以直接对数据集外的函数点赋值为 extraval，一般赋值为 NaN 或者 0。

例 4-8　外插运算。

```
>> x=0:0.5:10;
>> y=cos(x);
>> y1=cos(x1);
>> y2=interp1(x,y,x1,'nearest')                %没有制定外插算法，估值都返回 NaN
y2 =
  Columns 1 through 7
```

```
    1.0000    0.8776    0.8776    0.5403    0.0707    0.0707   -0.4161
  Columns 8 through 14
   -0.8011   -0.8011   -0.9900   -0.9365   -0.9365   -0.6536   -0.2108
  Columns 15 through 20
   -0.2108    0.2837    0.7087    0.7087    0.9602    0.9766
>> y2=interp1(x,y,x1,'nearest','extrap')    %指明插值算法也用于外插运算
y2 =
  Columns 1 through 7
    1.0000    0.8776    0.8776    0.5403    0.0707    0.0707   -0.4161
  Columns 8 through 14
   -0.8011   -0.8011   -0.9900   -0.9365   -0.9365   -0.6536   -0.2108
  Columns 15 through 20
   -0.2108    0.2837    0.7087    0.7087    0.9602    0.9766
>> y3=interp1(x,y,x1,'linear','extrap');
>> y4=interp1(x,y,x1,'spline','extrap');
>> y5=interp1(x,y,x1,'cubic','extrap');
>> plot(x,y,x1,y1,'o',x1,y2,'-',x1,y3,'-.',x1,y4,'--',x1,y5,'*')
```

各种外插算法结果的图形显示如图 4-4 所示。

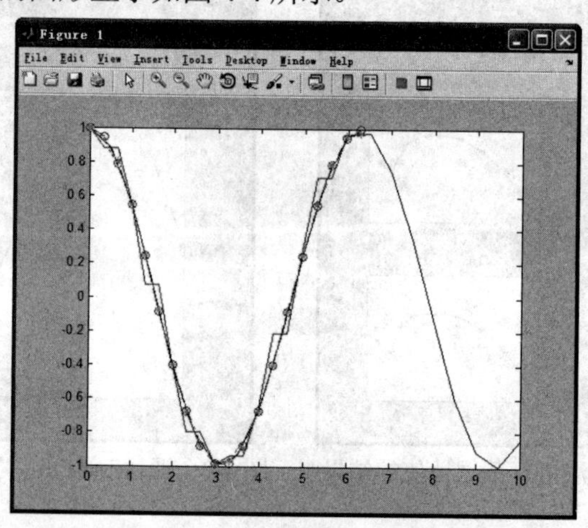

图 4-4　cos 函数各种算法外插结果

4.2　函数运算

函数是数学中的一个重要概念，因此对函数的操作也尤为重要。MATLAB 提供了强大的函数操作功能，包括函数图像的绘制、函数求极值和零点、数值积分等，这些函数统称为“函数的函数”。本节介绍 MATLAB 的函数功能。

4.2.1　函数的表示

MATLAB 中提供了两种函数表示的方法：利用 M 文件将函数定义为 MALTAB 函数，

或者采用匿名函数的方式。

以函数 $f(x)=\dfrac{1}{(x-0.3)^2+0.01}+\dfrac{1}{(x-0.9)^2+0.04}-6$ 为例。该函数在 MATLAB 系统中定义在文件 humps.m 中，该文件的内容如下：

```
function [out1,out2] = humps(x)
%HUMPS   A function used by QUADDEMO, ZERODEMO and FPLOTDEMO.
%     Y = HUMPS(X) is a function with strong maxima near x = .3
%     and x = .9.   %
%     [X,Y] = HUMPS(X) also returns X.   With no input arguments,
%     HUMPS uses X = 0:.05:1.%
%     Example:
%         plot(humps)%
%     See QUADDEMO, ZERODEMO and FPLOTDEMO.
%     Copyright 1984-2002 The MathWorks, Inc.
%     $Revision: 5.8 $   $Date: 2002/04/15 03:34:07 $
if nargin==0, x = 0:.05:1; end
y = 1 ./ ((x-.3).^2 + .01) + 1 ./ ((x-.9).^2 + .04) - 6;
if nargout==2,
   out1 = x; out2 = y;
else
   out1 = y;
end
```

当需要调用该函数时，需要通过符号“@”获取函数句柄，利用函数句柄实现对函数的操作。对该函数的操作见例 4-9，其实现函数值的计算。

例 4-9　对 MATLAB 函数的操作。

```
>> fh = @humps;
>> fh(1.5)
ans =
    -2.8103
```

函数的另外一种表示方式是采用“匿名函数”的方法。如上面的操作还可以用下面的方式来完成。

例 4-10　采用“匿名函数”的方法操作函数。

在 MATLAB 命令窗口中输入如下命令：

```
>> clear
>> fh = @(x)1./((x-0.3).^2 + 0.01) + 1./((x-0.9).^2 + 0.04)-6;
>> fh(1.5)
ans =
    -2.8103
```

得到了与上面完全相同的结果。

利用匿名函数方法还可以创建二元函数，见例 4-11。

例 4-11　利用匿名函数创建二元函数。

```
>> fh = @(x,y)y*sin(x)+x*cos(y);
>> fh(pi,2*pi)
ans =
      3.1416
```

4.2.2　数学函数图像的绘制

函数图像具有直观的特性，可以通过函数图像查看出一个函数的总体特征。MATLAB 提供了绘制函数图像的函数 fplot，方便用户绘制函数的图像。下面介绍该函数的用法。该函数的调用格式如下：

```
fplot(fun,limits)
```

其中，参数 fun 为一个函数，其形式为：$y = f(x)$。fun 可以为 MATLAB 函数的 M 文件名；也可以是包含变量 x 的字符串，该字符串可以传递给函数 eval；还可以是函数句柄。

参数 limits 用于指定绘制图像的范围。limits 是一个向量，用于指定 x 轴的范围，格式为[xmin xmax]。limits 也可以同时指定 y 轴的范围，格式为[xmin xmax ymin ymax]。

例 4-12　绘制函数图形。

绘制 humps 函数的图形。在命令窗口中输入如下命令：

```
>> fh = @humps;
>> subplot(1,2,1),fplot(fh,[-3,3]);
>> subplot(1,2,2),fplot(fh,[-3,3,-10,30]);
```

得到图形如图 4-5 所示。

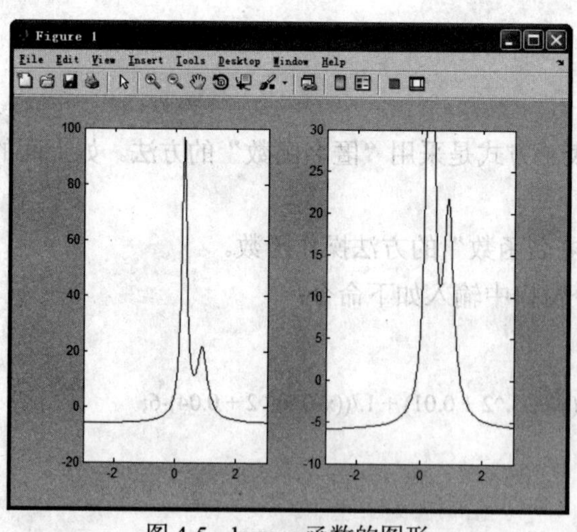

图 4-5　humps 函数的图形

本例中首先绘制了 humps 在区间[-3,3]的函数图形，然后显示其纵坐标在[-10,30]之间的部分。用户还可以指定线型和颜色(LineSpec)、图像的相对精确度(tol)、最少像点数(n)，这些参数可以任意组合来控制图像的外观，如下面的语句：

- fplot(fun,limits,LineSpec)；
- fplot(fun,limits,tol)；
- fplot(fun,limits,tol,LineSpec)；
- fplot(fun,limits,n)。

上述方法绘制了函数图形，若要返回函数图形中各点的位置，可以用命令[X,Y] = fplot(fun,limits,...)完成。该命令返回函数各点的横坐标和纵坐标，但是不绘制函数图形。

另外，用户可以指定绘制图形的坐标系，该坐标系通过坐标系句柄指定。实现该功能的语句为 fplot(axes_handle,...)。

4.2.3　函数极值

函数求极值是最优化和运筹学中的一个重要问题，是数值计算的一个重要任务。本节将介绍函数的求极值问题。

1. 一元函数的极小值

对于给定的 MATLAB 函数，可以使用函数 fminbnd 求得函数在给定区间内的局部极小值。见例 4-13。

例 4-13　求 humps 函数在区间(0.3, 1)内的极小值。

```
>> fh=@humps;
>> x=fminbnd(fh,0.3,1)
x =
     0.6370
>> fh(x)
ans =
    11.2528
```

本例是函数 fminbnd 简单应用的例子，命令 x=fminbnd(fh,0.3,1)返回函数在指定区间内的局部极小值点。该函数的调用格式为 x = fminbnd(fun,x1,x2,options)，其中 fun 为函数句柄，$x1$ 和 $x2$ 分别用于指定区间的左右边界，options 用于指定程序的其他参数，其元素取值如表 4-3 所示。

本例中返回了函数极小值点的 x 坐标，通过 fh(x)计算了该函数的极小值，事实上，还可以令函数直接返回该极小值。用下面的语句实现该功能：[x,fval] = fminbnd(...)。该命令返回目标函数的极小值点的 x 值和相应的极小值。

表 4-3　options 的元素取值

名　　称	描　　述
Display	控制结果的输出。参数可以为 off，不输出任何结果；iter，输出每个插值点的值；final，输出最后结果；notify 为默认值，仅当函数不收敛时输出结果

(续表)

名　称	描　述
FunValCheck	检测目标函数值是否有效。选择 on 则当函数返回数据为复数或空数据时发出警告；off 则不发出警告
MaxFunEvals	允许进行函数评价的最大次数
MaxIter	最大迭代次数
OutputFcn	指定每次迭代时调用的用户自定义的函数
TolX	返回 x 的误差

可以通过 exitflag 令函数返回程序停止的条件，可能的返回值和对应的结束条件如表 4-4 所示。

表 4-4　exitflag 的取值

exitflag 的取值	对应的结束条件
1	函数在 options.TolX 条件下收敛到解 x
0	函数因为达到最大迭代次数或函数评价次数而结束
－1	被输出函数停止
－2	边界不一致(x1> x2)

最后，可以通过 [x,fval,exitflag,output] = fminbnd(...) 语句返回函数运行的详细信息。output 为一个结构体，其元素如下。

- output.algorithm：采用的算法。
- output.funcCount：函数评价的次数。
- output.iterations：迭代次数。
- output.message：退出信息。

例 4-14　fminbnd 的应用。

```
>> h_f=@humps;
>> [x,fval,exitflag,output] = fminbnd(h_f,0,1)
x =
    0.6370
fval =
   11.2528
exitflag =
     1
output =
    iterations: 8
     funcCount: 9
     algorithm: 'golden section search, parabolic interpolation'
       message: [1x111 char]
```

```
>> [x,fval,exitflag,output] = fminbnd(h_f,0,1,optimset('MaxIter',5,'Display','iter'))
 Func-count       x            f(x)         Procedure
     1        0.381966       57.0572        initial
     2        0.618034       11.3651        golden
     3        0.763932       15.5296        golden
     4        0.666438       11.5074        parabolic
     5        0.636638       11.2528        parabolic
     6        0.637354       11.2528        parabolic
Exiting: Maximum number of iterations has been exceeded
         - increase MaxIter option.
         Current function value: 11.252790
x =
    0.6374
fval =
   11.2528
exitflag =
     0
output =
    iterations: 5
     funcCount: 6
     algorithm: 'golden section search, parabolic interpolation'
       message: [1x136 char]
```

本例中第一条语句取得函数 humps 的句柄，第二条语句查找函数在[0,1]区间的极小值，输出极小值点的 x 坐标、极小值、程序结束的原因和程序的运行参数。结果显示程序结束的原因为 1，即程序在允许误差内收敛到解 x。第二条语句与第一条语句相比添加了程序最大迭代次数为 5 次，输出每个插值点的值。结果显示程序退出的原因为 0，即最大迭代次数达到，并且输出了各插值点的值和属性。

2. 多元函数的极小值

MATLAB 提供了函数 fminsearch 用于计算多元函数的极小值。fminsearch 函数内部应用了 Nelder-Mead 单一搜索算法，通过调整 x 的各个元素的值来寻找 $f(x)$的极小值。该算法虽然对于平滑函数搜索效率没有其他算法高，但它不需要梯度信息，从而扩展了其应用范围。因此，该算法特别适用于不太平滑、难以计算梯度信息或梯度信息价值不大的函数。

下面以香蕉函数为例说明该函数的用法。

Rosenbrock 函数 $f(x)=100(x_2-x_1^2)^2+(1-x_1)^2$ 由于其几何形状酷似香蕉，因此也被称为“香蕉函数”。该函数的图像如图 4-6 所示。

从图 4-6 中可知，该函数在 x=[1,1]附近有一个唯一的最小值 0。为寻找函数的极小值，首先以如下方式定义该函数。

创建文件 banana，该文件的内容如下：

```
function f=banana(x)
f=100*(x(2)-x(1)^2)^2+(1-x(1))^2;
```

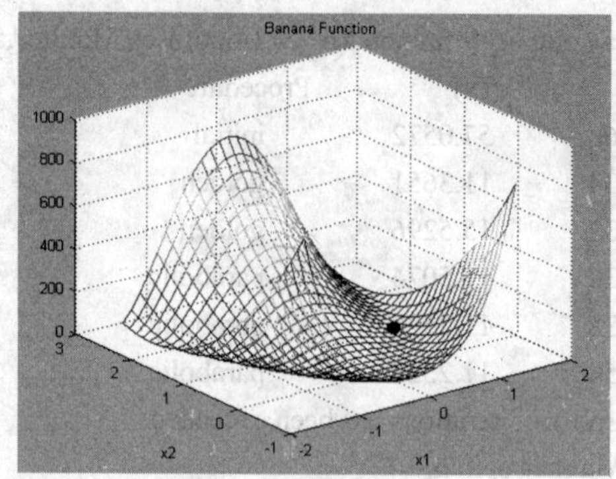

图 4-6　香蕉函数的图形

下面使用 fminsearch 函数搜索“香蕉”函数的最小值。在命令窗口中输入：

```
>> hf=@banana;
>> [x,fvalue,flag,output]=fminsearch(hf,[-2,2])
x =
    1.0000    1.0000
fvalue =
   3.9243e-10
flag =
     1
output =
    iterations: 112
     funcCount: 208
     algorithm: 'Nelder-Mead simplex direct search'
       message: [1x194 char]
```

用于求解函数极小值的函数还有 fminbnd。fminbnd 函数的用法与 fminsearch 函数的用法基本相同，不同之处在于：fminbnd 函数的输入参数为寻找最小值的区间，并且只能用于求解一元函数的极值，fminsearch 函数的输入参数为初始值。

4.2.4　函数求解

可以使用函数 fzero 来求一元函数的零点。寻找一元函数零点时，可以指定一个初始点，或者指定一个区间。当指定一个初始点时，此函数在初始点附近寻找一个使函数值变号的区间，如果没有找到这样的区间，则函数返回 NaN。该函数的调用格式如下。

- x = fzero(fun,x0), x = fzero(fun,[x1,x2])：寻找 x0 附近或者区间[x1,x2]内 fun 的零点，返回该点的 x 坐标。
- x = fzero(fun,x0,options)，x = fzero(fun, [x1,x2],options)：通过 options 设置参数。
- [x,fval] = fzero(...)：返回零点的同时返回该点的函数值。
- [x,fval,exitflag] = fzero(...)：返回零点、该点的函数值及程序退出的标志。
- [x,fval,exitflag,output] = fzero(...)：返回零点、该点的函数值、程序退出的标志及选定的输出结果。

例 4-15　在$[0,\pi]$之间正弦等于 0.6 的角度。

即求函数$f(x)=\sin(x)-0.6$在区间$[0,\pi]$内的解。代码如下：

```
>> h_f=@(x)(sin(x)-0.6);
>> [x1,y1]=fzero(h_f,[0,pi/2])
x1 =
    0.6435
y1 =
     0
>> [x2,y2]=fzero(h_f,[pi/2,pi])
x2 =
    2.4981
y2 =
     0
>> [x3,y3]=fzero(h_f,0)
x3 =
    0.6435
y3 =
     0
>> [x4,y4]=fzero(h_f,pi)
x4 =
    2.4981
y4 =
     0
```

上面代码中分别用指定区间和指定初始值的方法求解了函数的零点。

例 4-16　求解函数$f(x)=\log x+\sin x-2$在 6 附近的解。

在命令窗口中输入：

```
>> f_h=@(x)log(x)+sin(x)-2;
>> [x1,y1]=fzero(f_h,6)
```

得到结果：

```
x1 =
    6.4237
y1 =
  -2.2204e-16
```

继续输入，绘制其图形，如图 4-7 所示。

```
>> fplot(f_h,[x1-2,x1+2])
>> hold on
>> plot(x1,y1,'k*')
```

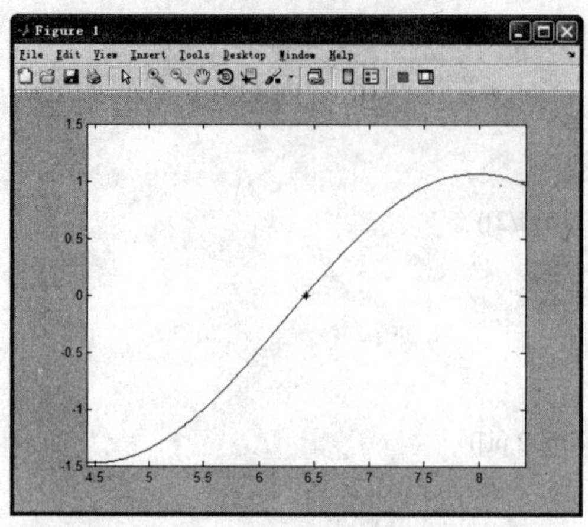

图 4-7　函数图像及其零点

4.2.5　数值积分

MATLAB 中提供了用于积分的函数，包括一元函数的自适应数值积分、一元函数的矢量积分、二重积分和三重积分等，这些函数如表 4-5 所示。

表 4-5　MATLAB 中的数值积分函数

函　数	功　能
quad	一元函数的数值积分，采用自适应的 Simpson 方法
quadl	一元函数的数值积分，采用自适应的 Lobatto 方法
quadv	一元函数的向量数值积分
dblquad	二重积分
triplequad	三重积分

下面介绍这些函数的用法。

1. 一元函数的积分

MATLAB 中一元函数的积分可以用 quad 和 quadl 两个函数来实现。函数 quad 采用低阶的自适应递归 Simpson 方法，函数 quadl 采用高阶自适应 Lobatto 方法，该函数是 quad8 函数的替代。函数 quad 的调用格式如下。

- q = quad(fun,a,b)：采用递归自适应方法计算函数 fun 在区间[a,b]上的积分，其精度为 1e-6。
- q = quad(fun,a,b,tol)：指定允许误差，指定的误差 tol 需大于 1e-6。该命令运行更快，但是得到的结果精度降低。
- q = quad(fun,a,b,tol,trace)：跟踪迭代过程，输出[fcnt a b-a Q]的值，分别为计算函数值的次数、当前积分区间的左边界、步长和该区间内的积分值。
- [q,fcnt] = quadl(fun,a,b,...)：输出函数值的同时输出计算函数值的次数。

下面以正弦函数为例说明函数 quad 的应用，见例 4-17。

例 4-17 计算正弦函数在区间$[0,\pi]$上的积分。

```
>> @(x)sin(x);
ans =
    @(x)sin(x)
>> fun=@(x)sin(x);
>> [q,fcont]=quad(fun,0,pi,1e-6,1)
         9     0.0000000000     8.53193733e-01     0.3424195349
        11     0.0000000000     4.26596866e-01     0.0896208493
        13     0.4265968664     4.26596866e-01     0.2527987545
        15     0.8531937329     1.43520519e+00     1.3151544267
        17     0.8531937329     7.17602594e-01     0.6575803480
        19     0.8531937329     3.58801297e-01     0.3064282767
        21     1.2119950298     3.58801297e-01     0.3511521177
        23     1.5707963268     7.17602594e-01     0.6575803480
        25     1.5707963268     3.58801297e-01     0.3511521177
        27     1.9295976238     3.58801297e-01     0.3064282767
        29     2.2883989207     8.53193733e-01     0.3424195349
        31     2.2883989207     4.26596866e-01     0.2527987545
        33     2.7149957872     4.26596866e-01     0.0896208493
q =
    2.0000
fcont =
    33
```

上面代码计算了正弦函数的积分，输出了最后结果及迭代过程。下面绘制该函数的图形，并绘制出各迭代节点，如图 4-8 所示。在命令窗口中继续输入：

```
>> fplot(fun,[0,pi],'b');
>> hold on;
>> trace=[
         9     0.0000000000     8.53193733e-001     0.3424195349
        11     0.0000000000     4.26596866e-001     0.0896208493
        13     0.4265968664     4.26596866e-001     0.2527987545
        15     0.8531937329     1.43520519e+000     1.3151544267
        17     0.8531937329     7.17602594e-001     0.6575803480
        19     0.8531937329     3.58801297e-001     0.3064282767
        21     1.2119950298     3.58801297e-001     0.3511521177
        23     1.5707963268     7.17602594e-001     0.6575803480
        25     1.5707963268     3.58801297e-001     0.3511521177
        27     1.9295976238     3.58801297e-001     0.3064282767
        29     2.2883989207     8.53193733e-001     0.3424195349
        31     2.2883989207     4.26596866e-001     0.2527987545
        33     2.7149957872     4.26596866e-001     0.0896208493
];
```

```
>> x=trace(:,2);
>> y=fun(x);
>> plot(x,y,'.')
```

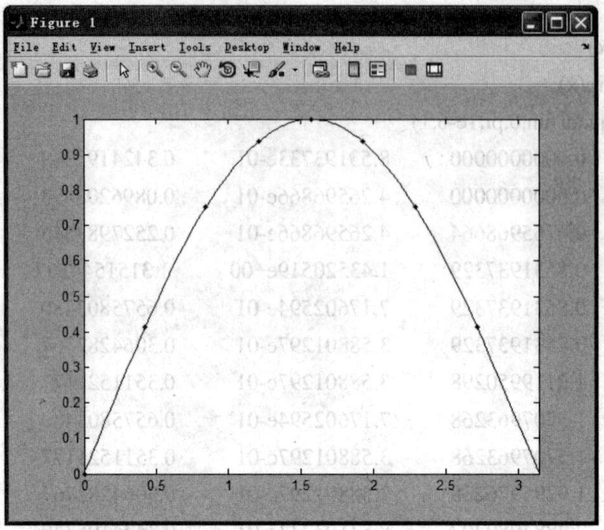

图 4-8　正弦函数积分中的各迭代节点

2. 一元函数的矢量积分

矢量积分相当于多个一元函数积分。当被积函数中含有参数，需要对该参数的不同值计算该函数的积分时，可以使用一元函数的矢量积分。

例 4-18　高斯分布的均值已知为 0，求当方差分别为 1 和 2 时，自变量在区间[0,3]的概率。

在命令窗口中输入如下命令：

```
>> h_g=@(x,sigma2)exp(-x^2./(2.*(1:sigma2)))./sqrt(2*pi.*(1:sigma2));
>> quadv(@(x)h_g(x,3),0,2)
ans =
      0.4772      0.4214      0.3759
```

矢量积分返回一个向量，每个元素的值为一个一元函数的积分值。quadv 函数与 quad 和 quadl 函数相似，可以设置积分参数和结果输出。

3. 二重积分和三重积分

MATLAB 中二重积分和三重积分分别由函数 dblquad 和函数 triplequad 来实现。首先介绍函数 dblquad，该函数的基本格式如下。

- q = dblquad(fun,xmin,xmax,ymin,ymax)：函数的参数分别为函数句柄、两个自变量的积分限，返回积分结果。
- q = dblquad(fun,xmin,xmax,ymin,ymax,tol)：指定积分结果的精度。
- q = dblquad(fun,xmin,xmax,ymin,ymax,tol,method)：指定结果精度和积分方法，method

的取值可以是@quadl，也可以是用户自定义的积分函数句柄，该函数的调用格式必须与quad的调用格式相同。

例 4-19 dblquad函数积分。

```
>> F = @(x,y)y*sin(x)+x*cos(y);
>> Q = dblquad(F,pi,2*pi,0,pi)
Q =
    -9.8696
```

triplequad函数的调用格式和函数dblquad基本相同，在调用triplequad函数时，需要6个参数指定积分限。

4.2.6 含参数函数的使用

在很多情况下，需要进行运算的函数中包含参数。在MATLAB中使用含参数函数的方式有两种：嵌套函数和匿名函数。下面分别介绍这两种方法。

1. 用嵌套函数提供函数参数

使用含参数函数的一个方法是编写一个M文件，该文件以函数参数作为输入，然后调用函数的函数来处理含参函数，最后把含参数函数以嵌套函数的方式包含在M文件中。下面以三次多项式求极小值为例，说明含参数函数的使用。

例 4-20 求函数$f(x)=x^3+ax^2+bx+c$的极小值。

编写M文件，代码如下：

```
% find the minimum of the function f(x)=x^3+a*x^2+b*x+c
function [x0,y] = funmin(a,b,c,x1,x2)
options = optimset('Display','off');
[x0,y] = fminbnd(@poly3,x1,x2,options);
    function y=poly3(x)           %the nested function
        y=x^3+a*x^2+b*x+c;
    end
% plot the function
fplot(@poly3,[x1,x2]);
hold on;
plot(x0,y,'.');
end
```

在命令窗口中输入如下命令，输出图像将如图4-9所示。

```
>> [x,y]=funmin(-1000,10,0,600,800)
x =
  666.6617
y =
  -1.4814e+08
```

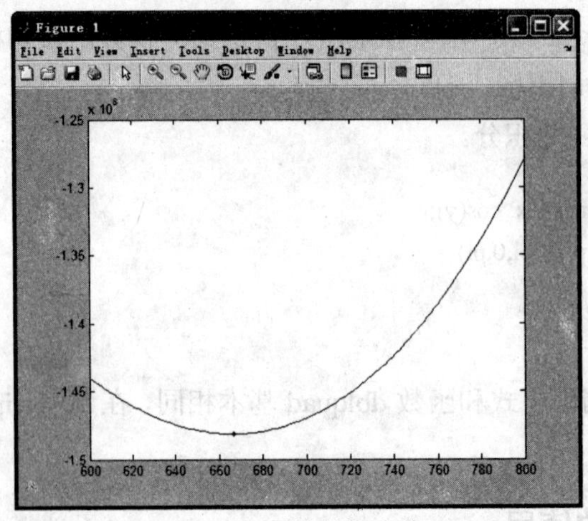

图 4-9　函数的极小值

2. 用匿名函数提供函数参数

使用含参数函数还可以通过匿名函数来实现，函数的参数在使用之前必须先赋值。具体步骤如下。

(1) 首先创建一个含参数函数，保存为 M 文件。函数的输入为自变量 x 和函数参数。

(2) 在调用函数的函数前对参数赋值。

(3) 用含参数函数创建匿名函数。

(4) 把匿名函数的句柄传递给函数的函数进行计算。

下面例 4-21 用匿名函数的方式实现。

例 4-21　用匿名函数求函数 $f(x)=x^3+ax^2+bx+c$ 的极小值。

首先编写 M 文件用于创建该含参函数，内容如下：

```
% the file to creat a function with parameters
function y = poly3_fun(x,a,b,c)
y = x^3+a*x^2+b*x+c;
```

编写另一个文件用于求该函数的极小值，内容为(下面的程序缺少输出图像的命令)：

```
% find the minimum of the function f(x)=x^3+a*x^2+b*x+c
function [x0,y] = funmin_para(a,b,c,x1,x2)
options = optimset('Display','off');
[x0,y] = fminbnd(@(x)poly3_fun(x,a,b,c),x1,x2,options);
end
```

在命令窗口中执行该文件，结果为：

```
>> [x,y]=funmin_para(-1000,10,0,600,800)
x =
   666.6617
y =
  -1.4814e+08
```

得出的结果与例 4-20 的结果相同，只不过没有输出图形。

4.3　微分方程

MATLAB 能够求解的微分方程类型包括常微分方程初值问题、常微分方程边值问题、时滞微分方程初值问题及偏微分方程。本节重点介绍常微分方程初值问题、常微分方程边值问题。MATLAB 中提供了偏微分方程工具箱，用于求解偏微分方程问题。有需要的用户可以使用该工具箱求解实际应用中的偏微分方程问题。

4.3.1　常微分方程初值问题

MATLAB R2012a 可以求解的常微分方程包括下面 3 种类型。

- 显式常微分方程，$y'=f(t,y)$。
- 线性隐式常微分方程，$M(t,y)y'=f(t,y)$，其中 M(t, y)为矩阵。
- 全隐式常微分方程 $f(t,y,y')=0$。

本节介绍这 3 种类型常微分方程的求解。

1. 显式常微分方程

MATLAB R2012a 可以求解刚性方程和非刚性方程。求解微分方程的命令格式如下：

```
[t,y] = solver(odefun,tspan,y0,options)
```

其中，odefun 为待求解方程的句柄；tspan 为积分区间；y0 为一个向量，包括问题的初始条件；options 用于指定求解算法。对于刚性方程和非刚性方程，可以选择的算法不同。

对于非刚性方程，可以选择的算法如下。

- ode45：基于显式 Runge-Kutta(4,5)规则求解，这种方法可以仅通过前一节点 $y(t_{n-1})$ 处的信息一步求解 $y(t_n)$。对于多数方程来讲，ode45 函数是进行第一次尝试的最佳函数。
- ode23：基于显式 Runge-Kutta(2,3)规则求解，与 ode45 算法相比，该方程对于更大步长及方程存在一定刚性时的情况效果更好。ode23 算法同样为单步算法。
- ode113：利用变阶 Adams-Bashforth-Moulton 算法求解，与 ode45 函数相比，该方程对于精密步长及方程难于估计时效果更好。该方程为多步算法，需要前面几个节点的信息来求解当前节点的解。

对于刚性方程，求解方法如下。

- ode15s：基于数值积分公式的变阶求解算法。该算法为多步算法，采用向后差分的方法。如果一个问题疑似刚性问题，或者采用 ode45 算法失败则可以尝试 ode15s。
- ode23s：采用二阶改进 Rosenbrock 公式的算法。由于该算法为单步算法，在粗步长求解时比 ode15s 算法效率更高。对于一些刚性问题，如果 ode15s 算法失败，可以考虑用 ode23s 求解。

- ode23t：采用自由内插的梯形规则。如果问题具有微弱刚性并且结果不需要数值衰减时可采用该方法。
- ode23tb：采用 TR-BDF2 算法，该算法为隐式 Runge-Kutta 公式，包含两个部分，第一个部分为梯形规则，第二个部分为二阶后向差分。在粗步长情况下，该算法比 ode23s 算法更有效。

例 4-22　求解刚性方程示例：求解范德蒙方程 $y_1''-\mu\left(1-y_1^2\right)y_1'+y_1=0$，令 μ 等于 1。首先将该方程重写为一阶方程的形式。记 $y_2=y_1'$，则上述方程可以写为：

$y_2'=\mu\left(1-y_1^2\right)y_2-y_1$

创建函数，用于表示该方程，文件的内容为：

```
function dydt = vdp1(t,y)
dydt = [y(2); (1-y(1)^2)*y(2)-y(1)];
```

求解该函数，使用 ode45 方法。在命令窗口中输入：

```
>> [t,y] = ode45(@vdp1,[0 20],[2; 0]);
```

结果如图 4-10 左图所示。结果 y 为一个数组，该数组具有两列，第一列为 y_1，第二列为 y_2。继续查看结果图形。

```
>> plot(t,y(:,1),'-',t,y(:,2),'--')
>> title('Solution of van der Pol Equation, \mu = 1');
>> xlabel('time t');
>> ylabel('solution y');
>> legend('y_1','y_2')
```

得到图形如图 4-10 右图所示。

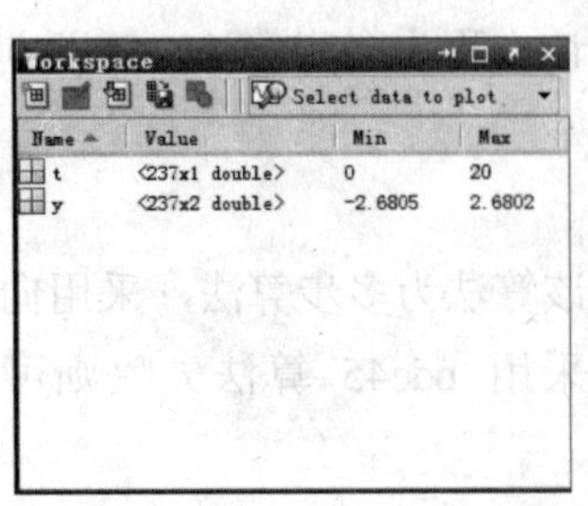

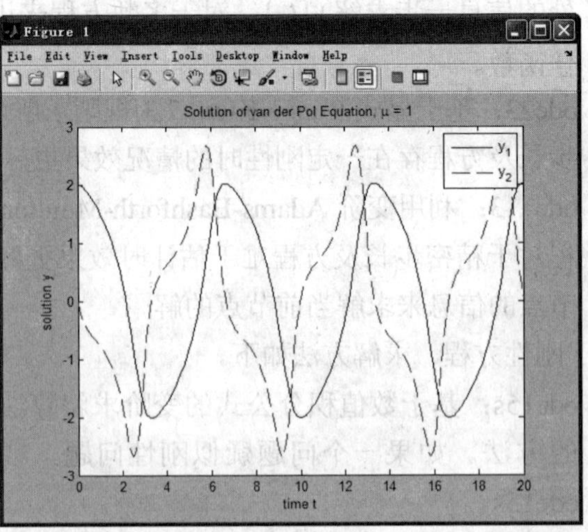

图 4-10　μ=1 时范德蒙方程的解

例 4-23　求解非刚性方程示例：求解范德蒙方程当 μ=1000 时的解。

首先创建该函数，文件内容为：

```
function dydt = vdp1000(t,y)
dydt = [y(2); 1000*(1-y(1)^2)*y(2)-y(1)];
```

当 $\mu=1000$ 时，该方程为刚性问题。下面采用ode15s函数求解该方程在区间[0 3000]上以[2; 0]为初值的解。

求解该方程并绘制图形：

```
>> [t,y] = ode15s(@vdp1000,[0 3000],[2; 0]);
>> plot(t,y(:,1),'-');
>> title('Solution of van der Pol Equation, \mu = 1000');
>> xlabel('time t');
>> ylabel('solution y_1');
```

结果与最终得到的图形如图 4-11 所示。

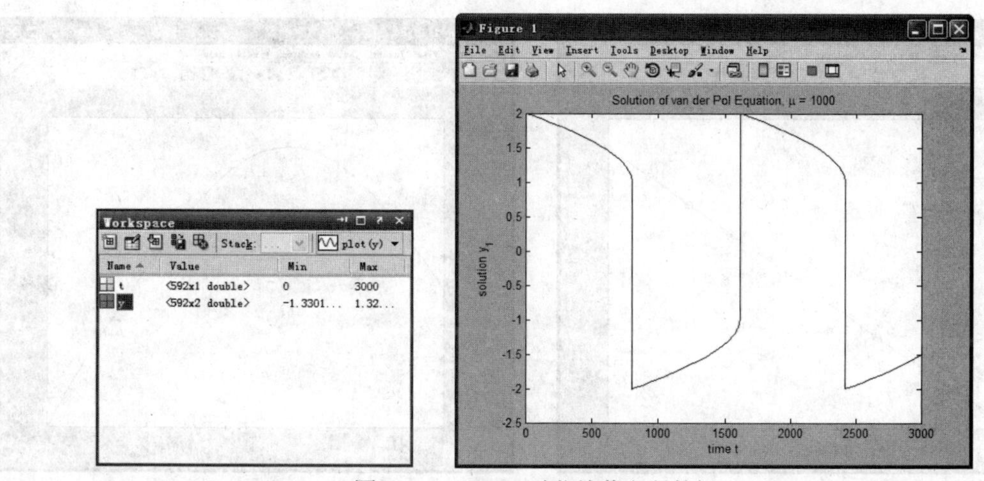

图 4-11　μ=1000 时范德蒙方程的解

2. 完全隐式常微分方程

完全隐式常微分方程的形式为：$f(t,y,y')=0$。函数 ode15i 用于求解完全隐式常微分方程。用法为[t,y] = ode15i(odefun,tspan,y0,yp0,options)。其中，odefun 为待求解方程；tspan 用于指定积分区间；y0 和 yp0 分别用于指定初值 $y(t_0)$ 和 $y'(t_0)$，这两个初值必须一致，即满足 $f(t0,y0,yp0)=0$；options 为可选参数，用于指定积分方法。该函数输出在离散节点处的近似值。

例 4-24　求解 $ty^2(y')^3-y^3(y')^2+t(t^2+1)y'-t^2y=0$，初值为 $y(1)=\sqrt{3/2}$。

在使用 ode15i 函数前，首先使用函数 decic 计算相应初值 $y'(1)$。令 $y'(1)$ 的估计值为 0，调用 decic 函数：

```
>> t0 = 1;
>> y0 = sqrt(3/2);
>> yp0 = 0;
>> [y0,yp0] = decic(@weissinger,t0,y0,1,yp0,0);
>> yp0
yp0 =
    0.8165
```

接下来可以调用 ode15i 函数求解该微分方程：

```
>> [t,y] = ode15i(@weissinger,[1 10],y0,yp0);
```

该函数的解析解为 $y(t)=\sqrt{t^2+0.5}$，绘制该函数的解及原图形：

```
>> ytrue = sqrt(t.^2 + 0.5);
>> plot(t,y,t,ytrue,'o');
```

得到图形如图 4-12 所示。

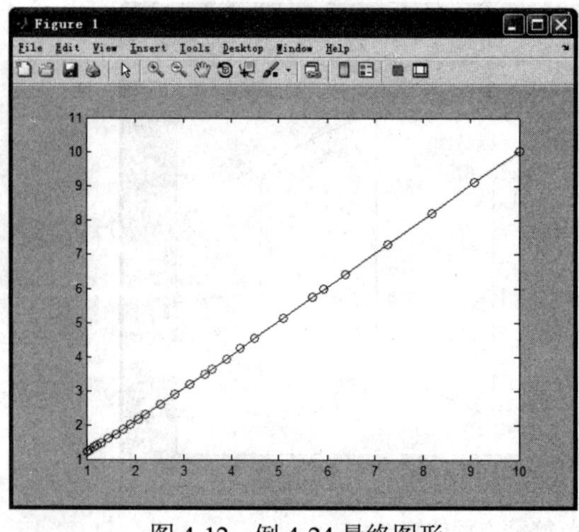

图 4-12　例 4-24 最终图形

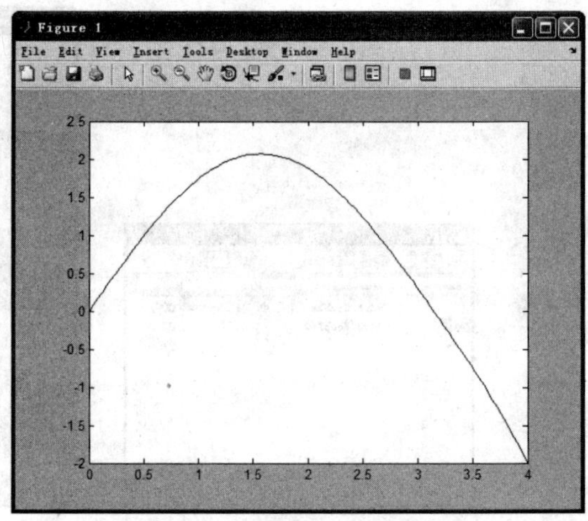

图 4-13　例 4-25 最终图形

4.3.2　常微分方程边值问题

bvp4c 函数用于求解常微分方程边值问题，该函数点调用格式如下：

- sol = bvp4c(odefun,bcfun,solinit)；
- sol = bvp4c(odefun,bcfun,solinit,options)。

其中，odefun 为待求解的函数句柄；bcfun 为函数边值条件的函数句柄；solinit 为一个结构体，为该方程解的初始估计值；options 为可选参数，用于指定积分算法，该参数为一个结构体，可以通过函数 bvpset 创建。

例 4-25　求解方程 $y''+|y|=0$，边值条件为 $y(0)=0$ 和 $y(4)=-2$。

首先将该方程改写为：

$$y_1'=y_2$$

$$y_2' = -|y_1|$$

其中 $y_1 = y$，$y_2 = y'$，则该方程具有格式：

$$y' = f(x, y)$$
$$bc(y(a), y(b)) = 0$$

将该函数和边值条件写入文件，分别为：

```
function dydx = twoode(x,y)
  dydx = [ y(2)
           -abs(y(1))];
```

和

```
function res = twobc(ya,yb)
  res = [ ya(1)
          yb(1) + 2];
```

下面通过函数 bvpinit 创建该函数的估计值。首先创建区间[0,4]上的 5 个均匀分布的网格及常数值 $y_1(x) \equiv 1$、$y_2(x) \equiv 0$：

```
>> solinit = bvpinit(linspace(0,4,5),[1 0]);
```

下面可以通过函数 bvp4c 求解该方程：

```
>> sol = bvp4c(@twoode,@twobc,solinit);
```

绘制其图形，如图 4-13 所示。

```
>> x = linspace(0,4);
>> y = deval(sol,x);
>> plot(x,y(1,:));
```

4.4　习　　题

1. 有数据如表 4-6 中所示。

表 4-6　数据

x	1	1.1	1.2	1.3	1.4
y	1.00000	1.23368	1.55271	1.99372	2.61170

利用本章介绍的几种插值方法对其进行插值，得到每隔 0.05 的结果。

2. 求函数 $y = e^x - x^5$，初始点为 $x = 8$ 的解，并绘制图形。

3. 求下列函数的极值。

(1) $z=x^2-(y-1)^2$

(2) $z=(x-y+1)^2$

4. 计算下列积分。

(1) $\int_{-1}^{1} x+x^3+x^5\mathrm{d}x$

(2) $\int_{1}^{10}\int_{1}^{10}\sin y\frac{x+y}{x^2+4}\mathrm{d}x\mathrm{d}y$

第5章　字符串、单元数组和结构体

在 MATLAB 的更多应用中，除了本书第 3 章介绍的最基本的数据结构——数组以外，还需要利用其他的数据结构。本章介绍 3 种特殊的数据结构——字符串、单元数组和结构体。字符串用于对字符型数据结构进行操作，而后两种数据类型允许用户将不同类型的数据集成一个单一的变量，因此相关的数据可以通过一个单元数组或结构体进行组织和操作。

本章学习目标

- ☑ 掌握字符串的生成及操作
- ☑ 掌握单元数组的生成及操作
- ☑ 掌握结构体的生成及操作

5.1　字　符　串

字符和字符串是 MATLAB 语言的重要组成部分。本节主要叙述字符串的生成和基本操作。

5.1.1　字符串的生成

MATLAB 中的字符串为 ASCII 值的数值数组，作为字符串表达式进行表示。在 MATLAB 中，生成字符串的方法为 stringname='the content of the string'。

例 5-1　字符串的生成。

```
>> str='Command Window'
str =
Command Window
```

字符串可以由单引号创建，如果在字符串内部包含单引号，则需要输入两个连续的单引号，否则系统会提示出错。例如：

```
>> str1='The 'MATLABHelp'is a good reference for using Matlab'
str1='The 'MATLABHelp'is a good reference for using Matlab'
Error: Unexpected MATLAB expression.
```

```
>> str1='The "MATLABHelp"is a good reference for using Matlab'
str1 =
The 'MATLABHelp'is a good reference for using Matlab
```

字符串是一个 ASCII 码的字符数组，因此，与普通数组一样，字符串也可以形成矩阵(表现为一个字符串有多行)。但是，这些行必须有相同数目的列数。

例 5-2　字符串的多行。

```
>> str=['qinghua university'
'peiking university']
str =
qinghua university
peiking university
>> str=['qh university'
'peiking university']
Error using vertcat
CAT arguments dimensions are not consistent.
```

另外，使用 char 函数可以创建长度不一致的字符串矩阵。char 函数自动将所有字符串的长度设置为输入字符串中长度的最大值。

例 5-3　利用 char 函数创建字符串数组。

```
>> name = ['Thomas R. Lee';'Senior Developer']
Error using vertcat
CAT arguments dimensions are not consistent.
```

此时系统报错，因为两个字符串的长度不一致。采用 char 函数创建，在命令窗口中输入：

```
>> name = char('Thomas R. Lee','Senior Developer')
name =
Thomas R. Lee
Senior Developer
```

在从数组中提取字符串时，可以利用 deblank 函数自动删除 char 函数添加的空格，如：

```
>> trimname = deblank(name(1,:))
trimname =
Thomas R. Lee
>> size(trimname)
ans =
     1    13
```

该字符串的长度为 13，为其真实长度。如果不采用 deblank 函数，结果为：

```
>> trimname1 = name(1,:)
trimname1 =
Thomas R. Lee
>> size(trimname1)
ans =
     1    16
```

5.1.2　字符串的操作

字符串的实质是一个元素全部为整数的数值数组。因此，对于字符串元素的读取可以完全按照数组操作进行。

1. 字符串的显示

字符串的显示有两种方式：直接显示和利用 disp 函数进行显示。

例 5-4　字符串的显示。

```
>> str=['MATLAB 2012a']
str =
MATLAB 2012a
>> str
str =
MATLAB 2012a
>> disp(str)
MATLAB 2012a
```

由本例可以看出两种显示方式的不同之处：用 disp 函数显示字符串内容时不显示字符串的变量名。这一函数在显示文本时经常需要。

2. 字符串的执行

在 MATLAB 中可以用函数 eval 来执行字符串。

例 5-5　字符串的执行。

```
>> for n = 1:3
       magic_str = ['M', int2str(n),' = magic(n)'];
       eval(magic_str)
end
M1 =
     1
M2 =
     1     3
     4     2
M3 =
     8     1     6
     3     5     7
     4     9     2
```

3. 字符串运算

字符串的运算主要包括判断字符串是否相等，通过字符串运算来比较字符串中的字符，进行字符分类、查找与替换、字符串与数值数组之间的相互转换等。MATLAB 中常用的字符串运算函数如表 5-1 所示。

表 5-1　MATLAB 中的字符串运算函数

函 数 名	函 数 用 途	函 数 名	函 数 用 途
strcat	横向连接字符串	strvcat	纵向连接字符串
strcmp	字符串比较	strncmp	比较字符串的前 n 个字符
findstr	字符串查找	strjust	字符串对齐
strmatch	字符串匹配	strrep	字符串查找与替换
strtok	选择字符串中的部分	blanks	创建由空格组成的字符串
deblank	删除字符串结尾的空格	ischar	判断变量是否为字符串
iscellstr	判断字符串单元数组	isletter	判断数组是否由字母组成
isspace	判断是否空格	strings	MATLAB 字符串句柄

5.1.3　字符串比较、查找和替换

1. 字符串的比较

字符串的比较主要为比较两个字符串是否相同，即字符串中的子串是否相同和字符串中的个别字符是否相同。用于比较字符串的函数主要是 strcmp 和 strncmp。

- strcmp：用于比较两个字符串是否相同。用法为 strcmp(str1,str2)，当两个字符串相同时返回 1，否则返回 0。当所比较的两个字符串是单元字符数组时，返回值为一个列向量，元素为相应行比较的结果。
- strncmp：用于比较两个字符串的前面几个字符是否相同。用法为 strncmp(str1,str2,n)，当字符串的前 n 个字符相同时返回 1，否则返回 0。当所比较的两个字符串是单元数组时，返回值为列向量，元素为相应行比较的结果。

例 5-6　字符串的比较。

```
>> str1=['MATLAB']
str1 =
MATLAB
>> str2=['MATlab']
str2 =
MATlab
>> strcmp(str1,str2)
ans =
     0
```

```
>> strncmp(str1,str2,3)
ans =
     1
>> strncmp(str1,str2,4)
ans =
     0
```

除了利用上面两个函数进行比较之外，还可以通过简单运算比较两个字符串。当两个字符串拥有相同的维数时，可以利用 MATLAB 运算法则，对字符数组进行比较。字符数组的比较与数值数组的比较基本相同，不同之处在于字符数组比较时进行比较的是字符的 ASCII 码值。进行比较返回的结果为一个数值向量，元素为对应字符比较的结果。需要注意的是，在利用这些运算比较字符串时，相互比较的两个字符串必须有相同数目的元素。

各运算符的符号意义与英文简写如表 5-2 所示。

表 5-2　各运算符的符号意义与英文简写

符　　号	符 号 意 义	英 文 简 写
==	等于	eq
~=	不等于	ne
<	小于	lt
>	大于	gt
<=	小于等于	le
>=	大于等于	ge

例 5-7　通过字符运算比较字符串。

继续例 5-6 的输入：

```
>> str1==str2
ans =
     1     1     1     0     0     0
>> str1>=str2
ans =
     1     1     1     0     0     0
>> str1=='M'
ans =
     1     0     0     0     0     0
```

该例中，首先判断两个字符串是否相同，两个字符串“MATLAB”和“MATlab”前 3 个字符相同，后面 3 个字符不同，因此返回值为 3 个 1 和 3 个 0。第二条语句与此类似。第三条语句比较字符串 str1 中的字符是否为“M”，返回结果为第一个元素为 1，后面 5 个元素为 0 的数组，表示该字符串的第一个字符为“M”。

除上面介绍的两个字符串之间的比较之外，MATLAB 还可以判断字符串中的字符是否为空格字符或者字母。实现这两个功能的函数分别为 isspace 和 isletter。下面分别介绍这两个函数。

- isspace：用法为 isspace(str)，判断字符串 str 中的字符是否为空格，是空格字符则返回 1，否则返回 0。
- isletter：用法为 isletter(str)，判断字符串 str 中的字符是否为字母，是字母则返回 1，否则返回 0。

例 5-8　判断字符串中的字符是否为空格或者字母。

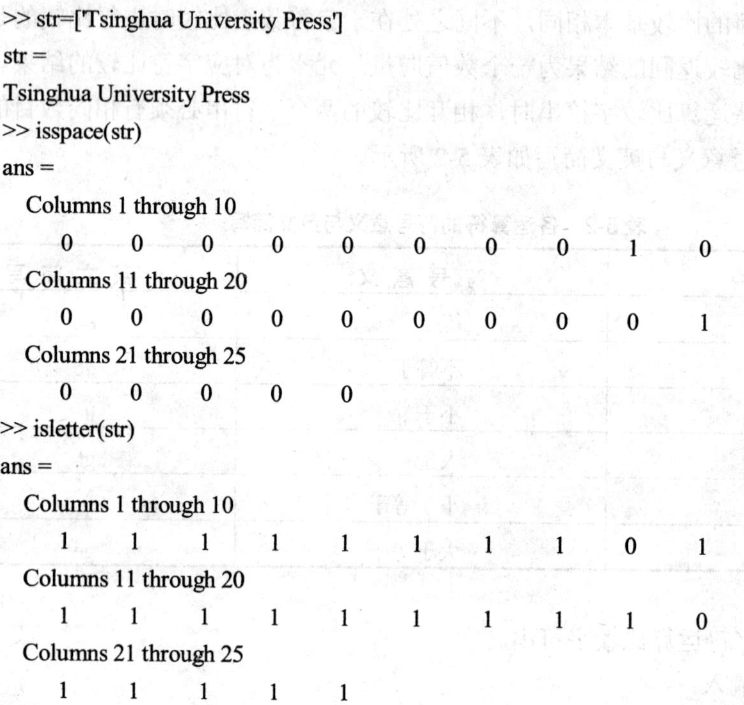

```
>> str=['Tsinghua University Press']
str =
Tsinghua University Press
>> isspace(str)
ans =
  Columns 1 through 10
     0     0     0     0     0     0     0     0     1     0
  Columns 11 through 20
     0     0     0     0     0     0     0     0     0     1
  Columns 21 through 25
     0     0     0     0     0
>> isletter(str)
ans =
  Columns 1 through 10
     1     1     1     1     1     1     1     1     0     1
  Columns 11 through 20
     1     1     1     1     1     1     1     1     1     0
  Columns 21 through 25
     1     1     1     1     1
```

2. 字符串的查找和替换

查找与替换是字符串操作中的一项重要内容。用于查找的函数主要有 findstr、strrep、strmatch、strtok 等。下面分别介绍这些函数。

- findstr：用于在一个字符串中查找子字符串，返回子字符串出现的起始位置。用法为 findstr(str1,str2)，执行时系统首先判断两个字符串的长短，然后在长的字符串中检索短的子字符串。

例 5-9　查找字符串。

```
>> str=['String Searching and Replacing']
str =
String Searching and Replacing
>> findstr(str,'and')
ans =
    18
```

```
>> findstr('and',str)
ans =
     18
```

由本例可以看出，两个参数可以互换。另外，有函数 strfind 实现相同的功能，但是两个参数不能互换。

- strrep：查找字符串中的子字符串并将其替换为另一个子字符串。用法为 str = strrep (str1, str2, str3)，将 str1 中的所有子字符串 str2 替换为 str3。

例 5-10　字符串替换。

```
>> str1=strrep(str,'Replacing','String Replacing')
str1 =
String Searching and String Replacing
```

- strmatch：在字符数组的每一行中查找是否存在待查找的字符串，存在则返回 1，否则返回 0。用法为 strmatch('str', STRS)，查找 str 中以 STRS 开头的字符串。另外，可以用 strmatch('str', STRS,'exact')，查找精确包含 STRS 的字符串。

例 5-11　字符串的查找。

```
>> x = strmatch('max', strvcat('max', 'minimax', 'maximum'))
x =
     1
     3
>> x = strmatch('max', strvcat('max', 'minimax', 'maximum'),'exact')
x =
     1
```

由本例可以看出参数 exact 的作用。

- strtok：该函数用于选取字符串中的一个部分。该函数的简单用法为 strtok(str)。

例 5-12　选取字符串中的第一个单词。

```
>> s = 'This is a simple example.';
>> [token, remain] = strtok(s)
token =
This
remain =
 is a simple example.
```

5.1.4　字符串与数值之间的转化

一个字符串是由单引号括起来的简单文本。在字符串中的每个字符都是数组中的一个元素，这些数字是由 ASCII 字符表示的。这些字符和整数之间可以相互转化。

首先，可以将字符串转化为数组。

例 5-13 将字符串转化为数组。

```
>>str=['MATLAB 2012a'];
>> abs_of_str=abs(str)
abs_of_str =
  Columns 1 through 10
   77    65    84    76    65    66    32    50    48    49
  Columns 11 through 12
   50    97
>> double_of_str=double(str)
double_of_str =
  Columns 1 through 10
   77    65    84    76    65    66    32    50    48    49
  Columns 11 through 12
   50    97
```

本例中将字符串转化为数值数组，利用 char 函数可以将数值数组转化为字符串。下面介绍 char 函数的用法。

- Str=char(arr)：该命令将包含正数的数组 arr 转化为数值数组。当 C 是一个字符型单元数组时，Str=char(arr)命令将 C 中的每一个单元转化为字符型数组的对应行。使用 cellstr 可以进行逆变换。
- Str=char(str1,str2,str3,...)：该命令生成的字符串矩阵包含字符串 str1、str2 和 tr3，3 个字符串的长度可以不相同。

例 5-14 使用 char 函数将数组转化为字符串。

继续例 5-13 的操作：

```
>> str1=char(abs_of_str)
str1 =
MATLAB 2012a
```

上面已经介绍字符串和数值数组之间可以相互转化，除上面介绍的方法，MTALAB 还提供更多的函数，用于字符串和其他数据类型数值数组之间的转化，可以实现更多功能。常用的字符串转化函数如表 5-3 所示。

表 5-3 常用的字符串转化函数

函　数	功　能	备　注
uintN(如 uint8)	将字符串转化为相应的无符号整数	uint8('ab')→ 97 98
str2num	将字符型转化为数字型	str2num('123.56') →123.5600
str2double	与上一函数的功能相同，结果更精确一些，同时支持单元字符串数组	double('123.56') →49 50 51 46 53 54
hex2num	将十六进制数转化为双精度数	hex2num('A') →-1.4917e-154
hex2dec	将十六进制数基数转化为正数	hex2dec('B') →11

(续表)

函　数	功　能	备　注
bin2dec	将二进制转化为十进制	bin2dec('1010') →10
base2dec	将 N 底数字字符串转化为十进制	base2dec('212',3) →23

例 5-15　数字向字符串的转化。

```
>> x=-2:0.2:2;
>> y=x.^2;
>> plot(x,y)
>> str1 = num2str(min(x));
>> str2 = num2str(max(x));
>> out = ['Value of f from ' str1 ' to ' str2];
>> xlabel(out);
```

得到的图形如图 5-1 所示。

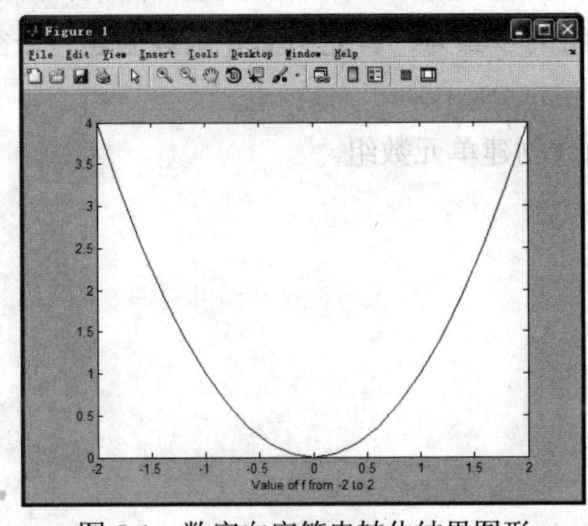

图 5-1　数字向字符串转化结果图形

5.2　单元数组和结构体

MATLAB 中的单元数组(Cell Array)和结构体(Structure)数据类型均是将不同的相关数据集成到一个单一的变量中，使得大量的相关数据的处理与引用变得简单而方便。需要注意的是，单元数组和结构体仅仅是承载其他数据类型的容器，一般运算只针对其中的具体数据进行，而不是对单元数组和结构体本身进行。

5.2.1　单元数组

单元数组中的每一个元素称为单元(Cell)。单元中的数据可以为任何数据类型，包括数值数组、字符、符号对象、其他单元数组和结构体。不同的单元中的数据类型可以不同。MATLAB 中的单元数组可以为任意维，通常最常用的是一维和二维单元数组。

1. 单元数组的生成

用户可以通过两种方式创建一个单元数组：一是通过赋值语句直接创建；二是利用 cell 函数先为单元数组分配一个内存空间，然后再给各个单元赋值。

直接赋值法通过给每个单元逐个赋值来创建单元数组。单元数组用花括号表示，在赋值时需要将单元内容用花括号“{}”括起来。

例 5-16　用直接赋值法创建单元数组。

```
>> A(1,1) = {[1 4 3; 0 5 8; 7 2 9]};
>> A(1,2) = {'Anne Smith'};
>> A(2,1) = {3+7i};
>> A(2,2) = {-pi:pi/4:pi}
A =
            [3x3 double]    'Anne Smith'
     [3.0000 + 7.0000i]     [1x9 double]
```

本例中通过向每个单元赋值创建了一个单元数组。下面介绍用 cell 函数创建单元数组。使用 cell 函数创建单元数组的步骤为：首先用 cell 函数创建一个空的单元数组，然后再为数组元素赋值。

例 5-17　利用 cell 函数创建单元数组。

继续例 5-16 的输入：

```
>> B=cell(2,2)
B =
     []     []
     []     []
>> B(1,1)=A(1,1)
B =
    [3x3 double]    []
              []    []
```

在本例中，首先创建了 2×2 单元数组 B，然后令 B 的第一个单元与 A 的第一个单元相同。

2. 单元数组的操作

(1) 单元数组元素的访问

例 5-18　单元数组元素的访问。

继续例 5-17 的输入：

```
>> A(1,1)
ans =
    [3x3 double]
>> A{1,1}
ans =
```

```
     1     4     3
     0     5     8
     7     2     9
```

观察上面的代码可以看出，使用圆括号和花括号对单元数组索引的不同。当采用圆括号时表示的是该单元，而采用花括号时则表示的是该单元的内容。在 MATLAB 单元数组索引中，圆括号用于标志单元，花括号用于按单元的寻址。

(2) 单元数组的显示

由例 5-16 和例 5-17 可以看出，在显示单元数组时 MATLAB 有时只显示单元的大小和数据类型，而不显示每个单元的具体内容。若要显示单元数组的内容，可以用 celldisp 函数。

例 5-19　显示单元数组的内容。

```
>> celldisp(A)
A{1,1} =
     1     4     3
     0     5     8
     7     2     9
A{2,1} =
   3.0000 + 7.0000i
A{1,2} =
Anne Smith
A{2,2} =
  Columns 1 through 6
      -3.1416      -2.3562      -1.5708      -0.7854 0      0.7854
    Columns 7      through 9
       1.5708       2.3562       3.1416
```

celldisp 函数用于显示单元数组的全部内容，有时候只需要显示单元数组的一个单元，可以用花括号对单元进行索引。见例 5-20。

例 5-20　显示单元数组的一个单元。

```
>> A{1,1}
ans =
     1     4     3
     0     5     8
     7     2     9
```

(3) 单元数组的图形显示

除上面的单元数组查看方式外，MATLAB 支持以图形方式查看单元数组的内容。见例 5-21。

例 5-21　查看单元数组的图形。

在命令窗口中输入如下的命令，绘制例 5-19 中的单元数组 A：

```
>> cellplot(A)
```

得到的图形如图 5-2 所示。

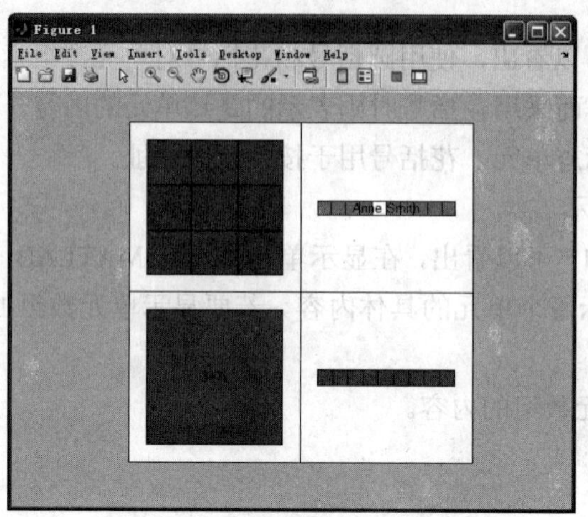

图 5-2　以图形方式查看单元数组

用这种方法可以直观地看出单元数组的结构。需要注意的是，cellplot 只能用于显示二维单元数组的内容。

(4) 单元数组元素的删除

单元数组元素删除的方法很简单，将待删除的元素置为“空”即可。需要注意的是，在删除单元数组的元素时，采用的索引方式为一维下标，格式为：

```
A(cell_subscripts) = [ ]
```

如果操作的单元数组为多维数组，则其索引方式逐维进行，删除元素后，系统将该单元数组改变为一维单元数组，元素按照维数逐次排序。

(5) 改变单元数组的维数

改变数组的维数可以通过添加或删除数组元素完成。删除数组元素时，得到的单元数组为原数组中剩下元素排列而成，为一维数组。而添加数组元素时，将自动添加该数组所对应的行和列，其他元素为空。

(6) 改变数组的形状

通过函数 reshape 可以改变数组的形状。reshape 函数按照顺序将原单元数组的元素进行重新放置，得到新的单元数组元素个数与原数组相同。

5.2.2　结构体

结构体是另一种可以将不同类型数据组合在一起的数据类型。由于 MATLAB 是用 C 语言编写的，其中的数据继承了 C 语言的特色。MATLAB 的结构体变量和 C 语言的结构体变量类似，并且比 C 语言更直观。

结构体与单元数组的区别为，结构体有一个名字，结构体的每个成员元素也有自己的名字，其元素访问是通过元素的名字来实现的。

1. 结构体的生成

与单元数组类似，结构体也有两种生成方式：一种是直接输入；另一种是使用结构体生成函数 struct。

通过直接输入结构体各元素值的方法可以创建一个结构体。输入的同时定义该元素的名称，并使用“.”将变量名与元素名连接。

例 5-22　直接输入结构体。

```
>> person.name='liuhuiying';
>> person.height=162;
>> person.weight=51;
>> person.hobby='swimming';
>> person
person =
        name: 'liuhuiying'
        height: 162
        weight: 51
        hobby: 'swimming'
```

上面创建了一个名为 person 的结构体变量。继续输入：

```
>> person(2).name='zhangqiang';
>> person(2).height=175;
>> person(2).weight=65;
>> person(2).hobby='Game';
>> person
person =
1x2 struct array with fields:
      name
      height
      weight
      hobby
```

通过 person(2)的创建，person 被扩充为一个 1×2 的结构体数组。查看两个对象的内容，输入：

```
>> person(1)
ans =
        name: 'liuhuiying'
        height: 162
        weight: 51
        hobby: 'swimming'
>> person(2)
ans =
        name: 'zhangqiang'
```

```
    height: 175
    weight: 65
    hobby: 'Game'
```

可以看出，第一次输入的结构体 person 被默认为 person(1)。

除上面的方法外，还可以用 struct 函数生成结构体。struct 函数的最基本的使用方式是：

```
struct_name=struct('field1',V1,'field2',V2,...)
```

其中，fieldn 是各成员变量名；Vn 为对应的各成员变量的内容。

例 5-23　用 struct 函数创建结构体。

```
>> person=struct('name','liuhuiying','height',162,'weight',51,'hobby','swimming')
person =
        name: 'liuhuiying'
        height: 162
        weight: 51
        hobby: 'swimming'
```

或者可以一次输入多个变量的值，见例 5-24。

例 5-24　一次输入结构体多个变量的值。

```
>> person=struct('name',{'liuhuiying','zhangqiang'},'height',{162,175},'weight',{51,65},'hobby',
{'swimming','Game'})
person =
1x2 struct array with fields:
     name
     height
     weight
     hobby
>> person(1)
ans =
        name: 'liuhuiying'
        height: 162
        weight: 51
        hobby: 'swimming'
>> person(2)
ans =
        name: 'zhangqiang'
        height: 175
        weight: 65
        hobby: 'Game'
```

2. 结构体的操作

(1) 添加成员变量

如果需要向结构体中添加新的成员，可以直接输入该变量的名称并赋值。

例 5-25　向结构体中添加新的成员。

继续例 5-24。添加新的成员变量“gender”，将 person(1)的该变量赋值为 female。

```
>> person(1).gender='female'
person =
1x2 struct array with fields:
    name
    height
    weight
    hobby
    gender
```

赋值后显示 person 的成员列表中新增了 gender。

```
>> person(1)
ans =
      name: 'liuhuiying'
      height: 162
      weight: 51
      hobby: 'swimming'
      gender: 'female'
>> person(2)
ans =
      name: 'zhangqiang'
      height: 175
      weight: 65
      hobby: 'Game'
      gender: []
```

显示 person(2)的内容，person(2)中包含了 gender 一项，但是因为没有赋值，该项为空。

(2) 删除成员变量

在 MATLAB 中可以使用函数 rmfield 从结构体中删除成员变量。命令 S=rmfield(S,'field')将删除结构体 S 中的成员 field，同时保留 S 原有的结构。

例 5-26　删除结构体中的成员。

```
>> person=rmfield(person,'hobby')
person =
1x2 struct array with fields:
      name
      height
      weight
      gender
>> person(1)
ans =
      name: 'liuhuiying'
```

```
        height: 162
        weight: 51
        gender: 'female'
>> person(2)
ans =
        name: 'zhangqiang'
      height: 175
      weight: 65
      gender: []
```

另外，可以使用命令 S=rmfield(S,fields)一次删除多个成员。其中，fields 为字符行变量或者单元型变量。该命令删除 fields 中指定的成员。

(3) 调用成员变量

在 MATLAB 中调用成员变量非常简单。结构体中的任何信息，可以通过“结构体变量名.成员名”的方式调用。调出成员变量后，可以利用相关函数进行调用。

例 5-27　结构体成员的调用。

为例 5-26 中的 person (2)赋值为 male。

```
>> person(2).gender
ans =
        []
>> person(2).gender='male';
>> person(2)
ans =
        name: 'zhangqiang'
        height: 175
        weight: 65
        gender: 'male'
```

本例中，首先显示该成员为空，然后为其赋值。

5.3　习　　题

1. 编制一个脚本，查找给定字符串中指定字符出现的次数和位置。

2. 编写一个脚本，判断输入字符串中每个单词的首字母是否为大写，若不是则将其修改为大写，其他字母为小写。

3. 创建 2×2 单元数组，第一、第二个元素为字符串，第三个元素为整型变量，第四个元素为双精度(double)类型，并将其用图形表示。

4. 创建一个结构体，用于统计学生的情况，包括学生的姓名、学号、各科成绩等。然后使用该结构体对一个班级的学生成绩进行管理，如计算总分、平均分、排列名次等。

第6章 MATLAB 编 程

MATLAB 中的交互模式对于简单问题非常有用，对于较复杂的问题则需要使用脚本文件。脚本文件也可以被称为计算机程序，编写脚本文件的行为则被称为编程。本章介绍MATLAB 编程的方法。通过本章的学习，读者应能编制一个完整的 MALTAB 应用程序。

本章学习目标

- ☑ 掌握 MATLAB 的脚本文件及其编辑和调试方法
- ☑ 掌握 MATLAB 的程序设计和开发流程
- ☑ 掌握 MATLAB 关系运算、逻辑运算及函数操作
- ☑ 掌握 MATLAB 中的流程控制语句
- ☑ 了解 MATLAB 的程序调试方法

6.1 脚本文件和编辑器/调试器

在 MATLAB 中，用户可以使用以下两种方法执行运算。

(1) 在交互模式下，直接在命令窗口中输入所有的命令。

(2) 通过运行脚本文件中所存储的 MATLAB 程序。这类文件包含 MATLAB 命令，所以，运行程序等效于在命令窗口提示符处输入所有的命令(一次输入一个命令)。用户也可以在命令窗口提示符处输入文件的名称来运行程序。

使用交互模式类似于使用计算器，但是，这只适合于较简单的问题。当问题需要许多命令、一个重复的命令集或者具有许多元素的数组时，交互模式就不太适用了。幸而，MATLAB 允许用户编写自己的程序，从而避免了这类麻烦。用户以 M-文件的格式(扩展名为.m)编写和保存 MATLAB 程序，如 program1.m。

MATLAB 使用两类 M-文件：脚本文件和函数文件。用户可以使用 MATLAB 内置的编辑器/调试器创建 M-文件。脚本文件中包含一连串的 MATLAB 命令，同时，当用户必须使用许多命令或者具有许多元素的数组时，脚本文件都非常有用。由于脚本文件中包含命令，所以有时也称它们为命令文件。用户在命令窗口提示符处输入脚本文件的名称(不带扩展名.m)，MATLAB 就可以执行它。

另一类 M-文件是函数文件，当用户必须重复操作一组命令时，它非常有用。用户可

以创建自己的函数文件。

脚本文件中可以包含任何一个有效的 MATLAB 命令或者函数，其中包括用户所编写的函数。当用户在命令窗口提示符处输入脚本文件的名称时，MATLAB 会得到与用户在命令窗口提示符处输入脚本文件中存储的所有命令(一次输入一个命令)时相同的结果。当用户输入脚本文件的名称时，本书说：MATLAB“正在运行文件”或者“正在执行文件”。用户也可以在工作空间中使用运行脚本文件时所产生的变量值，因此，本书说：脚本文件所产生的变量是全局变量。

6.1.1　创建和使用脚本文件

在 2.6 节详细讲解过脚本文件的创建，这里不再细述。

符号“%”标明了注释，MATLAB 不会执行注释。注释对于交互式会话来说并不太有用，并且其主要用于脚本文件之中，并用于说明文件。用户可以将注释符号放在命令行中的任何地方。MATLAB 会忽略“%”符号右边的任何内容。例如，考虑如下的会话：

```
>>% 这是一个注释。
>>x = 2+3 % 就是这样。
x =
     5
```

注意：

只执行“%”符号之前的命令行部分来计算 x。

Editor(编辑器/调试器)窗口如图 6-1 所示。在该窗口中，除可进行第 2 章讲解过的脚本输入以外，还可以使用键盘和编辑器/调试器中的 Edit 菜单创建和编辑文件。创建和编辑完成后，即可对脚本文件进行保存。编辑器/调试器将自动提供扩展名.m，并且将文件保存在 MATLAB 当前目录(目前，本书假设文件保存在硬盘驱动器上)中。一旦保存了文件，用户就可以在 MATLAB 命令窗口中输入脚本文件名以执行程序。

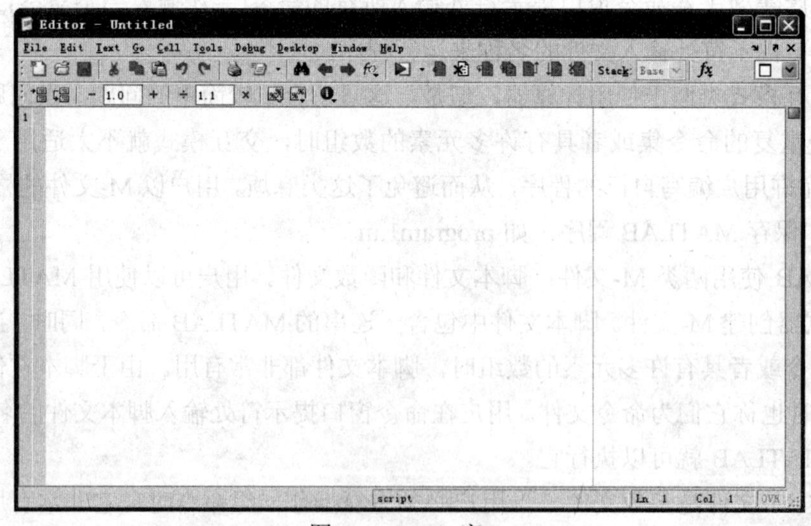

图 6-1　Editor 窗口

6.1.2 有效使用脚本文件

创建脚本文件可以不需要重新输入常用的程序。例如，要将数组从[3:2:11]改变为[2:5:27]，只需要编辑相应的命令行，并且再次保存文件即可。

注意：

当修改完文件后，一定要记得再次保存它。

在使用脚本文件时，用户还要记住以下几点。

(1) 脚本文件名必须满足 MATLAB 为变量命名的约定：名称必须以字母打头，并且还可以包含数字和下划线字符，其最多只可以有 31 个字符。

(2) 在命令窗口提示符处输入变量名会使 MATLAB 显示该变量的值。因此，为脚本文件赋予的名称不要与其所计算的变量名称相同，因为除非用户清除了那个变量，否则 MATLAB 将无法多次执行这个脚本文件。

(3) 为脚本文件赋予的名称要与 MATLAB 命令或者函数的名称都不相同。用户可以使用 exist 命令检查每一个命令、函数或者文件名是否已经存在。例如，要想查看变量 example1 是否已经存在，可以输入 exist('example1')：如果这个变量不存在，那么将返回 0；如果这个变量存在，那么将返回 1。要想查看 M-文件 example1.m 是否已经存在，则可以在创建该文件之前输入 exist('example1.m', 'file')：如果这个文件不存在，那么将返回 0；如果这个文件存在，那么将返回 2。最后，用户要查看内置函数 example1 是否已经存在，可以在创建该函数文件之前输入 exist('example1', 'builtin')：如果这个内置函数不存在，那么将返回 0；如果这个内置函数存在，那么将返回 5。

(4) 在交互模式中，脚本文件所创建的所有变量都是全局变量：这意味着可以在基本工作空间中使用它们的值。用户还可以输入 who 来查看现有的变量。

(5) 函数文件所创建的变量是该函数的局部变量，这意味着：用户不可以在这个函数之外使用它们的值。而脚本文件中的所有变量都是全局变量。因此，如果用户不必访问脚本文件中的所有变量，那么就需要考虑使用函数文件。这将避免用变量名“弄乱”工作空间，并将同时减少内存需求。

(6) 在不使用文本编辑器打开 M-文件的情况下，用户可以使用 type 命令来查看文件的内容。例如，要查看文件 example1，命令就是 type example1。

注意：

并不是 MATLAB 中提供的所有函数都是“内置”函数。例如，虽然 MATLAB 提供了函数 mean.m，但是它并不是一个内置函数。命令 exist ('mean.m', 'file')将返回 2，但是命令 exist ('mean', 'builtin')则将返回 0。用户可以将内置函数认为是构成其他 MATLAB 函数的基础原函数。同时，用户也无法在文本编辑中查看内置函数的整个文件而只能查看注释。

6.1.3　有效使用命令窗口和编辑器/调试器窗口

若要有效使用命令窗口和编辑器/调试器窗口，务必注意以下几点。

(1) 用户可以使用鼠标重新调整窗口的大小并移动窗口，从而可以同时查看它们。

(2) 如果没有进入编辑器/调试器，那么使用 Alt+Tab 组合键则可快速地在编辑器/调试器窗口和命令窗口之间来回切换。在命令窗口中，使用向上箭头键检索先前所输入的脚本文件名，并且按 Enter 键执行脚本文件。这种方法允许用户快速地检查和纠正程序。在修改了脚本文件之后，要确保在切换到命令窗口之前保存文件。

(3) 用户可以使用编辑器/调试器作为基本的文字处理器来编写包含有用户脚本文件、结果和讨论的简短报告，或者用以提供用户对某一问题的解答。首先，使用鼠标选中命令窗口中显示的结果，其次再将它们复制和粘贴到用户脚本文件上面或者下面的编辑器/调试器窗口之中(使用 Edit|Copy 或 Paste 命令)。然后，为了节约空间，删除任何一个额外的空行和提示符符号。输入用户的名字和其他所需要的任何信息，添加用户所希望的任何讨论，并且打印编辑器/调试器窗口中的报告，或者保存文件并且将它输入到所选择的文字处理器之中。

注意：

用户如果希望再次使用原脚本文件，应使用 File|Save As 命令来保存文件，以另外的文件名来保存修改后的脚本文件。

6.1.4　调试脚本文件

程序调试就是找出和删除程序中“故障”或者错误的过程。这类错误通常属于以下错误类型之一。

(1) 语法错误。例如，遗漏了一个圆括号或者逗号，或者拼写错了命令名。MATLAB 通常会发现较为明显的错误，并且显示一条描述错误及其位置的消息。

(2) 由于不正确的数学过程所造成的错误，其也被称为运行时错误。MATLAB 并不会在每次执行程序时都要出现这种错误，它们是否出现通常取决于特殊的输入数据。常见的示例是被 0 整除。

MATLAB 错误消息通常使用户能够找到语法错误。但是，用户较难找到运行时错误。要找到这类错误，可以尝试以下方法：

(1) 总是使用简单问题(其可以通过手算来检验答案)来测试程序。

(2) 删除语句末尾的分号，用以显示任何一个中间计算结果。

(3) 使用编辑器/调试器的调试特性。但是，MATLAB 的一个优点是：它要求相对简单的程序以完成许多类型的任务。因此，对于在本书中所遇到的许多问题来说，用户可能并不需要使用调试器。(关于调试的具体内容请参看本书 6.8 节)

6.1.5 编程风格

用户可以将注释放在脚本文件中的任何地方。但是，至关重要的是：要注意任何一个可执行语句之前的第一个注释行，那是由 lookfor 命令搜索到的行(本章稍后将会加以讨论)。因此，如果用户希望在将来使用脚本文件，那么就必须考虑将描述脚本文件的关键词放在第一行(也被称为 H1 行)中。

推荐的脚本文件结构如下所示。

1. 注释部分

在这部分中要放置给出的注释语句，如下所示。

(1) 在第一行中放置程序名和任何关键词。

(2) 在第二行中放置创建的日期，以及创建者的姓名。

(3) 每个输入和输出变量的变量名定义。可以将这一部分至少分成两个子部分：一个子部分用于定义输入数据；另一个子部分则用于定义输出数据。第三个可选部分包含计算中所使用的变量定义。

注意：

注释中一定要包含所有输入变量和所有输出变量的度量单位。

(4) 程序中调用的每个用户自定义函数名称。

2. 输入部分

在这一部分中，放置输入数据和/或输入函数，其允许输入数据。并在文档中的合适地方包含注释。

3. 计算部分

在这一部分中放置计算。并在文档中的合适地方包含注释。

4. 输出部分

在这一部分中，放置那些以所需格式传递的输出函数。例如，这一部分中有可能包含在屏幕上显示的输出函数。在文档中的合适地方包含有注释。

6.1.6 记录度量单位

本书建议用户为所有的输入变量和输出变量记录度量单位，因为很多工程系统所出现的惊人失败都源于用户误解了用于设计系统的程序输入和输出变量的单位。表 6-1 中列出了一些常见的单位和它们的缩写。尺-磅-秒系统(FPS)也被称为美国习惯系统和英国工程系统。而 SI(国际单位制)则是国际度量系统。

表 6-1　SI 和 FPS 单位

量	单位名称和缩写	
	SI 单位	FPS 单位
时间	秒(s)	秒(sec)
长度	米(m)	英尺(ft)
力	牛顿(N)	磅(lb)
质量	千克(kg)	斯勒格(slug)
能量	焦耳(J)	英尺-磅(ft-lb)， 英国热量单位(Btu，1 Btu= 778 ft-lb)
功率	瓦特(W)	英尺-磅/秒(ft-lb/sec) 马力(hp)
温度	摄氏度(°C) 开氏温标(K)	华氏度(°F) 兰金氏温标(°R)

6.1.7　使用脚本文件存储数据

可能会有一些应用程序要求用户频繁地访问同一组数据。如果是这样的话，用户可以将数组中的数据存储在一个脚本文件之中。

例 6-1　创建名为 mydata.m 的脚本文件，存储在一个特定位置处的一组日常温度度量。其中的数组 temp_F 中所包含的温度都以华氏度为单位。

```
% 文件 mydata.m：存储温度数据。
% 存储数组 temp_F，该数组包含了以华氏度为单位的温度数据。
temp_F = [72, 68, 75, 77, 83, 79]
```

从命令窗口中访问这个数据，并将华氏度转换为摄氏度的会话是：

```
>>mydata
temp_F =
    72     68     75     77     83     79
>>temp_C = 5*(temp_F - 32)/9
temp_C =
   22.2222    20.0000    23.8889    25.0000    28.3333    26.1111
```

由以上程序结果可以看出，68 华氏度对应于 20 摄氏度。

6.1.8　控制输入和输出

MATLAB 为从用户获取输入以及为格式化输出(执行 MATLAB 命令而获得的结果)提供了许多有用的命令。表 6-2 中总结了这些命令。本节中所介绍的方法对于脚本文件的使用都特别有用。

用户已经知道了如何来确定任何一个变量的当前值：在命令提示符处输入变量的名称，然后再按下 Enter 键。这个方法在交互模式中很有用，但是对于脚本文件则不太有用。用户也可以使用 disp 函数(“display”的简写)加以替代。它的语法是 disp(A)，其中，A 代表 MATLAB 变量名。因此，输入 disp(Speed)会导致在屏幕上出现变量 Speed 的值而不是变量名。

表 6-2 输入/输出命令

命 令	说 明
disp(A)	显示数组 A 的内容，而不是数组的名称
disp('text')	显示单引号内部的文本串
Format	控制屏幕输出的显示格式
Fprintf	执行格式化的写入到屏幕或者写入到一个文件
x = input('text')	显示单引号中的文本，等待用户的键盘输入，并且将输入值存储在 *x* 中
x = input('text','s')	显示单引号中的文本，等待用户的键盘输入，并且将输入作为字符串存储在 *x* 中
k=menu('title','option1','option2',...)	显示菜单，该菜单的名称在字符串变量'title'中，并且菜单的选项是'option1'、'option2'等

6.1.9 用户输入

input 函数用以在屏幕上显示文本，等待用户从键盘输入某些内容，然后再将输入内容存储在指定变量之中。

例 6-2 input 函数应用。

```
>> x = input('Please enter the value of x: ')
Please enter the value of x: 5
x =
     5
```

x = input('Please enter the value of x: ')会导致屏幕上出现消息 Please enter the value of x:。如果用户输入 5，并且按下 Enter 键，那么变量 *x* 的值将被赋为 5。

字符串变量由文本(包含了文字和数字的字符)组成。如果用户希望将文本输入存储为字符串变量，那么就可以使用其他形式的 input 命令。

例 6-3 其他形式的 input 命令。

```
>> Calendar = input('Enter the day of the week:', 's')
Enter the day of the week:Wednesday
Calendar =
Wednesday
```

命令 Calendar = input('Enter the day of the week:', 's')提示用户输入一周的日期。如果用户输入 Wednesday，那么 MATLAB 就将把这个文本存储在字符串变量 Calendar 之中。

使用 menu 函数可以产生一个选项菜单，用以供用户输入。它的语法是：

```
k = menu('title', 'option1', 'option2',...)
```

该函数显示了一个菜单，这个菜单的名称出现在字符串变量'title'中，菜单的选项是字符串变量'option1'、'option2'等。根据用户是否为 option1、option2 等单击按钮，返回的 k 值将是 1、2…。例如，以下脚本文件使用菜单为图形选择数据标记符，其中，假设矢量 x 和 y 已经存在。

```
k = menu('Choose a data marker','o','*','x');
type = ['o','*','x'];
plot(x,y,x,y,type(k))
```

6.1.10　脚本文件示例

以下这个简单的脚本文件示例显示了推荐的程序风格。以初速度 0 m/s 下落的一个落下物体，其速度 v 是时间 t 的函数：$v = gt$，其中，g 是重力加速度。在 SI 单位系统中，g = 9.81 m/s^2。此例希望在区间 $0 \leqslant t \leqslant t_f$ 内计算 t 的函数 v，并绘制它的图形，其中，t_f 是用户输入的最终时间。脚本文件如下所示：

```
% 程序 Falling_Speed.m：绘制一个下落物体的速度图形。
% W. Palm III 于 2004 年 3 月 1 日创建。
%
% 输入变量：
% tf = 最终时间(单位为秒)
%
% 输出变量：
% t = 计算速度的时间数组(单位为秒)
% v = 速度数组(米/秒)
% 参数值：
g = 9.81; % 以 SI 为单位的重力加速度
%
% 输入部分：
tf = input('Enter the final time in seconds: ');
%
% 计算部分：
dt = tf/500;
t = [0:dt:tf]; % 创建一个有 501 个时间值的数组。
v = g*t;
%
% 输出部分：
plot(t,v),xlabel('Time (seconds)'),ylabel('Speed (meters/second) ')
```

在创建这个文件之后，用户使用名称 Falling_Speed.m 保存文件。要运行这个文件，则可以在命令窗口中的提示符处输入 Falling_Speed(不需加扩展名.m)。然后，MATLAB 将要求用户输入 t_f的值：

```
>> Falling_Speed
Enter the final time in seconds:
```

用户输入一个值，并且按下 Enter 键之后，用户将在屏幕上看到图形。

6.2　程序设计和开发

用户必须以系统的方式从头开始设计计算机程序来解决复杂问题，这样才能避免浪费时间和在编程过程的后续部分碰到备受挫折的困难。在本节中，将说明如何构造和管理这一设计过程。

6.2.1　算法和控制结构

算法是精确定义了的、并在有限时间内执行某个任务的一连串有序指令。有序序列意味着指令可以被编号，但是，算法必须有能力通过使用一个结构(这也被称为控制结构)来改变它的指令顺序。程序中有 3 类运算算法。

(1) 顺序运算。这些运算是按顺序执行的指令。

(2) 条件运算。这些运算是控制结构：首先询问一个问题，必须用真(true)/假(false)答案进行回答，然后再根据答案选择下一条指令。

(3) 迭代运算(循环)。这些运算是重复执行一批指令的控制结构。

并不是每一个问题都可以通过算法来解决，并且，一些可能的算法解决方案可能会失败，这是因为它们找到解时所需要的时间太长。

6.2.2　结构化程序设计

结构化程序设计是程序设计的一种方法，用户在其中使用了模块化层次结构(每个模块都有一个输入和一个输出点)，并且在其中，控制将通过结构向下传递给较高层次的结构，其过程并不需要无条件分支。在 MATLAB 中，这些模块可以是内置函数或者是使用用户自定义的函数。

程序流程控制使用了与算法相同的 3 类控制结构：顺序、条件和迭代。通常，用户可以使用这三类结构编写任何一个计算机程序。这个现实导致了开发结构化的程序设计。因此，适合结构化程序设计的语言(如 MATLAB)中并没有用户可能在 BASIC 和 FORTRAN 语言中所看到 goto 语句的等效语句。goto 语句的遗憾结果是混淆代码(这也被称为意大利式细面条代码)，而代码则是由一个复杂的混乱分支所组成的。

如果正确地使用结构化程序设计，那么它将产生易于编写、理解和修改的程序。结构化程序设计的优点如下所示。

(1) 编写结构化程序较容易，这是因为程序员可以首先研究总体问题，然后再详细研究细节问题。

(2) 为一个应用编写的模块(函数)也可以用于其他的应用(这也被称为可重用代码)。

(3) 调试结构化程序较容易，这是因为每个模块都设计成只执行一个任务，因此可以与其他模块分开并单独地进行测试。

(4) 结构化程序设计在团队环境中非常有效，这是因为多个人可以同时编写一个公共程序，每个人只开发一个或者多个模块。

(5) 理解和修改结构化程序较容易，特别是，如果用户为模块选择了有含义的名称，并且说明文档可以明确地确定模块任务。

6.2.3 自顶向下的设计和程序文档

创建结构化程序的一个方法是自顶向下设计，它的目的是一开始就从一个非常高的层次上描述一个程序的预定目标，然后再重复地将问题分割到更为详细的层次中(一次一个层次)，并直到用户可以足够地理解程序结构，从而可以对它进行编写代码为止。表 6-3 中总结了自顶向下设计的过程。在步骤(4)中，用户创建了可以用于获得解的算法。步骤(5)(编写和运行程序)只是自顶向下设计过程的一部分。在这个步骤中，用户创建了必需的模块，并且对它们分别进行了测试。

表 6-3　开发一个计算机解决方案的步骤

步 骤 序 号	步 骤 内 容
(1)	简明地陈述问题
(2)	指定程序所使用的数据。这就是“输入”
(3)	指定程序所产生的信息。这就是“输出”
(4)	通过手算或者计算器完成解决方案的步骤。如果需要的话，可以使用一个较简单的数据集
(5)	编写和运行程序
(6)	用手算结果检验程序的输出
(7)	用输入数据运行程序，并且对输出进行一个真实性检验
(8)	如果用户在将来使用该程序作为一个通用工具，那么，用户必须通过用一组合理的数据值来运行它以进行测试，并对结果进行一个真实性检验

有两类图有助于开发结构化程序和记录它们。这些图是结构图和流程图。结构图是一个图形描述，它显示了程序的不同部分是如何连接在一起的。这类图表在自顶向下设计的初始阶段特别有用。

结构图显示了程序的构成，其中并没有显示出计算和判断过程的细节。例如，用户使用执行特定的、易于确认的任务函数文件来创建程序模块。较大的程序通常是由一个主程序组成的，主程序可以在需要的时候调用并执行专门任务的模块。结构图则显示了主程序和模块之间的连接。

例如，假设用户希望编写一个玩游戏(即 Tic-Tac-Toe，井字游戏)的程序。程序将需要一个允许游戏人输入一次运动的模块、一个修改和显示游戏网格的模块以及一个包含有计算机选择运动策略的模块。图 6-2 中则显示了这类程序的结构图。

流程图对于开发和记录包含有条件语句的程序很有用，这是因为它们可以显示一个程序根据条件语句的执行结果而采用的各条路径(这也被称为“分支”)。if 语句的流程图表示如图 6-3 所示。流程图使用菱形符号指示判断点。

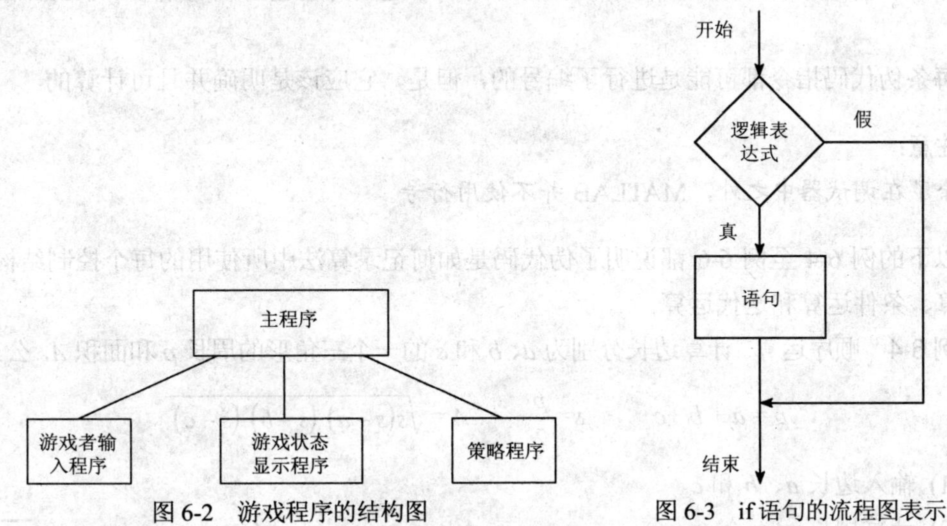

图 6-2　游戏程序的结构图　　图 6-3　if 语句的流程图表示

结构图和流程图的有效性受限于它们的大小。对于较复杂的大型程序来说，绘制这类图形可能不太实际。但是，对于较小的项目来说，勾画一个流程图和/或结构图可能有助于用户在开始编写特定的 MATLAB 代码之前组织思路。笔者鼓励用户在解决问题时使用它们。

即使用户永远也不会将自己的程序提供给其他人，正确地记录程序也非常重要的。如果需要修改自己的某一个程序，那么用户将会发现：如果有段时间没有使用它时，通常会很难记起它是如何进行操作的。通过使用以下方法就可以实现有效的文档记录。

(1) 合适地选择变量名，用以反映它们所代表的量。

(2) 在程序中使用注释。

(3) 使用结构图。

(4) 使用流程图。

(5) 通常在伪代码中逐字地描述程序。

使用合适的变量名和注释，其好处在于：它们永远存贮在于程序中，任何一个获得程序副本的人都可以看到这类文档。但是，它们通常不提供充足的程序概述。后 3 种方法即可以提供这样一个充足概述。

6.2.4 伪代码

使用自然语言(如英语)描述算法常常会导致说明过于冗长，同时也易于导致误解。为了避免立即处理可能较为复杂的编程语言语法，用户可以使用伪代码加以代替。在伪代码中，使用自然语言和数学表达式构造一些类似计算机的语句语言，但是，其中并没有详细的语法。伪代码也可以使用一些简单的 MATLAB 语法来解释程序操作。

顾名思义，伪代码是对实际计算机代码的模仿。伪代码可以为程序内部的注释提供根据。除了提供文档记录之外，伪代码在编写详细代码之前对于一个程序轮廓所进行的描述也很有用。编写详细的代码要花费较长的时间，这是因为它也必须遵循 MATLAB 的严格规则。

每条伪代码指令都可能是进行了编号的，但是，它应该是明确并且可计算的。

注意：

除了在调试器中之外，MATLAB 并不使用行号。

以下的例 6-4 至例 6-6 都说明了伪代码是如何记录算法中所使用的每个控制结构：顺序运算、条件运算和迭代运算。

例 6-4　顺序运算。计算边长分别为 a、b 和 c 的一个三角形的周长 p 和面积 A。公式是：

$$p = a + b + c \qquad s = \frac{p}{2} \qquad A = \sqrt{s(s-a)(s-b)(s-c)}$$

(1) 输入边长 a、b 和 c。

(2) 计算周长 p。

$$p = a + b + c$$

(3) 计算半周长 s。

$$s = p/2$$

(4) 计算面积 A。

$$A = \sqrt{s(s-a)(s-b)(s-c)}$$

(5) 显示结果 p 和 A。

(6) 结束。

程序如下所示：

```
a = input('Enter the value of side a: ');
b = input('Enter the value of side b: ');
c = input('Enter the value of side c: ');
p = a + b + c;
s = p/2;
A = sqrt(s*(s-a)*(s-b)*(s-c));
disp('The perimeter is: ')
p
```

```
disp('The area is:')
A
```

例 6-5　条件运算。对于一个给定点(x,y)的坐标，计算它的极坐标(r,θ)，其中：

$$r=\sqrt{x^2+y^2}\qquad \theta=\tan^{-1}\left(\frac{y}{x}\right)$$

(1) 输入坐标 x 和 y。

(2) 计算弦 r。

```
r = sqrt(x^2+y^2)
```

(3) 计算角度θ。

① 如果 $x\geqslant 0$：

```
theta = atan(y/x)
```

② 否则：

```
theta = atan(y/x) + pi
```

(4) 将角度由弧度转换为度数。

```
theta = theta*(180/pi)
```

(5) 显示结果 r 和 *theta*。

(6) 结束。

注意：

MATLAB 语法可以在需要的地方用于阐明问题。

程序如下所示：

```
x = input('Enter the value of x: ');
y = input('Enter the value of y: ');
r = sqrt(x^2+y^2);
if x >= 0
theta = atan(y/x);
else
theta = atan(y/x) + pi;
end
disp('The hypoteneuse is: ')
disp(r)
theta = theta*(180/pi);
disp('The angle is degrees is:')
disp(theta)
```

例 6-6　迭代运算。确定要使级数 $10k^2 - 4k + 2$，$k = 1, 2, 3, \cdots$之和大于 20000，需要多少项进行相加？这些项之和是多少？

由于用户并不知道必须要计算表达式 $10k^2 - 4k + 2$ 的次数，所以在本例中使用了 while 循环。

(1) 初始化级数之和为零。

(2) 初始化计数器为零。

(3) 当级数之和小于 20000 时，计算级数之和。

① 计数器增加 1。

$$k = k + 1$$

② 更新级数和。

$$total = 10*k\char`^2 - 4*k + 2 + total$$

(4) 显示计数器的当前值。

(5) 显示级数之和的值。

(6) 结束。

程序如下所示：

```
total = 0;
k = 0;
while total < 2e+4
k = k+1;
total = 10*k^2 - 4*k + 2 + total;
end
disp('The number of terms is:')
disp(k)
disp('The sum is:')
disp(total)
```

6.2.5　查找故障

查找故障的过程，即程序调试。(请参看本书 6.1.4 节)

6.2.6　开发大型程序

大型程序和软件(其包括商业软件，如 MATLAB)会在最终发布和核准通用之前经历严格的开发和测试过程。这个过程阶段通常包括以下几项。

(1) 编写和测试各个模块(单元测试阶段)。

(2) 编写使用模块的顶级程序(构建阶段)。初始测试中并不包括所有的模块。随着构建阶段的继续，程序中会包含越来越多的模块。

(3) 测试第一个完整的程序(alpha 测试版阶段)。这个过程通常只是在内部由密切进行程序开发的技术人员进行。当发现和消除故障时，程序有可能会有多个 alpha 测试版。

(4) 由内部人员与熟悉和信任的外部用户(这通常必须签保密协议)测试最后的 alpha 测试版。这就是 beta 测试版阶段，并且程序也可能会存在有多个 beta 测试版。

这个过程可能需要相当长的一段时间，这取决于程序的复杂度和公司对生产优质软件的贡献。

6.3　关系运算符和逻辑变量

MATLAB 中有 6 个关系运算符可以在数组之间进行比较。使用关系运算符进行比较的结果是 0(如果比较是假)或者 1(如果比较是真)，并且 MATLAB 可以使用这个结果作为一个变量。例如，$x=2$ 且 $y=5$，那么输入 $z=x<y$ 将返回值 $z=1$；而输入 $u=x==y$ 将返回值 $u=0$。要令语句的可读性更好，用户可以使用圆括号将逻辑运算组合在一起，如 $z=(x<y)$ 且 $u=(x==y)$。

当用于比较数组时，关系运算符逐元素地比较数组。比较的数组必须具有相同的维数。唯一的例外是当用户比较一个数组和一个标量的时候。在那种情况下，MATLAB 将数组中的所有元素分别与标量进行比较。例如，假设 x =[6,3,9] 且 y= [14,2,9]。以下的 MATLAB 会话则显示了一些示例：

```
>>z = (x < y)
z =
     1     0     0
>>z = (x ~= y)
z =
     1     1     0
>>z = (x > 8)
z =
     0     0     1
```

关系运算符也可以用于数组寻址。例如，对于 x = [6,3,9]和 y = [14,2,9]，输入 $z=x(x<y)$ 将找到 x 中那些小于 y 中对应元素的所有元素。结果是 $z=6$。

算术运算符+、-、*、/和\的优先级高于关系运算符。因此，语句 $z=5>2+7$ 等效于 $z=5>(2+7)$，并且其返回结果 $z=0$。用户可以使用圆括号来改变优先级顺序，如 $z=(5>2)+7$ 的计算结果是 $z=8$。

关系运算符之间的优先级相等，并且 MATLAB 按照从左到右的顺序计算它们的值。因此，语句：

```
z = 5 > 3 ~= 1
```

等效于：

```
z = (5>3) ~= 1
```

这两条语句都返回结果：

```
z = 0
```

在使用由多个字符所组成的关系运算符(如==或>=)时，需要小心不要在字符之间加入空格。

6.3.1 logical 类

当使用关系运算符(如 $x = (5 > 2)$)时，创建了一个逻辑变量(在此处就是 x)。在 MATLAB 之前的版本中，logical 是任何一个数值数据类型的属性。现在，logical 是一个第一类数据类型和一个 MATLAB 类，所以 logical 现在等效于其他的第一类类型，如字符和单元数组。逻辑变量只可能有值 1(真)和 0(假)。

但是，就因为数组中只包含 0 和 1，所以，它不必是一个逻辑数组。例如，在以下的会话中，k 和 w 的表现相同，但是 k 只是一个逻辑数组，而 w 则是一个数值数组，因此，MATLAB 中会出现一条错误消息。

```
>>x = [-2:2]
x =
      -2     -1      0      1      2
>>k = (abs(x)>1)
k =
       1      0      0      0      1
>>z = x(k)
z =
      -2      2
>>w = [1,0,0,0,1];
>>v = x(w)
Subscript indices must either be real positive integers or logicals.
(下标索引必须是正的实数或逻辑值)
```

6.3.2 logical 函数

用户可以使用关系和逻辑运算符以及 logical 函数创建逻辑数组。logical 函数返回一个可以用于逻辑索引和逻辑测试的数组。输入 B = logical(A)(其中，A 是一个数值数组)将返回逻辑数组 B。所以，要纠正以上会话中的错误，用户可以在输入 $v = x(w)$之前输入 $w =$ logical([1,0,0,0,1])。

当给一个逻辑变量赋予除 1 或者 0 之外的某个有限实值时，MATLAB 将把这个值转换为逻辑 1，并且发出一条警告消息。例如，当用户输入 $y =$ logical(9)时，MATLAB 将给 y 赋值逻辑 1，并同时发出一条警告。用户也可以使用 double 函数将一个逻辑数组转换为一个 double 类型的数组，如 x = (5>3)；y = double(x)。一些算术运算可以将一个逻辑数组转换为一个双精度数组。例如，如果通过输入 B = B + 0，在 B 的每个元素后面添加 0，那么 MATLAB 就将把 B 转换为一个数值(双精度)数组。但是，并非所有定义了的数学运算都可用于逻辑变量。例如，以下输入将产生错误消息：

```
>>x = ([2, 3] > [1, 6]);
>>y = sin(x)
Undefined function 'sin' for input arguments of type 'logical'.
```

6.3.3 使用逻辑数组访问数组

当使用逻辑数组寻址另一个数组时，MATLAB 会从那个数组中提取逻辑数组有 1 那个位置中的元素。所以，输入 A(B)(其中，B 是一个与 A 大小相同的逻辑数组)返回 A 在 B 中为 1 的索引处的对应值。

假定 A =[5,6,7;8,9,10;11,12,13]和 B= logical(eye(3))，那么通过输入 C = A(B)，用户就可以提取 A 中的对角元素，这将获得 C =[5;9;13]。用逻辑数组指定数组下标并提取对应于逻辑数组中为真(1)元素的那些元素。

但是，注意使用数值数组 eye(3)(如 C = A(eye(3)))，MATLAB 将产生一条错误消息，这是因为 eye(3)中的元素并不对应于 A 中的位置。如果数值数组值对应于有效的位置，那么用户就可以使用数值数组提取元素。例如，要用数值数组提取 A 的对角元素，则可以输入 C = A([1,5,9])。

当使用索引赋值时，系统将保留 MATLAB 数据类型。所以，现在的 logical 是一个 MATLAB 数据类型，如果 A 是一个逻辑数组(如 A=logical(eye(4)))，那么输入 A(3,4)=1 将不会把 A 改变为一个双精度数组。但是，输入 A(3,4)=5 则可把 A(3,4)设置为逻辑 1，并同时使 MATLAB 发出一条警告。

6.4 逻辑运算符和函数

MATLAB 中有 5 个逻辑运算符，有时也称它们为布尔(Boolean)运算符，参见表 6-4。这些运算符执行逐元素运算。除了 NOT 运算符(~)之外，它们的优先级比算术和关系运算符的都低，参见表 6-5。NOT 符号也被称为否定号。

表 6-4 逻辑运算符

运 算 符	名 称	说 明
~	NOT(非)	~A 返回一个维数与 A 相同的数组：新数组在 A 为 0 的地方将值替换为 1，并且在 A 为非零的地方将值替换为 0

（续表）

运 算 符	名 称	说 明
&	AND(与)	A & B 返回一个维数与 A 和 B 相同的数组：新数组在 A 和 B 都有非零元素的地方将值替换为 1，并且在 A 或者 B 为 0 的地方将值替换为 0
|	OR(或)	A | B 返回一个维数与 A 和 B 相同的数组：新数组在 A 或者 B 中至少有一个元素非零的地方将值替换为 1，并且在 A 和 B 都为 0 的地方将值替换为 0
&&	短路逻辑与	标量逻辑表达式的运算符。如果 A 和 B 都为真(true)，则 A && B 返回真(true)，如果它们不为真，则返回假(false)
||	短路逻辑或	标量逻辑表达式的运算符。如果 A 或者 B 或者两者都为真(true)，则 A || B 返回真(true)；如果两者都不为真，则返回假(false)

表 6-5 运算符类型的优先级顺序

优 先 级	运算符类型
1	圆括号；从最里面的一对括号开始计算
2	算术运算符和逻辑非(~)；从左到右计算
3	关系运算符；从左到右计算
4	逻辑与
5	逻辑或

6.4.1 NOT 运算

~A 返回一个与 A 维数相同的数组：新数组在 A 为 0 的地方将值替换为 1，并且在 A 为非零的地方将值替换为 0。如果 A 是一个逻辑数组，那么~A 将用 0 替换 1，并同时用 1 替换 0。例如，如果 $x = [0,3,9]$且 $y = [14,-2,9]$，那么 $z = \sim x$ 将返回数组 $z = [1,0,0]$，而语句 $u = \sim x > y$ 将返回结果 $u =[0,1,0]$。这个表达式等效于 $u = (\sim x) > y$，因此，$v = \sim(x > y)$的结果则是 $v = [1,0,1]$。这个表达式等效于 $v = (x <= y)$。

6.4.2 &和|运算符

用于比较维数相同的两个数组。唯一的例外(这和关系运算符一样)是用于将一个数组与一个标量进行比较。

1. 与(AND)运算

A&B 在 A 和 B 中都是非零元素的地方返回 1，而在 A 或者 B 中任一元素为 0 的地方返回 0。

例 6-7　与运算。

```
>> z = 0&3
z =
     0
>> z = 2&3
z =
     1
>> z = 0&0
z =
     0
>> z = [5,-3,0,0]&[2,4,0,5]
z =
     1     1     0     0
```

由于运算符的优先级，z = 1&2+3 等效于 z = 1&(2+3)，返回 z = 1。类似的，z = 5<6&1 等效于 z = (5<6)&1，返回 z = 1。

令 x = [6,3,9]且 y = [14,2,9]，并且令 a = [4,3,12]。表达式 z = (x>y) & a 的结果是 z = [0,1,0]，并且表达式 z = (x>y)&(x>a)将返回结果 z = [0,0,0]。这等效于：z = x>y&x>a。

注意：

当对不等式使用逻辑运算符时，一定要特别小心。例如，~(x > y)等效于 x <= y，并不等效于 x < y。在 MATLAB 中，用户必须将关系式 5 < x < 10 写为：(5 < x) & (x < 10)。

2. 或(OR)运算

A|B 在 A 和 B 中至少有一个非零元素的地方返回 1，并且在 A 和 B 中都为 0 的地方返回 0。表达式 z = 0|3 返回 z = 1；表达式 z = 0|0 返回 z = 0；而表达式 z = [5,-3,0,0]|[2,4,0,5] 返回 z = [1,1,0,1]。由于运算符的优先级，z = 3<5|4==7 等效于：z =(3<5)|(4==7)，将返回 z = 1。类似的，z = 1|0&1 等效于 z = (1|0)&1，并将返回 z = 1；而 z = 1|0&0 返回 z = 0；并且 z = 0&0|1 返回 z= 1。

由于非(NOT)运算符的优先级较高，语句 z = ~3==7|4==6 返回结果 z = 0，这等效于 z = ((~3)==7)|(4==6)。

6.4.3　异或函数

xor(A,B)在 A 和 B 中都为非零或都为 0 的地方返回 0，并且在 A 或者 B 中只有一个为非零(并不都是非零)的地方返回 1。用 AND、OR 和 NOT 运算符定义的函数如下所示：

```
Function z = xor(A,B)
z = (A|B) & ~(A&B);
```

表达式 z=xor([3,0,6],[5,0,0])返回 z=[0,0,1]，而表达式 z=[3,0,6]|[5,0,0]则返回 z=[1,0,1]。

表 6-6 就是所谓的真值表，它定义了逻辑运算符和 xor 函数的运算。在用户获得更多使用逻辑运算符的经验之前，用户应该使用这个列表来检验语句。true 等效于逻辑 1，而 false 则等效于逻辑 0。本书可以通过构建它的数值等效(如下所示)来验证这个真值表。令 x 和 y 分别代表根据 1 和 0 所产生的真值表前两列。

表 6-6　真值表

x	y	~x	x|y	x&y	xor(x,y)
true	true	false	true	true	false
true	false	false	true	false	true
false	true	true	true	false	true
false	false	true	false	false	false

以下的 MATLAB 会话是根据 1 和 0 而产生的真值表。

```
>>x = [1,1,0,0]';
>>y = [1,0,1,0]';
>>Truth_Table= [x,y,~x,x|y,x&y,xor(x,y)]
Truth_Table =
        1    1    0    1    1    0
        1    0    0    1    0    1
        0    1    1    1    0    1
        0    0    1    0    0    0
```

从 MATLAB 6 开始，AND 运算符“&”的优先级就比 OR 运算符“|”的优先级高。而这在 MATLAB 的早期版本中却并非如此，所以，如果用户正在使用早期版本中所创建的代码，那么就应该在 MATLAB 6 或者更高版本的 MATLAB 中使用它之前做一些必要的修改。例如，现在语句 y = 1|5&0 按 y = 1|(5&0)计算值，其产生结果 y = 1；而在 MATLAB 5.3 和以前版本中，这个语句将作为 y = (1|5)&0 计算值，其产生结果 y = 0。为了避免由于优先级而造成的潜在问题，在包含算术、关系或者逻辑运算符的语句中使用圆括号是非常重要的，即使是在那些圆括号是可选可不选的地方。

6.4.4　短路逻辑运算符

以下的运算符对只包含标量值的逻辑表达式执行 AND 和 OR 运算。本书将它们称为短路逻辑运算符，这是因为只有当结果不能完全由第一个操作体确定的时候，它们才计算运算的第二个操作体的值。用两个逻辑变量 A 和 B 定义的运算如下所示。

1. A&&B

如果 A 和 B 的值都为 true，则返回 true(逻辑 1)；如果它们不是 true，则返回 false(逻辑 0)。

2. A||B

如果 A 或者 B 中有一个的值为 true 或者两者的值都为 true，则返回 true (逻辑 1)；如果它们的值都不为 true，则返回 false(逻辑 0)。

因此，在语句 A&&B 中，如果 A 等于逻辑 0，那么不管 B 的值是什么，整个表达式的值都将为 false，并不需要计算 B 的值。

对于 A||B 来说，如果 A 为 true，那么不管 B 的值是什么，语句的值都将为 true。

表 6-7 中列出了一些有用的逻辑函数。

表 6-7 逻辑函数

逻 辑 函 数	定 义
all(x)	返回一个标量，如果矢量 x 中的所有元素都为非零元素，则这个标量的值为 1，否则值为 0
all(A)	返回一个行矢量，它的列数与矩阵 A 的列数相同并且只包含 1 和 0，其值取决于 A 的对应列是否都是非零元素
any(x)	返回一个标量，如果矢量 x 中有任意一个元素为非零元素，则这个标量的值为 1，否则值为 0
any(A)	返回一个行矢量，它的列数与矩阵 A 的列数相同并且只包含 1 和 0，其值取决于矩阵 A 的对应列是否包含非零元素
find(A)	计算一个数组，它包含数组 A 中那些非零元素的索引
[u,v,w] = find(A)	计算数组 u 和 v，u 和 v 分别包含数组 A 中非零元素的行索引和列索引；同时计算数组 w，w 中包含非零元素的值。数组 w 也可以省略
finite(A)	返回一个维数与 A 维数相同的数组，在 A 中元素为有限值的地方，值为 1；否则，值为 0
ischar(A)	如果 A 是一个字符数组，则返回 1；否则，返回 0
isempty(A)	如果 A 是一个空矩阵，则返回 1；否则，返回 0
isinf(A)	返回一个维数与 A 维数相同的数组，在 A 中元素为'inf'的地方，值为 1；否则，值为 0
isnan(A)	返回一个维数与 A 维数相同的数组，在 A 中元素为'NaN'的地方，值为 1；否则，值为 0('NaN'代表“不是一个数”，这意味着一个不明确的结果)
isnumeric(A)	如果 A 是一个数值数组，则返回 1；否则，返回 0
isreal(A)	如果 A 中并没有一个元素具有虚部，则返回 1；否则，返回 0
logical(A)	将数组 A 中的元素转换为逻辑值
xor(A,B)	返回一个维数与 A 和 B 维数相同的数组：在 A 或者 B 中非零元素(但不是都为非零值)的地方，新数组的值为 1；在 A 和 B 中元素都为非零值或者都为零值的地方，新数组的值为 0

6.4.5　逻辑运算符和 find 函数

find 函数对于创建判断程序(特别是当程序与关系或者逻辑运算符相结合的时候)非常有用。函数 find(x)计算一个数组，它包含数组 x 中那些非零元素的索引。当 find 函数与逻辑运算符结合使用时，它也非常有用。例如，考虑以下会话：

```
>>x = [5, -3, 0, 0, 8]; y = [2, 4, 0, 5, 7];
>>z = find(x&y)
z =
     1     2     5
```

所产生的数组 z = [1, 2, 5]指出 x 和 y 中的第 1 个、第 2 个和第 5 个元素都是非零值。

注意：

find 函数返回的是索引而不是具体的值。

在以下会话中，留意 y(x&y)所获得结果与以上 find(x&y)所获得结果之间的区别。

```
>>x = [5, -3, 0, 0, 8];y = [2, 4, 0, 5, 7];
>>values = y(x&y)
values =
     2     4     7
>>how_many = length(values)
how_many =
     3
```

因此，数组 y 中有 3 个非零值对应于数组 x 中的非零值。它们是第 1 个、第 2 个和第 5 个值，分别为 2、4 和 7。

在上面这个示例中，数组 x 和 y 中只有几个数字，因此用户可以通过目测得到答案。但是，这些 MATLAB 方法在那些有太多的数据、目测得到答案将非常花费时间的地方或者在那些值是由程序内部来产生的地方都非常有用。

例 6-8　一个抛射物的高度和速率。以速率 v_0、水平夹角 A 投掷的一个抛射物(如一个投掷的球)，其高度和速率为：

$$h(t) = v_0 t \sin A - 0.5gt^2$$

$$v(t) = \sqrt{v_0^2 - 2v_0 gt \sin A + g^2 t^2}$$

其中：g 是重力加速度。当 $h(t) = 0$ 时，抛射物将撞击到地面，并由此可以得到碰撞时间：$t_{hit} = 2(v_0/g) \sin A$。假设 $A = 40°$、$v_0 = 20$ m/s 和 $g = 9.81$ m/s^2。使用 MATLAB 关系和逻辑运算符找出当高度低于 6m 并且在同时速率不大于 16 m/s 时的碰撞时间。另外，对获得解的另一种方法进行讨论。

使用关系和逻辑运算符解答这个问题的关键为：使用 find 命令确定逻辑表达式(h >= 6) &(v <= 16)为 true 的时间。首先，用户必须使用小得足以达到用户需要并有足够精确度的

时间间隔 t，同时产生 $0 \leqslant t \leqslant t_{hit}$ 之间的时间 t_1 和 t_2 所对应的矢量 h 和 v。本例将选择一个间隔 $t_{hit}/100$，这就提供了 101 个时间值。程序如下所示。当计算时间 t_1 和 t_2 时，用户必须从 u(1)和 length(u)中减去 1，这是因为数组 t 中的第一个元素对应于 $t = 0$(即 t(1)为 0)。

```
% Set the values for initial speed, gravity, and angle.(设置初始速率、重力加速度和角度的值。)
v0 = 20; g = 9.81; A = 40*pi/180;
% Compute the time to hit.(计算碰撞时间。)
t_hit = 2*v0*sin(A)/g;
% Compute the arrays containing time, height, and speed.(计算包含时间、高度和速率的数组。)
t = [0:t_hit/100:t_hit];
h = v0*t*sin(A) - 0.5*g*t.^2;
v = sqrt(v0^2 - 2*v0*g*sin(A)*t + g^2*t.^2);
% Determine when the height is no less than 6,(确定当高度低于 6m)
% and the speed is no greater than 16.(并且速度不大于 16。)
u = find(h>=6&v<=16);
% Compute the corresponding times.(计算对应的时间。)
t_1 = (u(1)-1)*(t_hit/100)
t_2 = u(length(u)-1)*(t_hit/100)
```

结果是 $t_1 = 0.8649$ 和 $t_2 = 1.7560$。在这两个时间之间，$h \geqslant 6$ m 和 $v \leqslant 16$ m/s。

用户也可以通过绘制 h(t)和 v(t)的图形来解答这个问题，但是，结果的精确度将受到用户从图形中取点能力的限制。另外，如果用户必须解答许多的这类问题，图形方法将更加花费时间。

6.5 条 件 语 句

在日常语言中，人们通过使用条件短语来描述自己的判断。例如，如果我得到加薪，我将购买一辆新车(If I get a raise, I will buy a new car)。如果语句 I get a raise 为真，那么就将执行所指出的动作(buy a new car)。以下则是另一个示例：如果每周至少加薪$100，那么我将购买一辆新车；否则，我将把加薪放入存款中(If I get at least a $100 per week raise, I will buy a new car; else, I will put the raise into savings)。一个稍微更加复杂的示例是：如果每周至少加薪$100，那么我将购买一辆新车；否则，如果加薪大于$50，那么我将购买一套新的立体声系统；否则，我将把加薪放入存款中(If I get at least a $100 per week raise, I will buy a new car; else, if the raise is greater than $50, I will buy a new stereo;else, I will put the raise into savings)。

本书可以举例说明第一个示例的逻辑，其如下所示：

```
If I get a raise,
I will buy a new car
.(句点)
```

注意：

句点是如何标记了语句的结束。

第二个示例的说明如下所示：

If I get at least a $100 per week raise,
I will buy a new car;
else,
I will put the raise into savings
.(句点)

第三个示例如下所示。

If I get at least a $100 per week raise,
I will buy a new car;
else, If the raise is greater than $50,
I will buy a new stereo;
otherwise,
I will put the raise into savings
.(句点)

MATLAB 条件语句允许用户编写那些做出判断的程序。条件语句中包含一条或者多条 if、else 和 elseif 语句。end 语句表示了条件语句的结束，其用途就像以上示例中所使用的句点一样。这些条件语句的形式类似于以上示例，并且它们读起来也有些像英语的等效语句。

6.5.1 if 语句

if 语句的基本形式为：

```
if 逻辑表达式
语句
end
```

每条 if 语句必须伴随有一条 end 语句。end 语句标志着逻辑表达式为 true 时所要执行语句的结束。if 和逻辑表达式(其可以是一个标量、一个矢量或者一个矩阵)之间需要一个空格。

例如，假设 x 是一个标量，并且用户只希望在 $x \geqslant 0$ 时计算 $y=\sqrt{x}$。用日常语言来说，用户可以将这个过程指定为：如果 x 大于或者等于 0，则按 $y=\sqrt{x}$ 以计算 y。以下的 if 语句在 MATLAB 中实现了这个过程，并假设 x 已经有了一个标量值。

```
if x >= 0
y = sqrt(x)
end
```

如果 x 是一个负数，这个程序将不采取任何动作。这里，逻辑表达式是 x >= 0，并且所要执行的语句只有一行 $y = \text{sqrt}(x)$。

也可以在一个命令行中写出 if 结构，例如：

```
if x >= 0, y = sqrt(x), end
```

但是，这种形式的可读性并不如前一种形式好。平常的习惯是缩排语句，从而可以说明哪些语句属于 if 和它所对应的 end，因此大大提高了可读性。

逻辑表达式也可以是一个复合表达式：语句可以是一条命令，也可以是一组用逗号或分号分开的或者一组在单独行上的命令。例如，如果 x 和 y 有标量值：

```
z = 0;w = 0;
if (x >= 0)&(y >= 0)
z = sqrt(x) + sqrt(y)
w = log(x) - 3*log(y)
end
```

只有当 x 和 y 都为非负数时，语句才计算 z 和 w 的值。否则，z 和 w 会保持它们的值为 0。流程图如图 6-4 所示。

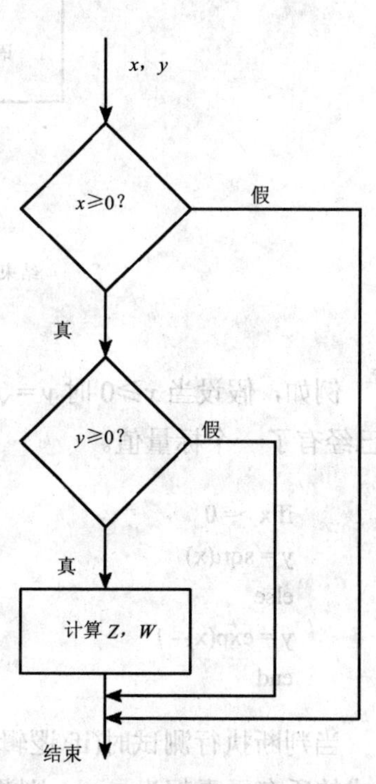

图 6-4　对应于伪代码示例的流程图

用户也可以“嵌套”if 语句，如以下示例所示。

```
if 逻辑表达式 1
  语句组 1
    if 逻辑表达式 2
      语句组 2
    end
end
```

注意：

每条 if 语句都尾随有一条 end 语句。

6.5.2　else 语句与 elseif 语句

当判断结果导致多个动作发生时，用户可以在使用 if 语句的同时使用 else 和 elseif 语句。

1. else 语句

使用 else 语句的基本结构为：

```
if 逻辑表达式
语句组 1
else
语句组 2
end
```

图 6-5 显示了这个结构的流程图。

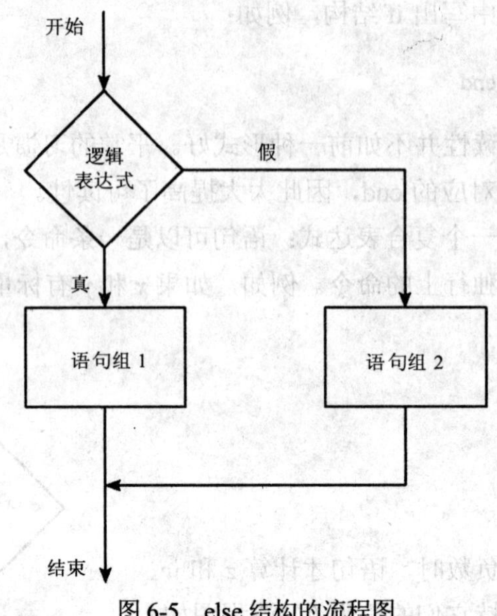

图 6-5　else 结构的流程图

例如，假设当 $x \geqslant 0$ 时 $y=\sqrt{x}$，而当 $x<0$ 时，$y=e^x-1$。以下语句将计算 y 值，并假设 x 已经有了一个标量值。

```
if x >= 0
y = sqrt(x)
else
y = exp(x) - 1
end
```

当判断执行测试时(if 逻辑表达式，其中逻辑表达式也可以是一个数组)，如果逻辑表达式的所有元素都为 true，则测试将返回一个 true 值。例如，如果用户未能认出以下测试的工作方式，那么以下语句将不会按用户所期望的方式执行。

```
x = [4,-9,25];
if x < 0
disp('Some of the elements of x are negative.')
else
y = sqrt(x)
end
```

当这个程序运行时，它会给出以下结果：

```
y =
    2.0000          0 + 3.0000i    5.0000
```

该程序不会按顺序测试 x 中的每个元素。相反，它只测试矢量关系 $x<0$ 的真假。测试 if $x<0$ 则返回一个 false 值，这是因为它产生了矢量[0,1,0]。

用户可以将以下的程序与上面的程序进行比较。

```
x = [4,-9,25];
if x >= 0
y = sqrt(x)
else
disp('Some of the elements of x are negative.')
end
```

当 MATLAB 执行这个程序时，它会产生以下结果：Some of the elements of x are negative。测试 if $x < 0$ 为 false，并且测试 if $x >= 0$ 也将返回一个 false 值，这是因为 $x >= 0$ 返回矢量[1,0,1]。

用户有时必须在简洁、但是较难理解的某个程序和使用较多语句的某个程序之间做出选择。例如，用户可以选用较简洁的程序：

```
if 逻辑表达式 1 & 逻辑表达式 2
语句
end
```

用以替代以下语句：

```
if 逻辑表达式 1
  if 逻辑表达式 2
    语句
  end
end
```

2. elseif 语句

使用 elseif 语句的一般形式是：

```
if 逻辑表达式 1
  语句组 1
    elseif 逻辑表达式 2
      语句组 2
    else
      语句组 3
end
```

如果不需要的话，也可以省略 else 和 elseif 语句。但是，如果都要使用的话，必须将 else 语句放在 elseif 语句的后面，其用于处理未加说明的所有条件。图 6-6 是使用 elseif 结构的流程图。

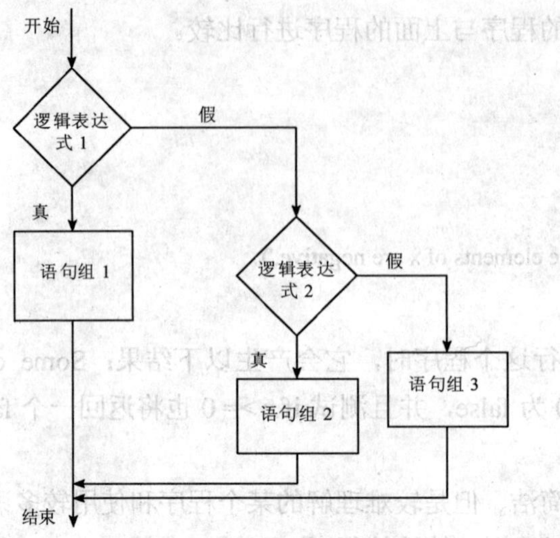

图 6-6　使用 elseif 结构的流程图

注意：

elseif 语句并不需要单独的 end 语句。

else 语句可以与 elseif 语句共同使用，用以创建详细的判断程序。例如，假设 $x>10$ 时，$y=\ln x$，$0\leqslant x\leqslant 10$ 时，$y=\sqrt{x}$，而当 $x<0$ 时，$y=e^x-1$。如果 x 已经是一个标量值，那么以下语句将计算 y 的值。

```
if x > 10
   y = log(x)
      elseif x >= 0
         y = sqrt(x)
      else
         y = exp(x) - 1
end
```

判断结构也可以是嵌套结构，即：一个判断结构可以包含有另一个判断结构，而被包含的判断结构又可以再包含另一个判断结构，以此类推。

图 6-7 中所示的流程图描述了以下代码，它是包含了一个嵌套 if 语句的示例，这里，假设 x 已经是一个标量值。

```
if x > 10
   y = log(x)
      if y >= 3
         z = 4*y
            elseif y >= 2.5
               z = 2*y
            else
               z = 0
      end
```

```
    else
        y = 5*x
        z = 7*x
end
```

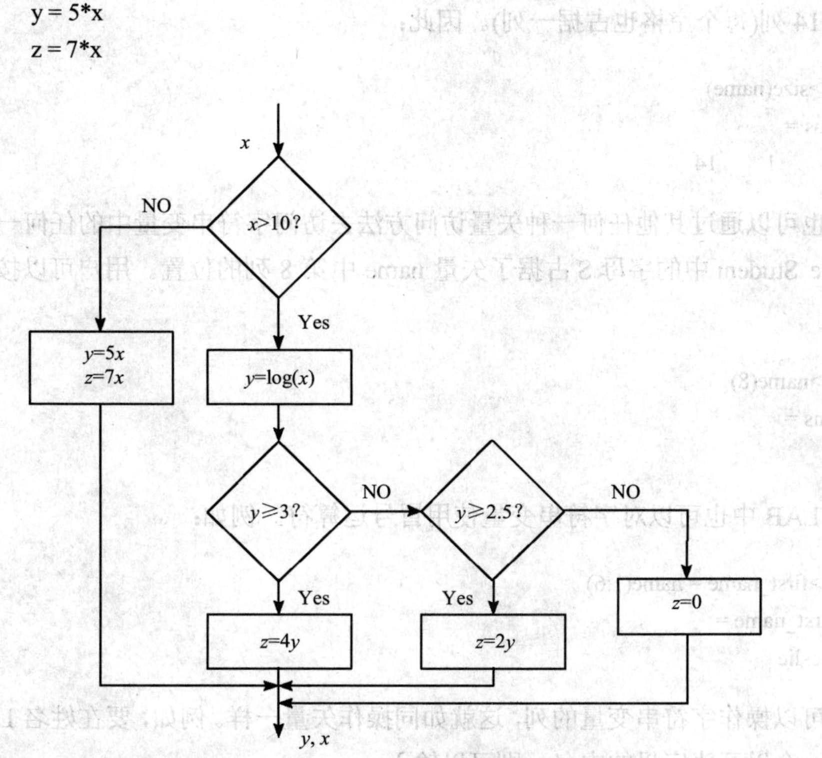

图 6-7　说明嵌套 if 语句的流程图

注意：

缩排是如何强调与每个 end 语句相关的那些语句组。用于表示这个代码所需的流程图也过于庞大。实际上，用户必须通过省略一些有效描述了全部程序的细节以缩短流程图。

6.5.3　字符串和条件语句

字符串是一个包含有字符的变量。字符串对于创建输入提示符、消息、存储以及对诸如姓名和地址等数据进行的操作都很有用。要在 MATLAB 创建一个字符串变量，可以将字符放在单引号中。例如，按如下方式可以创建字符串变量 name：

```
>>name = 'Leslie Student'
name =
Leslie Student
```

以下是字符串 number：

```
>>number = '123'
number =
123
```

它与输入 number = 123 所创建的变量 number 是不同的。

可以将字符串存储为行矢量，而行矢量中的每一列都代表一个字符。例如，变量 name 有 1 行和 14 列(每个空格也占据一列)。因此：

```
>>size(name)
ans =
     1    14
```

用户也可以通过其他任何一种矢量访问方法去访问字符串变量中的任何一列。例如，姓名 Leslie Student 中的字母 S 占据了矢量 name 中第 8 列的位置。用户可以按如下方式访问它：

```
>>name(8)
ans =
S
```

MATLAB 中也可以对字符串变量使用冒号运算符。例如：

```
>>first_name = name(1:6)
first_name =
Leslie
```

用户可以操作字符串变量的列，这就如同操作矢量一样。例如，要在姓名 Leslie Student 中间插入一个以开头字母的中名，则可以输入：

```
>>full_name = [name(1:6), ' C.',name(7:14)]
full_name =
Leslie C. Student
>>full_name(8) = 'F'
full_name =
Leslie F. Student
```

findstr 函数(其代表查找字符串)对于查找特定字符的位置非常有用。例如：

```
>>findstr(full_name, 'e')
ans =
     2     6    15
```

这个会话告诉用户：字母 e 出现在第 2、第 6 和第 15 列之中。

当且仅当每个字符(这也包括空格)都相同时，两个字符串变量才相等。

注意：

大写和小写的字母并不相同。因此，字符串'Hello'和'hello'并不相等，而且字符串'can not'和'cannot'也不相等。

函数 trcmp(其代表字符串比较)用于确定两个字符串是否相等。如果字符串'string1'和'string2'是相等的，那么输入 strcmp('string1', 'string2')将返回值 1；否则，返回值 0。函数

lower('string')和 upper('string')分别将'string'全部转换为小写字母或者全部转换为大写字母。这些函数对于接受键盘输入非常有用，其并不用强制用户区分小写和大写。

字符串最重要的应用之一是：创建输入提示和输出消息。以下的提示程序使用了 isempty(x)函数：如果数组 x 是空的，那么 isempty(x)函数将返回 1；否则，isempty(x)函数返回 0。另外，它还使用了 input 函数，input 函数的语法如下所示：

```
x = input('prompt', 'string')
```

这个函数在屏幕上显示了字符串 prompt，并等待用户从键盘输入，然后再以字符串变量 x 中返回输入值。如果用户在不输入任何内容的情况下按下 Enter 键，那么函数将返回一个空矩阵。

以下所示的程序是一个脚本文件，其允许用户通过输入 Y 或者 y、或者通过按下 Enter 键回答 Yes(是)。而其他任何响应都将被视为答案 No。

```
response = input('Do you want to continue? Y/N [Y]:','s');
if (isempty(response))|(response == 'Y')|(response == 'y')
response = 'Y'
else
response = 'N'
end
```

MATLAB 中还可以使用其他许多字符串函数。输入 help strfun就可以获得有关这些函数的信息。

6.6　循　　环

循环是一个将某个计算重复多次的结构。循环的每一次重复就是一遍循环的执行(Pass)过程。MATLAB 中有两类明确的循环：for 循环，在事先知道执行循环次数时使用；while 循环，当循环过程必须在满足指定条件才终止时使用，因此其事先并不知道所执行循环的次数。

6.6.1　for 循环

for循环的一个简单示例如下所示：

```
for k = 5:10:35
x = k^2
end
```

循环变量 k 的初始值为 5，并且程序使用 x =k^2 计算 x。在每一次连续循环的执行期间，k 都增加 10，并且只有当 k 值超过 35 时，程序才停止计算 x 值。因此，k 的取值分别为 5、15、25 和 35，而 x 的取值则分别为 25、225、625 和 1225。然后，程序继续执行 end 语句之后的任何语句。

for 循环的典型结构如下所示：

```
for 循环变量 = m:s:n
语句
end
```

表达式 m:s:n 为循环变量赋予一个初始值 m，这个循环变量是按值 s(其也被称为步进值或者递增值)进行递增的。在每一次循环执行期间，程序使用循环变量的当前值执行一次语句。循环过程继续进行，直到循环变量超过终止值为止。例如，在表达式 for k = 5:10:36 中，最终的 k 值是 35。图 6-8 显示了 for 循环的流程图。

注意：

用户并不需要在 m:s:n 语句之后再放置一个分号来禁止打印 k。

提示：

for 语句需要伴随有一个 end 语句。end 语句标志着所要执行语句的结束。在 for 和 loop 变量(其可能是一个标量、一个矢量或者一个矩阵，但是到目前为止，标量是最常见的情况)之间需要一个空格。

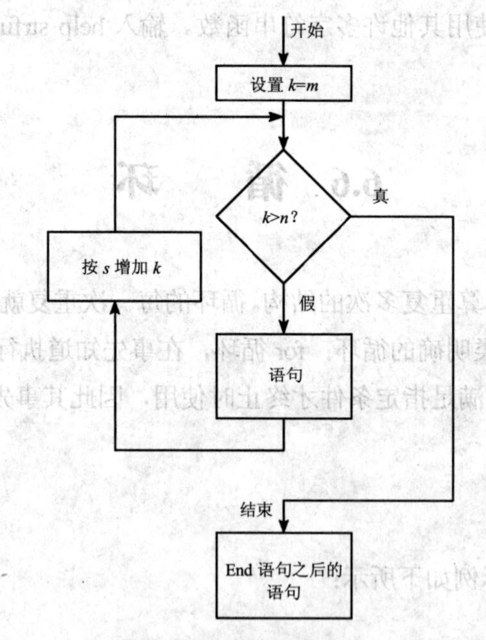

图 6-8　for 循环的流程图

用户也可以在一个命令行上写出 for 循环，例如：

```
for x = 0:2:10, y = sqrt(x), end
```

但是，这种形式的 for 循环可读性不如前一种形式好。平常的习惯是缩排语句，从而可以说明哪些语句属于 for 和它所对应的 end，因此提高了可读性。

用户可以嵌套循环(Nested loops)和条件语句，但嵌套时每个 for 语句和 if 语句都需要伴随有一个 end 语句。

注意：

在对循环变量表达式 k = m:s:n 使用 for 循环时应遵循以下规则：(1) 步进值 s 可以是个负数。例如，k = 10:-2:4 可产生 k = 10、8、6、4。(2) 如果省略 s，那么步进值将默认为 1。(3) 当 s 是一个正数时，如果 m 大于 n，语句将不再执行循环。(4) 当 s 是一个负数时，如果 m 小于 n，语句将不再执行循环。(5) 如果 m 等于 n，语句将只执行一次循环。(6) 如果步进值 s 不是一个整数，那么舍入错误有可能会导致循环执行的遍数与预期的遍数有所不同。(7) 当循环完成时，k 将保持它的最终值。用户不应该在语句内部改变循环变量 k 的值。这么做有可能会导致程序产生不可预知的结果。

传统编程语言(如 BASIC 和 FORTRAN)中的常见习惯是：使用符号 i 和 j 作为循环变量。但是，这个惯例在 MATLAB 中并不是一个好习惯，这是因为 MATLAB 使用这些符号作为虚数单位 $\sqrt{-1}$ 。

6.6.2 break 和 continue 语句

MATLAB 中允许 if 语句在循环变量未到达它的终止值之前“跳出”循环。用户可以使用 break 命令(终止循环，但是不会停止整个程序)达到此目的。例如：

```
for k = 1:10
x = 50 - k^2;
if x < 0
break
end
y = sqrt(x)
end
% The program execution jumps to here(程序执行跳到这里)
% if the break command is executed.(如果执行 break 命令)
```

但是，用户通常会编写代码以避免使用 break 命令。程序中，经常可以使用 6.6.6 节中的 while 循环加以实现。

虽然可以用 break 语句来停止循环的执行，但有时用户也会有这样一些应用：不希望执行产生错误的情况，但是对于其余的循环则要继续执行。此时，可以使用 continue 语句达到目的。continue 语句将把控制传递给那些它出现在其中的 for 或者 while 循环的下一次迭代之中，并同时跳过循环主体中的其他任何语句。在嵌套循环中，continue 将控制传递给关闭了 continue 语句的 for 或者 while 循环的下一次迭代。

例 6-9 使用了 continue 语句避免计算一个负数的对数。

```
x = [10,1000,-10,100];
y = NaN*x;
```

```
for k = 1:length(x)
if x(k) < 0
continue
end
y(k) = log10(x(k));
end
y
```

其结果是：

```
y =
     1     3   NaN     2
```

6.6.3　使用数组作为循环索引

MATLAB 中允许使用一个矩阵表达式为循环指定所执行的遍数。在这种情况下，循环变量是一个矢量，并且在每一遍循环执行期间，MATLAB 都将循环变量设置成等效于矩阵表达式的连续列。例如：

```
A = [1,2,3;4,5,6];
for v = A
disp(v)
end
```

这等效于：

```
A = [1,2,3;4,5,6];
n = 3;
for k = 1:n
v = A(:,k)
end
```

常见的表达式 $k = m{:}s{:}n$ 是矩阵表达式的一个特例，此时，表达式的列是标量而不是矢量。例如，假设用户希望在 *xy* 坐标系中计算从原点到指定的一组 3 个点(3,7)、(6,6)和(2,8)的距离。用户就可以按如下方式将坐标放在数组 coord 之中。

$$\begin{bmatrix} 3 & 6 & 2 \\ 7 & 6 & 8 \end{bmatrix}$$

然后，coord = [3,6,2;7,6,8]。以下程序则计算了距离，并同时确定了离原点最远的那个点。第一次通过循环时，索引 coord 是[3, 7]'。第二次通过循环时，索引是[6, 6]'，在最后一遍循环执行期间，索引是[2, 8]'。

```
k = 0;
for coord = [3,6,2;7,6,8]
    k = k + 1;
```

```
    distance(k) = sqrt(coord'*coord)
end
[max_distance,farthest] = max(distance)
```

6.6.4 隐含循环

许多 MATLAB 命令中都包含有隐含循环。例如，考虑以下这些语句：

```
x = [0:5:100];
y = cos(x);
```

要使用 for 循环达到相同的结果，用户必须输入：

```
for k = 1:21
    x = (k-1)*5;
    y(k) = cos(x);
end
```

find 命令是隐含循环的另一个示例。语句 y =find(x>0)等效于：

```
m=0;
for k=1:length(x)
   if x(k)>0
      m = m + 1;
      y(m)=k;
   end
end
```

如果用户熟悉传统的编程语言(如 FORTRAN 或者 BASIC)，那么用户就有可能会倾向于在 MATLAB 中使用循环求解问题而不是使用强大的 MATLAB 命令(如 find)。要使用这些命令，并同时充分发挥 MATLAB 的能力，用户需要采用一个新的问题求解方法。正如同以上示例中所显示的，用户可以通过使用 MATLAB 命令(而不是循环)以节省许多命令行。用户的程序也将运行得更快，这是因为 MATLAB 是为高速矢量计算所设计的。

例 6-10 数据排序。用户从表 6-8 的测量结果中获得矢量 x。假设，用户认为在范围 $-0.1 < x < 0.1$ 内的任何一个数据值都不是正确的数据，并同时希望删除所有这类元素而在数组的结尾处以 0 代替它们。

表 6-8 示例表

	之 前	之 后
x(1)	1.92	1.92
x(2)	0.05	-2.43
x(3)	-2.43	0.85
x(4)	-0.02	0

(续表)

	之　前	之　后
x(5)	0.09	0
x(6)	0.85	0
x(7)	-0.06	0

第一种方法：以下的脚本文件中使用了 for 循环和条件语句。

注意：

该脚本文件是如何使用零数组[]的。

```
x = [1.92,0.05,-2.43,-0.02,0.09,0.85,-0.06];
y = [];z = [];
for k = 1:length(x)
  if abs(x(k)) >= 0.1
     y = [y,x(k)];
  else
     z = [z,x(k)];
  end
end
xnew = [y,zeros(size(z))]
```

第二种方法：下面这个脚本文件则使用了 find 函数。

```
x = [1.92,0.05,-2.43,-0.02,0.09,0.85,-0.06];
y = x(find(abs(x) >= 0.1));
z = zeros(size(find(abs(x)<0.1)));
xnew = [y,z]
```

6.6.5　使用逻辑数组作为掩码

考虑数组 A：

$$A = \begin{bmatrix} 0 & -1 & 4 \\ 9 & -14 & 25 \\ -34 & 49 & 64 \end{bmatrix}$$

以下的程序通过下述的方式计算了数组 B：当 A 中的元素不小于 0 时，程序计算其平方根；如果 A 中的元素是个负数，那么程序就将每个负的元素加上 50。

```
A = [0, -1, 4; 9, -14, 25; -34, 49, 64];
for m = 1:size(A,1)
  for n = 1:size(A,2)
     if A(m,n) >= 0
```

```
        B(m,n) = sqrt(A(m,n));
      else
        B(m,n) = A(m,n) + 50;
        end
      end
    end
    B
```

其结果是:

```
B =
     0     49      2
     3     36      5
    16      7      8
```

当使用逻辑数组对另一个数组寻址时，MATLAB 会从那个数组中提取逻辑数组中为 1 的那些对应位置中的元素。用户通常可以通过使用逻辑数组作为掩码(即，选择另一个数组的元素)来避免使用循环和分支，用户因此可以创建更简单和更快捷的程序。数组中没有选中的任何元素都将保持不变。

以下会话用以前所给的数值数组 A 创建了逻辑数组 C:

```
>>A = [0, -1, 4; 9, -14, 25; -34, 49, 64];
>>C = (A >= 0);
```

其结果是:

```
C=
     1     0     1
     1     0     1
     0     1     1
```

用户可以使用这个技术计算: 以上程序所给出 A 中那些不小于 0 的各个元素之平方根，并同时将 A 中的那些负数元素分别加上 50。程序如下所示:

```
A = [0, -1, 4; 9, -14, 25; -34, 49, 64];
C = (A >= 0);
A(C) = sqrt(A(C))
A(~C) = A(~C) + 50
```

第三行执行之后的结果是:

```
A =
     0     -1     2
     3    -14     5
   -34      7     8
```

最后一行执行之后的结果是：

```
A =
     0    49     2
     3    36     5
    16     7     8
```

6.6.6　while 循环

当循环过程是由于满足了一个指定条件而终止时，程序使用 while 循环，并且因此而使用户事先并不知道循环的执行遍数。

1. 典型结构

while 循环的典型结构如下所示：

```
while 逻辑表达式
  语句
end
```

MATLAB 首先会测试逻辑表达式的真假。在逻辑表达式中必须包含有循环变量。例如，*x* 是语句 while *x* ~= 5 中的循环变量。如果逻辑表达式为真，则执行语句。要使 while 循环正常运行，必须发生以下这两个前提条件。

(1) 在执行 while 语句之前，循环变量必须有一个值。

(2) 语句必须以某种方式改变循环变量的值。

在每一遍循环执行期间，程序使用循环变量的当前值执行一次语句。循环继续执行，直到逻辑表达式为假而为止。图 6-9 中显示了 while 循环的流程图。

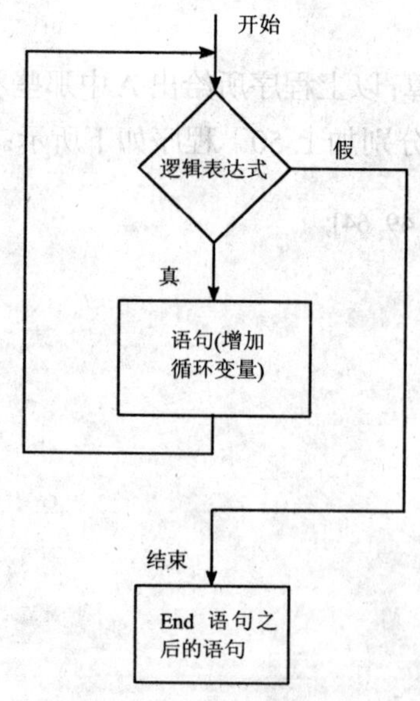

图 6-9　while 循环的流程图

每个 while 语句必须匹配有一个伴随的 end 语句。和 for 循环一样，程序必须缩排语句以改善程序的可读性。用户也可以嵌套 while 循环，并且还可以使用 for 循环和 if 语句嵌套它们。

始终要确保在开始循环之前为循环变量赋予一个值。如果用户打算 x 值从 0 开始，那么就应该在 while 语句之前放置一条语句：$x = 0$。

用户也有可能创建一个无限循环，即一个永远也不会结束的循环。例如：

```
x = 8;
while x ~= 0
   x = x - 3;
end
```

在这个循环中，变量 x 的取值分别为 5、2、-1、-4…并且条件 x ~= 0 永远也得不到满足，所以循环永远都不会停止。

2. 主要应用

while 循环的主要应用是：当用户希望只要某个语句为 true 时，循环就继续进行。通常，使用 for 循环较难来实现这类任务。例如：

```
x = 1;
while x ~= 5
   disp(x)
   x = x + 1;
end
```

在每一遍循环执行期间，使用循环变量 x 的当前值来执行一次 while 和 end 之间的语句。循环将继续执行，直到条件 x~=5 为假而止。disp 语句所显示的结果为 1、2、3 和 4。

6.7　switch 结构

除了选择使用 if、elseif 和 else 命令之外，用户还可以使用 switch 结构。使用 switch 结构编写的任何程序也都可以使用 if 结构进行编写。但是，对于一些应用来说，用 switch 结构编写的代码可读性比使用 if 结构编写的代码可读性要好。switch 结构的语法是：

```
switch 输入表达式(标量或者字符串)
  case 值 1
    语句组 1
  case 值 2
    语句组 2
  .
  .
```

```
    .
    otherwise
        语句组 n
end
```

MATLAB 将输入表达式与每个 case 值进行比较。如果它们的值相等，那么执行 case 语句之后的那条语句，然后，程序再继续执行 end 语句之后的任何语句。如果输入表达式是一个字符串，那么，如果 strcmp 返回值 1(true)，它就等同于 case 值。程序只执行第一个匹配的 case。如果没有匹配的 case，程序就只执行 otherwise 语句之后的语句。但是，otherwise 语句是可选的语句。如果没有这条语句，那么在没有匹配存在的情况下，程序就继续执行 end 语句之后的那些语句。每个 case 值语句都必须处在一个单独行上。

例如，假设变量 angle 有一个整数值，此值代表从正北方开始测量的角度(其以度为单位)。以下的 switch 结构显示了指南针上对应于某个角度的点。

```
switch angle
   case 45
      disp('Northeast')
   case 135
      disp('Southeast')
   case 225
      disp('Southwest')
   case 315
      disp('Northwest')
   otherwise
      disp('Direction Unknown')
end
```

输入表达式中使用一个字符串变量通常可以使程序非常易于读懂。

例如，在以下的代码中，数值矢量 x 有值，而用户输入字符串变量 response 的值：它的预期值是 min、max 或者 sum。然后，代码按照用户的输入找出 x 中的最大值或者最小值或者是 x 各元素的总和。

```
t = [0:100]; x = exp(-t).*sin(t);
response = input('Type min, max, or sum.','s')
response = lower('response');
switch response
   case min
      minimum = min(x)
   case max
      maximum = max(x)
   case sum
      total = sum(x)
   otherwise
      disp('You have not entered a proper choice.')
end
```

通过将 case 值放入一个单元数组之中，switch 语句就可以在一条 case 语句中处理多个条件。

例如，以下的 switch 结构显示了指南针上那些对于固定从北方开始测量的整数角度对应点。

```
switch angle
  case {0,360}
    disp('North')
  case {-180,180}
    disp('South')
  case {-270,90}
    disp('East')
  case {-90,270}
    disp('West')
  otherwise
    disp('Direction Unknown')
end
```

6.8 调试 MATLAB 程序

在 6.1 节中，讨论了使用 MATLAB 编辑器/调试器作为一个 M-文件编辑器。图 6-1 中显示了 MATLAB 编辑器/调试器的屏幕。编辑器/调试器菜单栏包含以下的菜单项：File、Edit、Text、Go、Cell、Tools、Debug、Desktop、Window 和 Help。

除了一些例外之外，File、Edit、Go、Desktop、Window 和 Help 菜单类似于 MATLAB 主界面上的那些菜单。例如，编辑器/调试器中的 File 菜单里包含了菜单项 Source Control，它是一个用于结合不同来源文件的文件管理系统。大型程序的开发人员会使用这个系统。另一个示例则是 Go 菜单上的菜单项 Go to。选择该命令，在弹出的对话框中输入一个行号，然后再单击 OK 按钮。这个特性对于用户导航以通过有许多行的文件来说非常有用。还有一个示例则是编辑器/调试器中的 Help 菜单，它包含有特定的帮助菜单项 Using the MATLAB Editor。

Cell 和 Tools 菜单涉及一些高级主题，本书并不对此加以介绍。

Desktop 菜单类似于命令窗中的那些主界面菜单。它允许用户停靠和分开窗口、安排编辑器窗口，以及打开和关闭编辑器工具栏。

菜单栏的下面是编辑器/调试器工具栏。它允许用户只单击一次鼠标就可以访问菜单中的多个菜单项。只须将鼠标指针停留在工具栏上的某个按钮上，用户就可以了解它的功能。例如，单击按钮等效于从 Edit 菜单选中 Find and Replace。

注意：

M-文件中的每一行都是在左边编号的。

要打开一个现有的文件，用户可以在命令窗中的 File 菜单上选中 Open 菜单项。输入文件名，或者使用浏览器选中它。然后，编辑器/调试器窗口打开。在编辑器/调试器中，用户一次可以打开多个文件。如果一次打开多个文件，那么每个文件都会在窗口的底部有个标签。单击某个标签，就可以激活那个文件以便用户编辑和调试它。

6.8.1 Text 菜单

使用 Text 菜单，用户就可以插入或者删除注释、增加或者减少缩排量、打开智能缩排，并在计算和命令窗口中显示所选变量的值。

单击先前所输入命令行中的任何地方，然后选择 Text | Comment 命令，整个命令行成为注释。要将一个注释行变为一个可执行的命令行，则可以单击注释行中的任何地方，然后选择 Text | Uncomment 命令。

Text 菜单上的 Increase Indent 菜单项和 Decrease Indent 菜单项的工作方式类似。只要单击先前所输入的命令行中的任何地方，然后再选择 Text|Increase Indent 或 Decrease Indent 命令，用户就可以改变一行的缩排。

编辑器/调试器自动缩排条件语句：for 语句或者 while 语句之后输入的任何命令行，直到用户输入了对应的 end 语句为止。选择 Text | Smart Indent 命令，可以对先前所输入的命令行和此后再输入的任何命令行启用自动缩排。

在文件中高亮地显示变量之后，使用 Text|Evaluate Selection 命令，或在 M-文件中右击，在弹出的快捷菜单中选择 Evaluate Selection 命令，可以在命令窗口中显示所选中的变量名和它的值。还有一种方法可以计算变量值：进入命令窗口并输入它的名称。但是，这个方法要求用户离开编辑器/调试器窗口。

在执行了文件之后，用户可以在 Datatip 中查看一个变量的值。Datatip 是当用户将光标放在一个变量的左边时所出现的一个窗口。在用户移动光标之前，变量的值仍然在看得见的地方。在调试模式中，Datatip 总是打开的；但是，在编辑模式中，Datatip 在默认情况下总是关闭了的。用户也可以通过使用 File | Preferences 命令打开它们。此外，用户还可以在数组编辑器中查看数组的值。

在以下的讨论中，当本书示意应该“计算变量的值”时，用户就可以使用这些方法中的任何一种方法。

6.8.2 Debug 菜单

Debug 菜单主要用来设置/清除断点(Breakpoint)和运行文件。

1. Set/Clear Breakpoint、Clear Breakpoints in All Files 命令

用户可以选择 Debug | Set/Clear Breakpoint 命令设置/清除断点。在设置了断点后，Debug 菜单还允许用户清除所有的断点，选中 Clear Breakpoints in All Files 命令即可。

大部分调试会话都是从设置断点开始的。断点在一个指定行处停止执行 M-文件，并且其允许用户在恢复执行之前查看或者修改函数工作空间中的值。要设置一个断点，可以将光标放在文本行之中，然后再单击工具栏中的断点图标或者选择 Debug|Set/Clear Breakpoints 命令。用户还可以通过右击文本行，在弹出的右键快捷菜单中选择 Set/Clear Breakpoint 命令来设置一个断点。文本行旁边的红色圆圈用来指出是在哪一行设置了一个断点。如果选中作为断点的文本行是不可执行的语句，那么就在下一个可执行的命令行处设置断点。

2. Debug 菜单的其他命令

如果用户的代码产生了一条警告、一个错误或者一个 NaN 或者 Inf 值，那么 Debug 菜单还允许用户中断 M-文件的执行(选中 Stop if Errors/Warnings 菜单项)。

使用 Debug 菜单上的 Step、Step In 和 Step Out 菜单项，在已经设置了断点和运行文件之后单步执行用户的文件。单击 Step 菜单项，查看一次只执行一步的脚本执行。选择 Step In 菜单项，就可以进入被调用函数中的第一个可执行行。在被调用函数中，选择 Step Out 菜单项可以运行该函数的其余部分，并同时返回调用程序。

命令行文本左边的深绿色箭头指示出所要执行的下一个命令行。当这个箭头改变为浅绿色箭头时，MATLAB 控制现在就处在正在被调用的函数之中。在函数完成它的操作之后，执行返回到具有深绿色箭头的命令行。在执行暂停或者函数完成了操作的下一个命令行处，箭头变成黄色。当程序暂停时，用户可以使用命令窗。或者数组编辑器给一个变量赋予新值。

选择 Go Until Cursor 菜单项运行文件，直到它到达光标所在的命令行为止，这个过程在光标处设置了临时断点。如果用户愿意，还可以通过选择 Run(或者如果已经做了一些修改，那么单击 Save and Run)菜单项直接从 Debug 菜单保存和执行用户的程序。用户并不需要预先设置任何断点。选择 Exit Debug Mode 菜单项可以返回到正常的编辑状态。要保存用户已经对程序所做了的任何修改，首先要退出调试模式，然后再保存文件。

6.8.3 Stack 菜单

MATLAB 给每个 M-文件函数分配它自己的工作空间，这也被称为函数工作空间，这与 MATLAB 的基本工作空间不同。当用户通过使用编辑器/调试器工具栏右侧的 Stack 菜单调试 M-文件时，用户就可以访问基本工作空间和函数工作空间。而且只有在调试模式时，用户才能使用 Stack 菜单，在其他情况下，它都是灰色的。基本工作空间是命令窗所使用的工作空间。

如果不使用 global 命令来明确声明某变量是一个全局变量，那么在一个函数内部所创建的所有变量对于那个函数都是局部变量。本书认为：基本工作空间和函数工作空间为对象的“堆栈(stack)”。堆栈增长和下降意味着进入和退出各种工作空间。

6.8.4 设置首选项

要为编辑器/调试器设置首选项，可以从 File 菜单选中 Preferences 菜单项。这将打开有多个选项的对话框。这里，本书所提及的两个有用选项要牢记在心。在 Display 首选项的下面，用户可以选择显示或者不显示行号和 Datatip。

在 Keyboard 的下面，用户可以选择编辑器在编辑的时候使用圆括号匹配。

6.8.5　查找故障

编辑器/调试器对于纠正运行时错误非常有用，这是因为它允许用户访问函数工作空间并且检查或者修改其中所包含的值。现在，本书将单步执行一个示例调试会话。尽管这个示例的 M-文件比大部分的 MATLAB 代码都简单，但是这里所说明的调试概念却可以推广应用。

首先，创建一个名为 fun1.m 的 M-文件，它接受一个输入矢量并且返回矢量中那些大于平均值(均值)的数量值。这个文件调用另一个名为 fun2.m 的 M-文件，fun2.m 文件在给定矢量以及其平均值的情况下，计算矢量中值大于平均值的数量。

```
function y = fun1(x)
avg = sum(x)/length(x);
y = fun2(avg,x);
```

按以上所示的代码创建 fun1.m 文件，并且人为地设置一个故障。然后，创建文件 fun2.m，其如下所示：

```
function above = fun2(x,avg)
above = length(find(x>avg));
```

使用一个可以通过手算的简单测试示例。例如，使用矢量 v = [1, 2, 3, 4, 10]。它的平均值是 4，并且其中包含一个大于平均值的 10。现在，调用函数 fun1 来对它进行测试。

```
>>above = fun1([1,2,3,4,10])
```

至少有一个函数(fun1.m 或者 fun2.m)的运行有错误。本书将使用编辑器/调试器图形界面查找错误。用户还可以通过命令窗提示符使用调试函数。

如果用户已经使用编辑器/调试器窗口创建了这两个 M-文件，那么也可以就此继续。如果用户已经使用了一个外部的文本编辑器来创建这两个 M-文件，那么启动编辑器/调试器，然后再打开这两个 M-文件。用户将看到屏幕底部有两个标签，分别标名为 fun1.m 和 fun2.m。使用这些标签可以在这两个文件之间进行切换。

1. 设置断点

在开始调试会话时，用户并不确定错误在哪里。插入一个断点的合理位置应该是在 fun1.m 中平均值计算的后面。进入 fun1.m 的编辑器/调试器窗口，并且通过使用工具栏上的 Set Breakpoint 按钮在第 3 行上(y = fun2(avg,x))设置一个断点。行的左边指出了行号。

注意：

要了解变量 avg 的值，用户必须在计算 avg 值后的任何一行中设置断点。

2. 检查变量

要运行程序到断点之处并检验感兴趣的值，首先要通过输入 fun1([1, 2, 3, 4, 10])而从命令窗口执行该函数。当 M-文件执行到一个断点处暂停时，文本左边的绿色箭头就会指示出将要执行的下一个命令行。通过高亮地显示变量名，然后再右击，在弹出的右键快捷菜单中选中 Evaluate Selection 命令来对 avg 的值进行检查。现在，用户应该看到命令窗口中显示出 avg=4。由于这个 avg 的值是正确的值，所以错误必定存在于第 3 行中对 fun2 函数的调用，或者存在于 fun2.m 文件之中。

注意：

提示符已经改变为 K>>，这代表“键盘(keyboard)”。使用这个提示符，用户可以在不打断程序执行的情况下，从命令窗口中输入命令。假设用户已经发现一个函数的输出不正确。此时仍要继续进行调试，用户就可以在 K>>提示符处输入变量的正确值。

3. 改变工作空间

使用调试器窗口工具栏右侧的 Stack 下拉菜单来改变工作空间。要看到基本工作空间的内容，可以从 Stack 菜单中选择 Base Workspace 菜单项。使用 whos 或者工作空间浏览器图形界面以检查工作空间的内容。用户在当前会话中已经创建了的任何变量都会出现在列表之中。

注意：

变量 avg 和 x 并不会出现，这是因为它们是函数 fun1 的局部变量。

类似的，用户要看到 fun1.m 工作空间中的内容，可以从 Stack 菜单选中 fun1，并且在命令窗中输入 whos。然后就将看到窗口中显示了局部变量 avg 和 x。

4. 单步执行代码和继续执行

通过将光标放在命令行上，并同时单击 Clear Breakpoints 按钮，就可以清除 fun1.m 中第 3 行上的断点(或者右击命令行，在弹出的快捷菜单中选择 Set/Clear Breakpoint 命令)。通过单击调试器工具栏上的 Continue 按钮，就可以继续执行 M-文件。打开 fun2.m 文件，并且在第 2 行处设置一个断点，查看程序是否将 x 和 avg 的正确值传递给了函数。在命令窗中，输入 above=fun1([1,2,3,4,10])。高亮显示第 2 行表达式中的变量 x：above =length(find (x>avg));，右击它，并且从右键快捷菜单中选择 Evaluate Selection 命令。用户就将在命令窗中看到 x = 4。这个值是不正确的结果，这是因为 x 应该是[1,2,3,4,10]。现在，用相同的方法了解第 2 行中的变量 avg 值。用户应该在命令窗中看到 avg = [1,2,3,4,10]。这个值也是不正确的结果，这是因为 avg 应该等于 4。

所以，在 fun1.m 程序第 3 行的函数调用中颠倒了 x 和 avg 的值。这一行应该是 y = fun2(x,avg)。清除所有的断点，并通过选中 Debug 菜单上的 Exit Debug Mode 菜单项退出调试模式。编辑命令行并纠正错误、保存文件，然后再次运行测试示例。用户就应该得到正确的答案。

6.8.6 调试一个循环

循环没有执行正确的次数(如 for 和 while 循环)，这是一个常见的错误来源。以下函数文件 invest.m(其中有一个人为设置的故障)试图计算一个储蓄账户中将积累的钱数。如果第 *k* 年年终存款的钱数为 *x*(*k*)，*k* = 1, 2, 3,…(那一年的利息计算并不包含在这个钱数之中)，那么这个账户每年所提取的利息复合利率是 *r* %。

```
function z = invest(x,r)
z = 0;
y = 1 + 0.01*r;
for k = 1:length(y)
    z = z*y + x(k);
end
```

要检验这个函数，可以使用以下的测试示例，然后用户就可以很容易地通过手算计算它的结果。假设用户 3 年之内在一个支付 10 %利息的银行里分别存储了$ 1000、$ 1500 和$ 2000。在第一年的年终，储蓄额将为$ 1000；在第二年的年终，储蓄额将为$ 1000(1.1) + $ 1500 = $ 2600；而在第三年的年终，储蓄额将为$ 2600(1.1) + $ 2000 = $ 4860。在创建并且保存了函数 invest.m 之后，用户就可按如下方式在命令窗中调用函数：

```
>>total = invest([1000,1500,2000],10)
```

这个结果并不正确(答案应该是 4860)。要查出错误，可以在第 5 行上(即包含文本 z=z*y + x(k);的命令行)设置一个断点。并通过输入 total = invest([1000,1500,2000],10))而从命令窗运行该函数。在断点处，程序停止执行。检查 z、y 和 k 的值。这些值分别是 z = 0、y = 1.1 和 k = 1，这是正确的运行值。接下来，选择 Debug | Step 命令。绿箭头移到了包含 end 语句的文本行。再检查变量的值。它们是 z = 1000 和 k = 1，这也是正确的运行值。再次选择 Debug | Step 命令，并且再对 z 和 k 的值进行检查。它们仍然是 z = 1000 和 k = 1，这还是正确的运行值。最后，再次选择 Debug | Step 命令，并且再次检查 z 和 k 的值。用户就应该在命令窗中看到以下内容：

```
>> z??? Undefined function or variable 'z'.(未定义的函数或者变量'z'。)
>> k??? Undefined function or variable 'k'. (未定义的函数或者变量'k'。)
```

因此，程序只经过了 1 次循环，而不是 3 次循环。错误在于 k 的上限，它应该是 length(x)而不是 length(y)。

6.9 习　题

1. 假设 x = [-3, 0, 0, 2, 5, 8]且 y = [-5, -2,0, 3, 4, 10]。通过手算得到以下运算的结果，并

使用 MATLAB 检验计算的结果。

(1) z = y<~x

(2) z = x&y

(3) z = x|y

(4) z = xor(x,y)

2. 在 MATLAB 中使用一个循环确定：如果用户最初在一个银行账户中存储$ 10000，并且在每年的年终再存储$10000(银行每年支付 6%的利息)，那么账户上要积累$ 1000000 需要多长时间。

3. 某个特定的公司生产和销售高尔夫手推车。每周周末，公司都将那一周所生产的手推车转移到仓库(库存)之中。卖出的所有手推车都是从库存中提取。这个过程的一个简单模型为：

$$I(k+1) = P(k) + I(k) - S(k)$$

其中：$P(k)$ = 第 k 周所生产的手推车数量；$I(k)$ = 第 k 周库存中的手推车数量；$S(k)$ = 第 k 周所卖出的手推车数量。

表 6-9 为 10 周计划中的每周销售额。

表 6-9　10 周计划中的每周销售额

周	1	2	3	4	5	6	7	8	9	10
销　售　额	50	55	60	70	70	75	80	80	90	55

假设每周的产量都基于前一周的销售额，所以有 $P(k) = S(k-1)$。假设第一周的产量为 50 辆手推车，即 $P(1) = 50$。

编写一个 MATLAB 程序计算：10 周之内每周库存之中的手推车数量或者计算手推车库存数量减少到 0 为止的时间，并同时绘制图形。针对以下两种情况运行该程序。

(1) 初始库存为 50 辆手推车，所以 $I(1)$=50。

(2) 初始库存为 30 辆手推车，所以 $I(1)$=30。

第7章　MATLAB的符号处理

符号运算工具箱将符号计算和数值计算在形式和风格上统一。MATLAB 提供了强大的符号运算功能，可以替代其他的符号运算专用计算语言。MATLAB 符号计算的功能有以下几方面。

- 计算：微分、积分、求极限、求和及 Taylor 展开等。
- 线性代数：矩阵求逆，计算矩阵行列式、特征值、奇异值分解和符号矩阵的规范化。
- 化简：化简代数表达式。
- 方程求解：代数方程和微分方程的求解。
- 特殊的数学函数：经典应用数学中的特殊方程。
- 符号积分变换：包括傅立叶变换、拉普拉斯变换、Z 变换及相应的逆变换。

另外，MATLAB 也与其他语言有良好的接口，有良好的交互性。

本章学习目标

- ☑ 掌握基本符号运算
- ☑ 掌握符号函数图形绘制
- ☑ 掌握符号微积分的运算
- ☑ 掌握符号方程的求解方法
- ☑ 掌握符号积分变换
- ☑ 了解 mfun 函数的使用
- ☑ 了解符号函数计算器的使用

7.1　符号运算简介

本节介绍符号运算的基本知识，包括符号对象的属性、符号变量、符号表达式和符号方程的生成等基本符号操作。

7.1.1　符号对象

符号对象是符号工具箱中定义的另一种数据类型。符号对象是符号的字符串表示。在符号工具箱中符号对象用于表示符号变量、表达式和方程。例 7-1 说明了符号对象和普通的数据对象之间的差别。

例 7-1　符号对象和普通数据对象之间的差别。

在命令窗口中输入如下命令：

```
>> sqrt(2)
ans =
     1.4142
>> x=sqrt(sym(2))
x =
2^(1/2)
```

由本例可以看出，当采用符号运算时，并不计算出表达式的结果，而是给出符号表达。如果查看符号 x 所表示的值，在窗口中输入：

```
>> double(x)
ans =
     1.4142
```

另外，对符号进行的数学运算与对数值进行的数学运算并不相同，见例 7-2。

例 7-2　符号运算和数值运算之间的差别。

```
>> sym(2)/sym(5)
ans =
2/5
```

两个符号进行运算，结果为分数形式。继续输入：

```
>> 2/5 + 1/3
ans =
     0.7333
>> sym(2)/sym(5) + sym(1)/sym(3)
ans =
11/15
>> double(sym(2)/sym(5) + sym(1)/sym(3))
ans =
     0.7333
```

由本例可以看出，当进行数值运算时，得到的结果为 double 型数据；采用符号进行运算时，输出的结果为分数形式。

本节介绍的仅仅是关于符号的初级知识，关于符号的更多用法和性质，会在后面的章节中依次做介绍。

7.1.2　符号变量和表达式的生成

MATLAB 中有两个函数用于符号变量、符号表达式的生成，这两个函数为 sym 和 syms，分别用于生成一个或多个符号对象。

1. sym 函数

sym 函数可以用于生成单个的符号变量。在 7.1.1 节中已经初步涉及了 sym 函数，本节将要详细介绍该函数。该函数的调用格式有以下几种。

- S = sym(A)：如果参数 A 为字符串，则返回的结果为一个符号变量或者一个符号数值；如果 A 是一个数字或矩阵，则返回结果为该参数的符号表示。
- x = sym('x')：该命令用于创建一个符号变量，该变量的内容为 *x*，表达式为 *x*。
- x = sym('x','real')：指定符号变量 *x* 为实数。
- x = sym('x','unreal')：指定 *x* 为一个纯粹的变量，而不具有其他属性。
- S = sym(A,flag)：其中参数 flag 可以为'r', 'd', 'e'，或者'f'中的一个。该函数将数值标量或者矩阵转化为参数形式，该函数的第二个参数用于指定浮点数转化的方法，该函数各个取值的意义如表 7-1 所示。

表 7-1　flag 参数的可选值及其意义

参　数	说　明
r	有理数
d	十进制数
e	估计误差
f	浮点数，将数值表示为 '1.F'*2^(e)或者 '-1.F'*2^(e)的格式，其中 F 为 13 位十六进制数，e 为整数

例 7-3　用 sym 函数生成符号表达式 $b\sin(x)+ae^x$。

采用两种方法生成，首先使用逐个变量法。在命令窗口中输入：

```
>> a=sym('a');
>> b=sym('b');
>> x=sym('x');
>> e=sym('e');
>> f=a*e^x+b*sin(x)
f =
b*sin(x) + a*e^x
```

采用整体定义法：

```
>> f=sym('a*e^x+b*sin(x)')
f =
b*sin(x) + a*e^x
```

由本例可以看出，在使用 sym 函数整体定义时，将整个表达式用单引号括起来，再利用 sym 函数定义，得出与单独定义相同的结果，同时减少了输入。

2. syms 函数

syms 用于一次生成多个符号变量，但是不能用于生成表达式。该函数的调用格式如下。

- syms arg1 arg2 ...：定义多个符号变量。该命令与 arg1=sym('arg1'); arg2=sym('arg2'); ...作用相同。
- syms arg1 arg2 ... option：option 可以是“real”、“unreal”等，将定义的所有符号变量指定为 option 定义的类型。

syms 函数的输入参数必须以字母开头，并且只能包括字母和数字。该函数的具体用法见例 7-4。

例 7-4　用函数 syms 定义符号变量。

```
>> syms a b
>> f=a+b
f =
a + b
>> syms x y 5
Error using syms>getnames (line 95)
Not a valid variable name.
Error in syms (line 59)
[vars,funs,control] = getnames(varargin);
>> syms x y f1
```

在上面的代码中，第一条语句同时定义了两个符号变量；第二条语句定义了一个符号表达式；在第三条语句中，由于指定的变量名为数字，因此系统提示出错；第四条语句定义了 3 个符号变量，其中的第三个变量变量名以字母开始，其中含有数字。

MATLAB 中一种特殊的符号表达式为复数，创建复数符号变量可以有两种方法：直接创建法和间接创建法。下面以例 7-5 说明复数符号变量的创建。

例 7-5　复数符号变量的创建。

在命令窗口中输入如下命令：

```
>> z=sym('x+i*y')
z =
x + y*i
>> expand(z^2)
ans =
x^2 + x*y*(2*i) - y^2
>> abs(z)
ans =
abs(x + y*i)
```

上面的代码中以直接方法创建了一个复数符号变量 z，并对该变量进行计算。采用下面的方式同样可以创建复数符号变量。

```
>> clear
>> syms x y real
>> z=x+i*y
z =
x + y*i
>> abs(z)
ans =
abs(x + y*i)
```

比较上面两段代码可以看出，用两种方法创建的复数变量结果相同。

7.1.3　findsym 函数和 subs 函数

本节介绍两个非常重要的函数：findsym 函数和 subs 函数。

1. findsym 函数

该函数用于确定一个表达式中的符号变量。见例 7-6。

例 7-6　通过 findsym 函数确定表达式中的符号变量。

```
>> syms a b c x
>> f=a*x^2+b*x+c
f =
a*x^2 + b*x + c
>> findsym(f)
ans =
a,b,c,x
>> a1=1;b1=2;c1=1;
>> g=a1*x^2+b1*x+c1
g =
x^2 + 2*x + 1
>> findsym(g)
ans =
x
```

在本例中，表达式 f 中包含 4 个符号变量，表达式 g 中包含 1 个符号变量，其他变量为普通变量。

findsym 函数通常由系统自动调用，在进行符号运算时，系统调用该函数确定表达式中的符号变量，执行相应的操作。

2. subs 函数

subs 函数可以将符号表达式中的符号变量用数值代替。该函数的具体用法见例 7-7。

例 7-7　subs 函数的用法。

```
>> f=sym('x+sin(x)')
f =
x + sin(x)
>> subs(f,pi/4),subs(f,pi/2)
ans =
    1.4925
ans =
    2.5708
```

本例的代码中使用 subs 函数，将表达式 f 中的符号变量 *x* 用数值代替，计算表达式的值。如果表达式中含有多个符号变量，在使用该函数时，需指定需要代入数值的变量。见例 7-8。

例 7-8　subs 函数在多符号变量表达式中的应用。

```
>> f=sym('x^2+y^2')
f =
x^2 + y^2
>> g=subs(f,x,3)
g =
y^2 + 9
>> subs(g,4)
ans =
    25
```

本例中，首先创建了抛物面的符号表达式，继而求解当 x=3、y=4 时该表达式的值。在用 subs 函数时，每次只能代入一个变量的值，如果需要代入多个变量的值，可以分步进行。

在对多变量符号表达式使用 subs 函数时，如果不指定变量，则系统选择默认变量进行计算。默认变量的选择规则为：对于只包含一个字符的变量，选择靠近 *x* 的变量作为默认变量；如果有两个变量和 *x* 之间的距离相同，则选择字母表后面的变量作为默认变量。如，继续在命令窗口中输入下面的代码：

```
>> h=subs(f,3)
h =
y^2 + 9
>> subs(h,4)
ans =
    25
```

得到了与例 7-8 相同的结果。

7.1.4　符号和数值之间的转化

在 7.1.2 节中已经介绍了 sym 函数，该函数用于生成符号变量，也可以将数值转化为符号变量。转化的方式由参数“flag”确定。flag 的取值及具体意义在 7.1.2 节中已经叙述过，这里不再叙述，仅以例 7-9 来介绍其具体结果。

例 7-9　使用 sym 函数将数值转化为符号变量时的参数结果比较。

```
>> clear
>> t=0.2;
>> sym(t)
ans =
1/5
>> sym(t,'r')
ans =
1/5
>> sym(t,'f')
ans =
3602879701896397/18014398509481984
>> sym(t,'d')
ans =
0.20000000000000001110223024625157
>> sym(t,'e')
ans =
eps/20 + 1/5
```

在本例的代码中，可以看出：sym 的默认参数为“r”，即有理数形式。

sym 的另一个重要作用为将数值矩阵转化为符号矩阵。见例 7-10。

例 7-10　将数值矩阵转化为符号矩阵。

```
>> A=magic(3)./10
A =
    0.8000    0.1000    0.6000
    0.3000    0.5000    0.7000
    0.4000    0.9000    0.2000
>> sym(A)
ans =
[  4/5, 1/10,  3/5]
[ 3/10,  1/2, 7/10]
[  2/5, 9/10,  1/5]
```

7.1.5　任意精度的计算

符号计算的一个非常显著的特点是：在计算过程中不会出现舍入误差，从而可以得到任意精度的数值解。如果希望计算结果精确，可以用符号计算来获得符合用户要求的计算精度。符号计算相对于数值计算而言，需要更多的计算时间和存储空间。

MATLAB 工具箱中有 3 种不同类型的算术运算。

- 数值型：MATLAB 的浮点数运算。
- 有理数类型：Maple 的精确符号运算。
- VPA 类型：Maple 的任意精度算术运算。

看下面的代码：

```
>> format long
>> 1/2+1/3
ans =
    0.83333333333333
```

得到浮点运算的结果。

```
>> sym(1/2)+1/3
ans =
5/6
```

得到符号运算的结果。

```
>> digits(25)
>> vpa('1/2+1/3')
ans =
0.8333333333333333333333333
```

得到指定精度的结果。

在 3 种运算中，浮点运算速度最快，所需的内存空间最小，但是结果精确度最低。双精度数据的输出位数由 format 命令控制，但是在内部运算时采用的是计算机硬件所提供的 8 位浮点运算。而且，在浮点运算的每一步，都存在一个舍入误差，如上面的运算中存在三步舍入误差：计算 1/3 的舍入误差，计算 1/2+1/3 的舍入误差，以及将最后结果转化为十进制输出时的舍入误差。

符号运算中的有理数运算，其时间复杂度和空间复杂度都是最大的，但是，只要时间和空间允许，能够得到任意精度的结果。

可变精度的运算速度和精确度均位于上面两种运算之间。其具体精度由参数指定，参数越大，精确度越高，运行越慢。

7.1.6 创建符号方程

1. 创建抽象方程

MATLAB 中可以创建抽象方程，即只有方程符号，没有具体表达式的方程。若要创建方程 f (x)，并计算其一阶微分的方法如下：

```
>> f=sym('f(x)');
>> syms x h;
```

```
>> df = (subs(f,x,x+h)-f)/h
df =
(f(h + x) - f(x))/h
```

抽象方程在积分变换中有着很多的应用。

2. 创建符号方程

创建符号方程的方法有两种：利用符号表达式创建和创建 M 文件。下面分别介绍这两种方法。

首先介绍利用符号表达式的方法。即可以先创建符号变量，通过符号变量的运算生成符号函数，也可以直接生成符号表达式，见例 7-11。

例 7-11　利用符号表达式创建符号方程。

```
>> syms a b x
>> f=a*sin(x)+b*cos(x)
f =
b*cos(x) + a*sin(x)
>> g=sym('x^2+y^2+z^2')
g =
 x^2 + y^2 + z^2
```

本例通过表达式创建了符号方程。对符号方程可以进行求导和代入数值等操作。

下面介绍通过 M 文件创建符号方程的方法。对于复杂的方程，更适合于用 M 文件创建。其创建方法见例 7-12。

例 7-12　创建方程 sin(x)/x，当 x=0 时函数值为 0。

```
function z = sinc(x)
if isequal(x,sym(0))
    z = 1;
else
    z = sin(x)/x;
end
```

在命令窗口中输入如下命令：

```
>> syms x y
>> sinc(x)
ans =
sin(x)/x
>> sinc(y)
ans =
sin(y)/y
```

利用 M 文件创建的函数，可以接受任何符号变量作为输入，作为生成函数的自变量。

7.2　符号表达式的化简与替换

7.2.1　符号表达式的化简

多项式的表示方式可以有多种，如多项式$x^3-6x^2+11x-6$还可以表示为$(x-1)(x-2)(x-3)$或$-6+(11+(-6+x)x)x$。这 3 种表示方法分别针对不同的应用目的。第一种方法是多项式的常用表示方法，第二种方法便于多项式求根，第三种方法为多项式的嵌套表示，便于多项式求值。本节介绍符号表达式的化简。

MATLAB 中 collect、expand、horner、factor、simplify 和 simple 函数分别实现符号表达式的化简。下面详细介绍这些函数。

1. collect

该函数用于合并同类项，具体调用格式如下。

- R = collect(S)：合并同类项。其中 *S* 可以是数组，数组的每个元素为符号表达式。该命令将 *S* 中的每个元素进行合并同类项。
- R = collect(S,v)：对指定的变量 *v* 进行合并，如果不指定，则默认为对 *x* 进行合并，或者由 findsym 函数返回的结果进行合并。

具体见例 7-13。

例 7-13　利用 collect 函数进行合并同类项。

```
>> S=sym('x^2*y+x^2+2*x*y+x+x*y^2+y^2+y')
S =
x^2*y + x^2 + x*y^2 + 2*x*y + x + y^2 + y
>> S1=collect(S)
S1 =
(y + 1)*x^2 + (y^2 + 2*y + 1)*x + y^2 + y
>> S2=collect(S,y)
S2 =
(x + 1)*y^2 + (x^2 + 2*x + 1)*y + x^2 + x
>> pretty(S1)
              2        2                2
   (y + 1) x   + (y   + 2 y + 1) x + y   + y
>> pretty(S2)
              2        2                2
   (x + 1) y   + (x   + 2 x + 1) y + x   + x
```

本例中对多项式 *S* 分别基于 *x* 和 *y* 进行了同类项合并，并且将结果表示为手写形式，从结果可以看出对两个变量进行合并的差别。

2. expand

expand 函数用于符号表达式的展开。其操作对象可以是多种类型，如多项式、三角函数、指数函数等。

例 7-14　符号表达式的展开。

```
>> syms x y;
>> f=(x+y)^3;
>> expand(f)
ans =
x^3 + 3*x^2*y + 3*x*y^2 + y^3
>> expand(sin(x+y))
ans =
cos(x)*sin(y) + cos(y)*sin(x)
>> expand(exp(x+y))
ans =
exp(x)*exp(y)
```

本例中列出的只是一些简单的例子。用户可以利用 expand 函数对任意的符号表达式进行展开。

3. horner

horner 函数将函数转化为嵌套格式。嵌套格式在多项式求值中可以降低计算的时间复杂度。该函数的调用格式为：

```
R = horner(P)
```

其中，P 为由符号表达式组成的矩阵，该命令将 P 中的所有元素转化为相应的嵌套形式。其应用见例 7-15。

例 7-15　horner 函数的应用。

```
>> syms x y;
>> f=expand((x-2)^3)
f =
x^3 - 6*x^2 + 12*x - 8
>> horner(f)
ans =
x*(x*(x - 6) + 12) - 8
>> g=x^3+3*x+1;
>> h=3*y^2+4*y+7;
>> horner([g,h])
ans =
[ x*(x^2 + 3) + 1, y*(3*y + 4) + 7]
```

本例中实现将多项式转化为嵌套形式。需要注意的是，如果待转化的表达式是因式乘积的形式，则将每个因式均转化为嵌套形式，见例 7-16。

例 7-16　horner 函数的继续应用。

```
>> f = (x^2+x+1)*(x^3+1)
f =
(x^3 + 1)*(x^2 + x + 1)
>> horner(f)
ans =
x*(x*(x*(x*(x + 1) + 1) + 1) + 1) + 1
>> horner(expand(f))
ans =
x*(x*(x*(x*(x + 1) + 1) + 1) + 1) + 1
>> horner(f+1)
ans =
x*(x*(x*(x*(x + 1) + 1) + 1) + 1) + 2
```

4. factor

该函数实现因式分解功能，如果输入的参数为正整数，则返回此数的素数因数。见例 7-17。

例 7-17　factor 函数的应用。

```
>> sym x;
>> g=4*x^3+x^4+8*x+5*x^2+6
g =
x^4 + 4*x^3 + 5*x^2 + 8*x + 6
>> h=factor(g)
h =
(x + 3)*(x + 1)*(x^2 + 2)
>> factor(84)
ans =
     2     2     3     7
>> factor(sym('84'))
ans =
2^2*3*7
```

在本例中，如果输入参数为数值，则返回该数的全部素数因子；如果输入参数为数值型符号变量，则返回该数的因数分解形式。

5. simplify

该函数实现表达式的化简，化简所选用的方法为 Maple 中的化简方法。其应用见例 7-18。

例 7-18　函数 simplify 的使用。

```
>> simplify(sin(x)^2 + cos(x)^2)
ans =
1
```

```
>> syms a b c
>> simplify(exp(c*log(sqrt(a+b))))
ans =
(a + b)^(c/2)
>> S = [(x^2+5*x+6)/(x+2),sqrt(16)];
>> R = simplify(S)
R =
[ x + 3, 4]
```

6. simple

该函数同样可以实现表达式的化简，并且该函数可以自动选择化简所采用的方法，最后返回表达式的最简单的形式。函数的化简方法包括：simplify、combine(trig)、radsimp、convert(exp)、collect、factor、expand 等。该函数的调用格式如下。

- r = simple(S)：该命令尝试多种化简方法，显示全部化简结果，并且返回最简单的结果；如果 S 为矩阵，则返回使矩阵最简单的结果。但是对于每个元素而言，则并不一定是最简单的。
- [r,how] = simple(S)：该命令在返回化简结果的同时返回化简所使用的方法。

具体见例 7-19。

例 7-19　simple 函数的应用。

```
>> syms x;f = cos(x) + i*sin(x);simple(f)
simplify:
cos(x) + sin(x)*i
radsimp:
cos(x) + sin(x)*i
simplify(100):
cos(x) + sin(x)*i
combine(sincos):
cos(x) + sin(x)*i
combine(sinhcosh):
cos(x) + sin(x)*i
combine(ln):
cos(x) + sin(x)*i
factor:
cos(x) + sin(x)*i
expand:
cos(x) + sin(x)*i
combine:
cos(x) + sin(x)*i
rewrite(exp):
exp(x*i)
rewrite(sincos):
```

```
cos(x) + sin(x)*i
rewrite(sinhcosh):
cosh(x*i) + sinh(x*i)
rewrite(tan):
(tan(x/2)*2*i)/(tan(x/2)^2 + 1) - (tan(x/2)^2 - 1)/(tan(x/2)^2 + 1)
mwcos2sin:
sin(x)*i - 2*sin(x/2)^2 + 1
collect(x):
cos(x) + sin(x)*i
ans =
exp(x*i)
>>[r,how] = simple(2*cos(x)^2-sin(x)^2)
r =
2 - 3*sin(x)^2
how =
simplify
>>f = cos(x)^2 + sin(x)^2;f = simple(f)
f =
1
>>g = cos(3*acos(x));g = simple(g)
g =
4*x^3 - 3*x
>> f = (x + 1)*x*(x - 1);[f, how] = simple(f)
f =
x^3 - x
how =
simplify(100)
```

7.2.2　符号表达式的替换

MATLAB 中，可以通过符号替换使表达式的形式简化。符号工具箱中提供了两个函数用于表达式的替换：subexpr 和 subs。

1. subexpr

该函数自动将表达式中重复出现的字符串用变量替换，该函数的调用格式如下。

- [Y,SIGMA] = subexpr(X,SIGMA)：指定用符号变量 SIGMA 来代替符号表达式(可以是矩阵)中重复出现的字符串。替换后的结果由 Y 返回，被替换的字符串由 SIGMA 返回。
- [Y,SIGMA] = subexpr(X,'SIGMA')：该命令与上面的命令不同之处在于第二个参数为字符串，该命令用来替换表达式中重复出现的字符串。

下面以例 7-20 来介绍该函数的用法。

例 7-20　subexpr 函数的用法。

对于三次函数 x^3+ax+1，利用 MATLAB 进行求解，可以得到下面的结果：

```
>> syms a x
>> s = solve(x^3+a*x+1)
s =
                                    ((a^3/27 + 1/4)^(1/2) - 1/2)^(1/3) - a/(3*((a^3/27 + 1/4)^(1/2) - 1/2)^(1/3))
   a/(6*((a^3/27 + 1/4)^(1/2) - 1/2)^(1/3)) - (3^(1/2)*(a/(3*((a^3/27 + 1/4)^(1/2) - 1/2)^(1/3)) + ((a^3/27
+ 1/4)^(1/2) - 1/2)^(1/3))*i)/2 - ((a^3/27 + 1/4)^(1/2) - 1/2)^(1/3)/2
   (3^(1/2)*(a/(3*((a^3/27 + 1/4)^(1/2) - 1/2)^(1/3)) + ((a^3/27 + 1/4)^(1/2) - 1/2)^(1/3))*i)/2 +
a/(6*((a^3/27 + 1/4)^(1/2) - 1/2)^(1/3)) - ((a^3/27 + 1/4)^(1/2) - 1/2)^(1/3)/2
```

上面得到的结果极为繁琐，但是仔细观察可以看出，“(a^3/27 + 1/4)^(1/2) - 1/2)^(1/3))”在表达式中多次出现，因此可以将其简化。在命令窗口中继续输入：

```
>> r=subexpr(s)
```

得到的结果为：

```
sigma =
(a^3/27 + 1/4)^(1/2) - 1/2
r =
                                              sigma^(1/3) - a/(3*sigma^(1/3))
  a/(6*sigma^(1/3)) - (3^(1/2)*(a/(3*sigma^(1/3)) + sigma^(1/3))*i)/2 - sigma^(1/3)/2
  (3^(1/2)*(a/(3*sigma^(1/3)) + sigma^(1/3))*i)/2 + a/(6*sigma^(1/3)) - sigma^(1/3)/2
```

该结果则简单易读。

2. subs

函数 subs 可以用指定符号替换表达式中的某一特定符号。该函数在 7.1.3 节中已经有简单介绍，本节介绍该函数的更多功能。该函数的调用格式如下。

- R = subs(S)：对于 S 中出现的全部符号变量，如果在调用函数或工作区间中存在相应值，则将值代入，如果没有相应值，则对应的变量保持不变。
- R = subs(S, new)：用新的符号变量替换 S 中的默认变量，即有 findsym 函数返回的变量。
- R = subs(S,old,new)：用新的符号变量替换 S 中的变量，被替换的变量由 old 指定，如果 new 是数字形式的符号，则数值代替原来的符号计算表达式的值，所得结果仍是字符串形式；如果 new 是矩阵，则将 S 中的所有 old 替换为 new，并将 S 中的常数项扩充为与 new 维数相同的常数矩阵。

例 7-21　subs 函数的应用。

```
>> x=sym('x');
>> f=x^2+1;
>> subs(f,3)
ans =
```

```
   10
>> A=magic(3)
A =
     8     1     6
     3     5     7
     4     9     2
>> subs(f,magic(3))
ans =
    65     2    37
    10    26    50
    17    82     5
```

7.3　符号函数图形绘制

图形在函数的理解中占有重要地位，因此 MATLAB 开发了强大的图形功能。强大的符号计算能力与图形功能为 MATLAB 用户提供了更多的便利。

本节介绍针对符号函数的图形绘制，对于普通变量及函数的图形将会在后续章节中介绍。

7.3.1　符号函数曲线的绘制

在大部分应用之中，用户最终希望从符号表达式中获得数据值或者一个图形。获得数据值的情况在 7.1 节已经进行了讲解，下面讲解获得图形的情况。

MATLAB 中，ezplot 函数和 ezplot3 函数分别实现符号函数二维和三维曲线的绘制。首先介绍 ezplot 函数。

ezplot 函数可以绘制显函数或隐函数的图形，也可以绘制参数方程的图形。

1. 显函数

对于显函数，其调用格式如下。

- ezplot(f)：绘制函数 f 在区间[-2π, 2π]内的图形。
- ezplot(f,[min,max])：绘制函数 f 在指定区间[min,max]内的图形。该函数打开标签为 Figure 1 的图形窗口，并显示图像。如果已经存在图形窗口，在该函数标签数最大的窗口中显示图形。
- ezplot(f,[xmin xmax],fign)：在指定的窗口 fign 中绘制函数的图像。

例 7-22　绘制余弦函数在区间[-2π, 2π]的图像。

在命令窗口中输入如下代码：

```
>> syms x
>> fcos = cos(x);
```

```
>> ezplot(fcos)
>> grid
```

得到的图形如图 7-1 所示。

2. 隐函数

对于隐函数，ezplot 函数的调用格式如下。

- ezplot(f)：绘制函数 $f(x,y)=0$ 在区间 $-2\pi<x<2\pi$，$-2\pi<y<2\pi$ 的图形。
- ezplot(f,[xmin,xmax,ymin,ymax])：绘制函数在 xmin < x < xmax、ymin < y < ymax 的图形。
- ezplot(f,[min,max])：绘制函数在 min < x < max、min < y < max 的图形。

例 7-23 绘制函数 $x^2-y^4=0$ 的图形。

在命令窗口输入如下代码：

```
>> syms x y
>> ezplot(x^2-y^4)
```

得到的图形如图 7-2 所示。

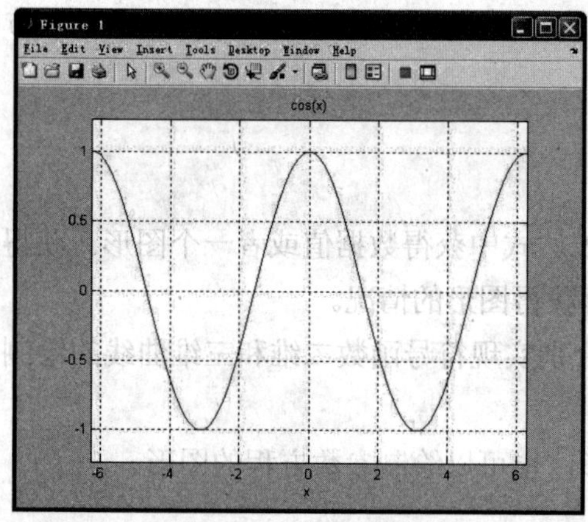

图 7-1 余弦函数图像

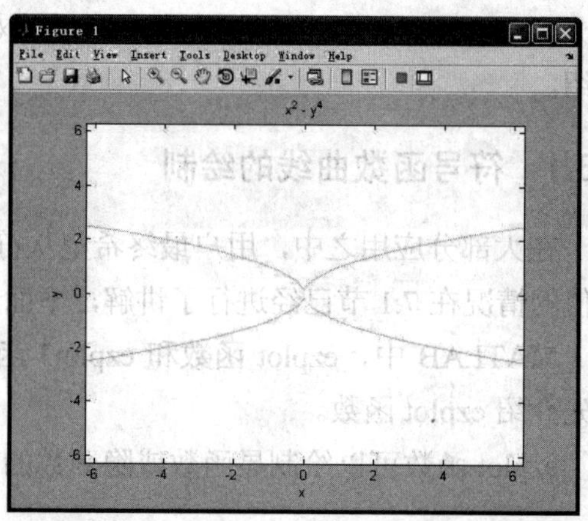

图 7-2 函数 $x^2-y^4=0$ 的图形

3. 参数方程

对于参数方程，ezplot 函数的调用格式如下。

- ezplot(x,y)：绘制参数方程 x = x(t)、y = y(t) 在 $0<t<2\pi$ 的曲线。
- ezplot(x,y,[tmin,tmax])：绘制参数方程 x = x(t)、y = y(t) 在 $0<t<2\pi$ 的曲线。

例 7-24 绘制螺旋曲线 $x=t\cos(t)$，$y=t\sin(t)$ 的图像。

在命令窗口输入如下代码：

```
>> syms x y t
>> x=t*cos(t);
>> y=t*sin(t);
>> ezplot(x,y)
```

得到图形如图 7-3 所示。

4. 三维参数曲线

ezplot3 函数也可用于绘制三维参数曲线。该函数的调用格式如下。

- ezplot3(x,y,z)：在默认区间 $0<t<2\pi$ 内绘制参数方程 x = x(t)，y = y(t)，z = z(t) 的图像。
- ezplot3(x,y,z,[tmin,tmax])：在区间 tmin < t < tmax 内绘制参数方程 x = x(t)、y = y(t)、z = z(t)的图像。
- ezplot3(...,'animate')：生成空间曲线的动态轨迹。

例 7-25　三维曲线的绘制。

绘制参数方程 $x=\sin t$， $y=\cos t$， $z=t$ 的图像。代码为：

```
>> x=cos(t);
>> y=sin(t);
>> z=t;
>> ezplot3(x,y,z,[0,6*pi]);
```

得到图形如图 7-4 所示。

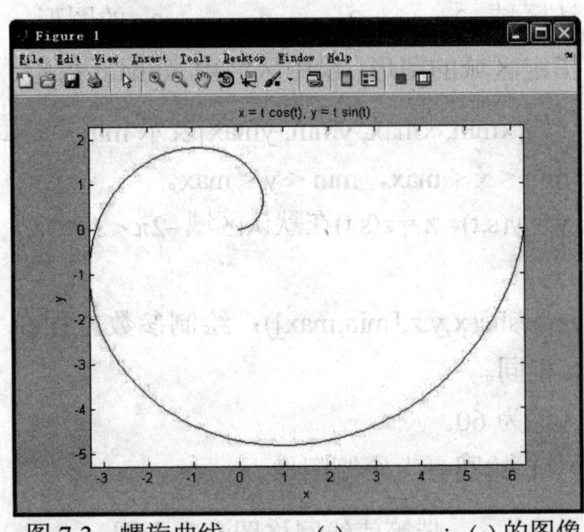

图 7-3　螺旋曲线 $x=t\cos(t)$， $y=t\sin(t)$ 的图像

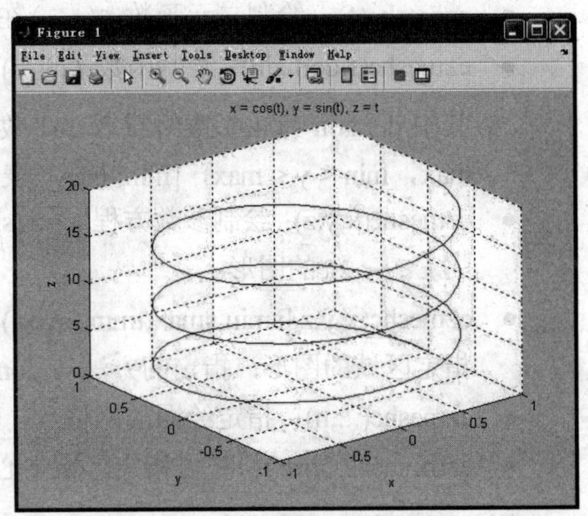

图 7-4　绘制参数方程图像示例

7.3.2　符号函数曲面网格图及表面图的绘制

MATLAB 中，函数 ezmesh、ezmeshc、ezsurf 及 ezsurfc 实现三维曲面的绘制。下面介绍这些函数。

1. ezmesh、ezsurf

ezmesh、ezsurf 函数分别用于绘制三维网格图和三维表面图。这两个函数的用法相同，下面以 ezmesh 函数为例介绍三维曲面的绘制。该函数的调用格式如下。

- ezmesh(f)：绘制函数 f(x,y)的图像。
- ezmesh(f,domain)：在指定区域绘制函数 f(x,y)的图像。
- ezmesh(x,y,z)：在默认区域绘制三维参数方程的图像。
- ezmesh(x,y,z,[smin,smax,tmin,tmax]) or ezmesh(x,y,z,[min,max])：在指定区域绘制三维参数方程的图像。

例 7-26　在图形窗口中绘制函数 $f(x,y)=xe^{-x^2-y^2}$ 的网格图和表面图。

```
>> syms x y
>> z=x*exp(-x^2-y^2);
>> subplot(1,2,1),ezmesh(z,[-2.5,2.5],30);
>> colormap([0 0 1])
>> subplot(1,2,2),ezsurf(z,[-2.5,2.5],30);
```

得到图形如图 7-5 所示。

2. ezmeshc、ezsurfc

这两个函数用于在绘制三维曲面的同时绘制等值线。下面以 ezmeshc 函数为例介绍这两个函数的用法。

- ezmeshc(f)：绘制二元函数 $f(x,y)$ 在默认区域 $-2\pi<x<2\pi$，$-2\pi<y<2\pi$ 的图形。
- ezmeshc(f,domain)：绘制函数 $f(x,y)$ 在指定区域的图形，绘图区域由 domain 指定，其中 domain 为 4×1 数组或者 2×1 数组。如[xmin, xmax, ymin, ymax]表示 min < x < max，min < y < max，[min, max] 表示 min < x < max，min < y < max。
- ezmeshc(x,y,z)：绘制参数方程 x = x(s,t)，y = y(s,t)，z = z(s,t)在默认区域 $-2\pi<s<2\pi$，$-2\pi<t<2\pi$ 的图形。
- ezmeshc(x,y,z,[smin,smax,tmin,tmax])，ezmeshc(x,y,z,[min,max])：绘制参数方程在指定区域的图形，指定的方法与 domain 相同。
- ezmeshc(...,n)：指定绘图的网格数，默认值为 60。
- ezmeshc(...,'circ')：在以指定区域中心为中心的圆盘上绘制图像。

例 7-27　在一幅图像中绘制函数 $f(x,y)=\dfrac{y}{1+x^2+y^2}$ 带等值线网格图和表面图。

在命令窗口中输入如下代码：

```
>> syms x y
>> f = y/(1 + x^2 + y^2);
>> subplot(1,2,1),ezmeshc(f,[-5,5,-2*pi,2*pi],30),title('mesh');
>> subplot(1,2,2),ezsurfc(f,[-5,5,-2*pi,2*pi],30),title('surf');
```

得到的图形如图 7-6 所示。

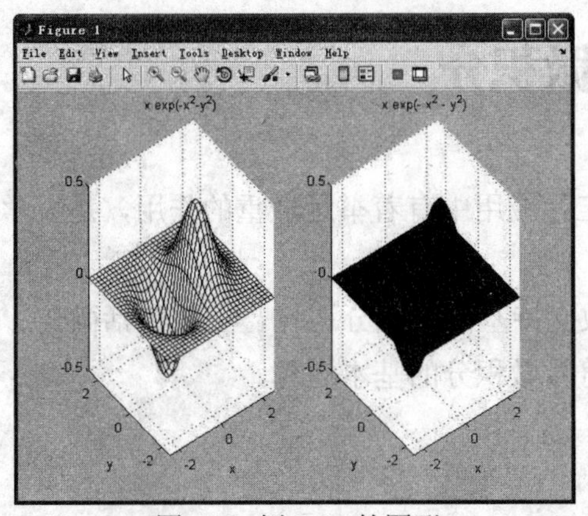

图 7-5　例 7-26 的图形

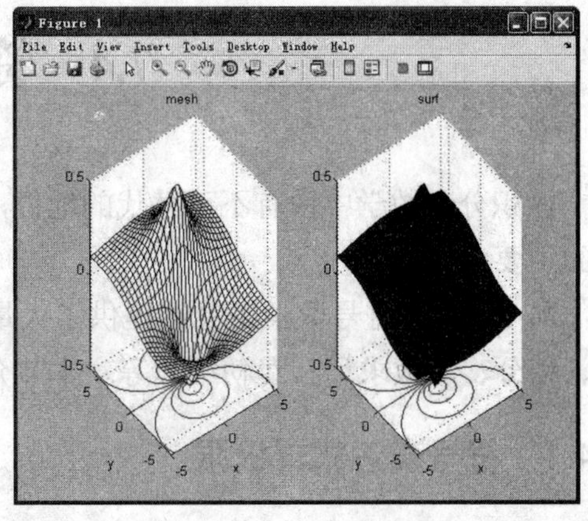

图 7-6　例 7-27 的图形

7.3.3　等值线的绘制

在 MATLAB 中，用于绘制符号函数等值线的函数有 ezcontour 和 ezcontourf，这两个函数分别用于绘制等值线和带有区域填充的等值线。下面以 ezcontour 函数为例介绍这两个函数的用法。该函数的调用格式如下。

- ezcontour(f)：绘制符号二元函数 f(x,y)在默认区域的等值线图。
- ezcontour(f,domain)：绘制符号二元函数 f(x,y)在指定区域的等值线图。
- ezcontour(...,n)：绘制等值线图，并指定等值线的数目。

例 7-28　绘制函数 $f(x,y)=3(1-x)^2\mathrm{e}^{-x^2-(y+1)^2}-10\left(\dfrac{x}{5}-x^3-y^5\right)\mathrm{e}^{-x^2-y^2}-\dfrac{1}{3}\mathrm{e}^{-(x+1)^2-y^2}$ 的等值线图。

在命令窗口输入如下代码：

```
>> syms x y
>> f = 3*(1-x)^2*exp(-(x^2)-(y+1)^2)-10*(x/5 - x^3 - y^5)*exp(-x^2-y^2)-1/3*exp(-(x+1)^2 - y^2);
>> subplot(1,2,1),ezcontour(f,[-3,3],49),title('coutour');
>> subplot(1,2,2),ezcontourf(f,[-3,3],49),title('filled coutour');
```

得到的图形如图 7-7 所示。

图 7-7　等值线绘制示例

7.4　符号微积分

微积分在数学中占有不可替代的地位，在工程应用中有着举足轻重的作用，是大学数学的主要内容之一。

MATLAB 符号数学工具箱提供了大量函数支持基础微积分运算，主要包括微分、极限、积分、级数求和和泰勒级数等。本节介绍符号微积分的基本运算。

7.4.1　符号表达式求极限

极限是微积分的基础，微分和积分都是“无穷逼近”时的结果。在 MATLAB 中函数 limit 用于求表达式的极限。该函数的调用格式如下。

- limit(F,x,a)：当 *x* 趋近于 *a* 时表达式 F 的极限。
- limit(F,a)：当 *F* 中的自变量趋近于 *a* 时 F 的极限，自变量由 findsym 函数确定。
- limit(F)：当 *F* 中的自变量趋近于 0 时 F 的极限，自变量由 findsym 函数确定。
- limit(F,x,a,'right')：当 *x* 从右侧趋近于 *a* 时 F 的极限。
- limit(F,x,a,'left')：当 *x* 从左侧趋近于 *a* 时 F 的极限。

例 7-29　符号表达式的极限。

```
>> syms x h
>> limit(sin(x)/x)
ans =
1
>> limit((sin(x+h)-sin(x))/h,h,0)
ans =
cos(x)
```

7.4.2　符号微分

MATLAB 中函数 diff 实现函数求导和求微分，可以实现一元函数求导和多元函数求偏导。该函数在第 5 章已有介绍，用于计算向量或矩阵的差分。当输入参数为符号表达式时，该函数实现符号微分，其调用格式如下。

- diff(S)：实现表达式 S 的求导，自变量由函数 findsym 确定。
- diff(S,'v')：实现表达式对指定变量 *v* 的求导，该语句还可以写为 diff(S,sym('v'))。
- diff(S,n)：求 S 的 *n* 阶导。
- diff(S,'v',n)：求 S 对 *v* 的 *n* 阶导，该表达式还可以写为 diff(S,n,'v')。

例 7-30　符号表达式的微分。

```
>> syms x y
>> f1=sin(x);
>> f1d=diff(sin(x))
```

```
f1d =
cos(x)
>> f2=y*sin(x)+x*cos(y);
>> f2d=diff(f2)
f2d =
cos(y) + y*cos(x)
>> f2d=diff(f2,y)
f2d =
sin(x) - x*sin(y)
>> f3=exp(x^2);
>> f3d3=diff(f3,3)
f3d3 =
12*x*exp(x^2) + 8*x^3*exp(x^2)
```

上述为利用 diff 函数计算符号函数的微分，另外，微积分中一个非常的重要概念为 Jacobian 矩阵，计算函数向量的微分。如果 $F=\begin{pmatrix} f_1 & f_2 & \ldots & f_m \end{pmatrix}$，其中 $f_i=f_i\left(x_1,x_2,\ldots,x_n\right)$，$i=1,2,\cdots,m$，则 F 的 Jacobian 矩阵为：

$$\begin{pmatrix} \partial f_1/\partial x_1 & \partial f_1/\partial x_2 & \cdots & \partial f_1/\partial x_n \\ \partial f_2/\partial x_1 & \partial f_2/\partial x_2 & \cdots & \partial f_2/\partial x_n \\ \vdots & \vdots & \vdots & \vdots \\ \partial f_m/\partial x_1 & \partial f_m/\partial x_2 & \cdots & \partial f_m/\partial x_n \end{pmatrix}$$

MATLAB 中函数 jacobian 用于计算 Jacobian 矩阵。该函数的调用格式如下：

R = jacobian(f,v)，如果 f 是函数向量，v 为自变量向量，则计算 f 的 Jacobian 矩阵；如果 f 是标量，则计算 f 的梯度，如果 v 也是标量，则其结果与 diff 函数相同。

例 7-31　jacobian 函数的使用。

```
>> syms x y z
>> F = [x*y*z; y; x+z];
>> v = [x,y,z];
>> R=jacobian(F,v)
R =
[ y*z, x*z, x*y]
[   0,   1,   0]
[   1,   0,   1]
>> syms a b c
>> jacobian(a*x^2+b*y^2+c*z^2,v)
ans =
[ 2*a*x, 2*b*y, 2*c*z]
```

7.4.3　符号积分

与微分对应的是积分，在 MATLAB 中，函数 int 用于实现符号微分运算。该函数的调用格式如下。

- R = int(S)：求表达式 S 的不定积分，自变量由 findsym 函数确定。
- R = int(S,v)：求表达式 S 对自变量 *v* 的不定积分。
- R = int(S,a,b)：求表达式 S 在区间[a,b]上的定积分，自变量由 findsym 函数确定。
- R = int(S,v,a,b)：求表达式 S 在区间[a,b]上的定积分，自变量为 *v*。

例 7-32　int 函数的应用。

```
>> syms x y z
>> f1=-2*x/(1+x^2)^2;
>> F1=int(f1)
F1 =
1/(x^2 + 1)
>> f2=x/(1+z^2);
>> F2=int(f2,z)
F2 =
x*atan(z)
>> f3=1/sqrt(2*pi)*exp(-x^2/2);
>> F3=int(f3,0,inf)
F3 =
(7186705221432913*2^(1/2)*pi^(1/2))/36028797018963968
>> double(F3)
ans =
    0.500000000000000
```

7.4.4　级数求和

symsum 函数用于级数的求和。该函数的调用格式如下。

- r = symsum(s)：自变量为 findsym 函数所确定的符号变量，设其为 *k*，则该表达式计算 *s* 从 0 到(*k* - 1)的和。
- r = symsum(*s*,*v*)：计算表达式 *s* 从 0 到(*v* - 1)的和。
- r = symsum(*s*,*a*,*b*)：计算自变量从 *a* 到 *b* 之间 *s* 的和。
- r = symsum(*s*,*v*,*a*,*b*)：计算 *v* 从 *a* 到 *b* 之间的 *s* 的和。

例 7-33　符号级数的求和。

```
>> syms x k
>> symsum(x^2)
ans =
x^3/3 - x^2/2 + x/6
>> symsum(1/x^k,k,0,2)
ans =
1/x + 1/x^2 + 1
```

7.4.5　Taylor 级数

函数 taylor 用于实现 Taylor 级数的计算。该函数的调用格式如下。

- r = taylor(f)：计算表达式 *f* 的 Taylor 级数，自变量由 findsym 函数确定，计算 *f* 的在 0 的 15 阶 Taylor 级数。
- r = taylor(f,Name,Value)：计算表达式 *f* 的 Taylor 级数，自变量由 findsym 函数确定，计算 *f* 在 0 的阶名 Name-阶数 Value 的 Taylor 级数。
- r = taylor(f,v)：指定自变量 *v* 的 Taylor 级数。
- r = taylor(f,v,Name,Value)：指定自变量 *v*、阶名 Name-阶数 Value 的 Taylor 级数。
- r = taylor(f,v,a)：指定自变量 *v*、计算 *f* 在 *a* 的 Taylor 级数。
- r = taylor(f,v,a,Name,Value)：指定自变量 *v*、阶名 Name-阶数 Value，计算 *f* 在 *a* 的 Taylor 级数。

其中阶名有'ExpansionPoint'、'Order'和'OrderMode' 3 种，此处不做详解，一般用'Order'后跟具体阶数表示。

具体应用见例 7-34。

例 7-34　函数 exp(x*sin(x))的 Taylor 级数与原函数的比较。

```
>> syms x
>> g = exp(x*sin(x))
g =
exp(x*sin(x))
>> g = exp(x*sin(x));
>> t = taylor(g, x, 2, 'Order', 12);
>> xd = 1:0.05:3; yd = subs(g,x,xd);
>> ezplot(t, [1,3]); hold on;
>> plot(xd, yd, '-.')
>> title('Taylor approximation vs. actual function');
>> legend('Taylor','Function')
```

输出的图形如图 7-8 所示。

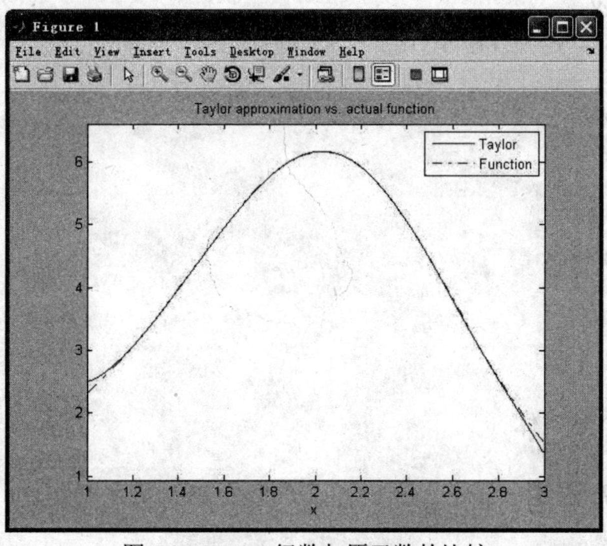

图 7-8　Taylor 级数与原函数的比较

7.5　符号方程的求解

方程求解是数学中的一个重要问题。在前面的章节中，已经介绍了多项式求解，函数求解等。本节介绍符号方程的求解，包括代数方程的求解和微分方程求解。

7.5.1　代数方程的求解

代数方程包括线性方程、非线性方程和超越方程等。在 MATLAB 中函数 solve 用于求解代数方程和方程组，其调用格式如下。

- g = solve(eq)：求解方程 *eq* 的解，对默认自变量求解，输入的参数 *eq* 可以是符号表达式或字符串。
- g = solve(eq,var)：求解方程 *eq* 的解，对指定自变量求解。

在上面的语句中，如果输入的表达式中不包含等号，则 MATLAB 求解其等于 0 时的解。例如 g=solve(sym('x^2-1'))的结果与 g=solve(sym('x^2-1=0'))相同。

对于单个方程的情况，返回结果为一个符号表达式，或是一个符号表达式组成的数组，对于方程组的情况，返回结果为一个结构体，结构体的元素为每个变量对应的表达式，各个变量按照字母顺序排列。

例 7-35　代数符号方程的求解。

```
>> x=solve('a*x^2 + b*x + c')
x =
 -(b + (b^2 - 4*a*c)^(1/2))/(2*a)
 -(b - (b^2 - 4*a*c)^(1/2))/(2*a)
```

返回结果为一个符号数组。

```
>> syms u v x y
>> S = solve(x+2*y-u, 4*x+5*y-v)
S =
      x: [1x1 sym]
      y: [1x1 sym]
>> S.x
ans =
(2*v)/3 - (5*u)/3
>> S.y
ans =
(4*u)/3 - v/3
```

返回结果为一个结构体。

7.5.2　求解代数方程组

代数方程组同样由函数 solve 函数进行，其格式如下。

- g = solve(eq1,eq2,...,eqn)：求由方程 *eq*1,*eq*2,⋯,*eq*n 等组成的系统，自变量为默认自变量。
- g = solve(eq1,eq2,...,eqn,var1,var2,...,varn)：求由方程 *eq*1,*eq*2,⋯,*eqn* 等组成的系统，自变量为指定的自变量：*var*1,*var*2,⋯,*varn*。

例 7-36　求解 $\begin{cases} x^2y^2=0 \\ x-\dfrac{y}{2}=\alpha \end{cases}$。

在命令窗口中输入：

```
>> syms x y alpha
>> [x,y] = solve(x^2*y^2, x-y/2-alpha)
x =
  alpha
        0
y =
              0
  -2*alpha
```

7.5.3　微分方程的求解

MATLAB 中微分方程的求解通过函数 dsolve 进行，该函数用于求解常微分方程。

如在命令窗口中输入如下命令：

```
>> dsolve('Dy=cos(t)')
ans =
C5 + sin(t)
```

该函数的具体调用格式为 r = dsolve('eq1,eq2,...', 'cond1,cond2,...', 'v')或者 r = dsolve ('eq1','eq2',...,'cond1','cond2',...,'v')，其中 eq1、eq2 等表示待求解的方程，默认的自变量为 t。方程中用 D 表示微分，如 Dy 表示 dy/dt；如果在 D 后面带有数字，则表示多阶导数，如 D2y 表示 d^2y/dt^2。cond1、cond2 等表示初始值，通常表示为 y(a) = b 或者 Dy(a) = b。如果不指定初始值，或者初始值方程的个数少于因变量的个数，则最后得到的结果中会包含常数项，表示为 C1、C2 等。dsolve 函数最多接受 12 个输入参数。

函数输出的结果可能有 3 种情况，与代数方程求解的结果类似。下面介绍微分方程求解的例子。

例 7-37　微分方程求解。

(1) 求微分方程 $\frac{dx}{dt}=\text{-ax}$、$\frac{dx}{dt}=\cos t$、$\frac{d^2x}{dt^2}=\cos t$、$\left(\frac{dy}{ds}\right)^2+y^2=1$ 的解。

在命令窗口中输入如下命令：

```
>> dsolve('Dx = -a*x')
ans =
```

```
C2*exp(-a*t)
>> dsolve('Dx = cos(t)')
ans =
C4 + sin(t)
>> dsolve('D2x = cos(t)')
ans =
C7 - cos(t) + C6*t
>> dsolve('(Dy)^2 + y^2 = 1','s')
ans =

               1

              -1

cosh(C19*i + s*i)

cosh(C15*i - s*i)
```

(2) 限制初值的微分方程的解。

```
>> dsolve('Dy = a*y', 'y(0) = b')
ans =
b*exp(a*t)
>> dsolve('D2y = -a^2*y', 'y(0) = 1', 'Dy(pi/a) = 0')
ans =
exp(-a*t*i)/2 + exp(a*t*i)/2
>> y = dsolve('(Dy)^2 + y^2 = 1','y(0) = 0')
y =
 cosh((pi*i)/2 + t*i)
 cosh((pi*i)/2 - t*i)
```

当方程的解析解不存在时，系统会弹出提示，并返回对象为空。

7.5.4　微分方程组的求解

求解微分方程组通过 dsolve 进行，格式为 r = dsolve('eq1,eq2,...', 'cond1,cond2,...', 'v')。

该语句求解由参数 eq1、eq2 等指定的方程组成的系统，初值条件为 cond1、cond2 等，v 为自变量。

例 7-38　求解$\begin{cases} f' = 3f + 4g \\ g' = -4f + 3g \end{cases}$。

在命令窗口中输入：

```
>> syms f g
>> S = dsolve('Df = 3*f+4*g', 'Dg = -4*f+3*g')
S =
     g: [1x1 sym]
     f: [1x1 sym]
```

查看其具体内容：

```
>> S.f
ans =
C40*cos(4*t)*exp(3*t) + C39*sin(4*t)*exp(3*t)
>> S.g
ans =
C39*cos(4*t)*exp(3*t) - C40*sin(4*t)*exp(3*t)
```

7.5.5 复合方程

复合方程通过函数 compose 进行，该函数的调用格式如下。

- compose(f,g)：返回函数 f(g(y))，其中 $f=f(x)$，$g=g(y)$，x 是 f 的默认自变量，y 是 g 的默认自变量。
- compose(f,g,z)：返回函数 f(g(z))，自变量为 z。
- compose(f,g,x,z)：返回函数 f(g(z))，指定 f 的自变量为 x。
- compose(f,g,x,y,z)：返回函数 f(g(z))，f 和 g 的自变量分别指定为 x 和 y。

例 7-39　利用函数 compose 求复合函数。

```
>> syms x y z t u;
>> f = 1/(1 + x^2);
>> g = sin(y);
>> h = x^t;
>> p = exp(-y/u);
>> compose(f,g)
ans =
1/(sin(y)^2 + 1)
>> compose(f,g,t)
ans =
1/(sin(t)^2 + 1)
>> compose(h,g,x,z)
ans =
sin(z)^t
>> compose(h,g,t,z)                    %指定 h 的自变量为 t，与上面的语句结果不同
ans =
x^sin(z)
>> compose(h,p,x,y,z)
ans =
exp(-z/u)^t
>> compose(h,p,t,u,z)
ans =
x^exp(-y/z)
```

7.5.6　反方程

反方程通过函数 finverse 求得，该函数的调用格式如下。

- g = finverse(f)：在函数 f 的反函数存在的情况下，返回函数 f 的反函数，自变量为默认自变量。
- g = finverse(f,v)：在函数 f 的反函数存在的情况下，返回函数 f 的反函数，自变量为 v。

例 7-40　求函数的反函数。

```
>> finverse(1/tan(x))
ans =
atan(1/x)
>> syms u v
>> finverse(exp(u-2*v),u)
ans =
2*v + log(u)
>> finverse(exp(u-2*v),v)
ans =
u/2 - log(v)/2
```

7.6　符号积分变换

积分变换在工程中有着广泛的应用，常用的变换有傅立叶变换、拉普拉斯变换、Z 变换和小波变换等。本节介绍傅立叶变换、拉普拉斯变换和 Z 变换。关于小波变换，MATLAB 提供了小波工具箱，可以满足用户的多种需要。

7.6.1　符号傅立叶变换

傅立叶变换是最早的积分变换，可以实现函数在时域(空域)和频域之间的转化。本节介绍傅立叶变换及其逆变换。

1. 傅立叶变换

傅立叶变换由函数 fourier 实现，该函数的调用格式如下。

- F = fourier(f)：实现函数 f 的傅立叶变换，如果 f 的默认自变量为 x，则返回 f 的傅立叶变换结果，默认自变量为 w；如果 f 的默认自变量为 w，则返回结果的默认自变量为 t。
- F = fourier(f,v)：返回结果为 v 的函数。
- F = fourier(f,u,v)：f 的自变量为 u，返回结果为 v 的函数。

例 7-41　符号函数的傅立叶变换。

```
>> syms x y u v w
>> f= exp(-x^2);
>> F= fourier(f)
F =
pi^(1/2)*exp(-w^2/4)
>> g = exp(-abs(w));
>> G=fourier(g)
G =
2/(v^2 + 1)
>> f1 = x*exp(-abs(x));
>> F1=fourier(f1,u)
F1 =
-(u*4*i)/(u^2 + 1)^2
>> syms x real
>> f2 = exp(-x^2*abs(v))*sin(v)/v;
>> F2 = fourier(f,v,u)
F2 =
2*pi*exp(-x^2)*dirac(u)
```

2. 傅立叶逆变换

傅立叶逆变换由函数 ifourier 实现，该函数的调用格式如下。

- f = ifourier(F)：实现函数 F 的傅立叶逆变换，如果 F 的默认自变量为 w，则返回结果 f 的默认自变量为 x，如果 F 的自变量为 x，则返回结果 f 的自变量为 t。
- f = ifourier(F,u)：实现函数 F 的傅立叶逆变换，返回结果 f 为 u 的函数；
- f = ifourier(F,v,u)：实现函数 F 的傅立叶逆变换，F 的自变量为 v，返回结果 f 为 u 的函数。

例 7-42　函数的傅立叶逆变换。

```
>> F =pi^(1/2)*exp(-1/4*w^2);
>> ifourier(F)
ans =
(3991211251234741*exp(-x^2))/(2251799813685248*pi^(1/2))
>> G =2/(1+t^2);
>> ifourier(G)
ans =
(2*pi*exp(-x)*heaviside(x) + 2*pi*heaviside(-x)*exp(x))/(2*pi)
>> simplify(G)
ans =
2/(t^2 + 1)
>> clear
>> syms x real
```

```
>> g = exp(-abs(x));
>> ifourier(g)
ans =
1/(pi*(t^2 + 1))
>> clear
>> syms w v t real
>> f = exp(-w^2*abs(v))*sin(v)/v;
>> ifourier(f,v,t)
ans =
piecewise([w ~= 0, -(atan((t - 1)/w^2) - atan((t + 1)/w^2))/(2*pi)])
```

7.6.2 符号拉普拉斯变换

1. 拉普拉斯变换

laplace 函数实现符号函数的拉普拉斯变换。该函数的调用格式如下。

- laplace(F)：实现函数 F 的拉普拉斯变换。如果 F 的默认自变量为 *t*，返回结果的默认自变量为 *s*；如果 F 的默认自变量为 *s*，则返回结果为 *t* 的函数。
- laplace(F,t)：返回函数的自变量为 *t*。
- laplace(F,w,z)：指定 F 的自变量为 *w*，返回结果为 *z* 的函数。

例 7-43　函数的拉普拉斯变换。

```
>> syms t
>> f = t^4;
>> laplace(f)
ans =
24/s^5
>> syms s
>> g = 1/sqrt(s);
>> laplace(g)
ans =
pi^(1/2)/t^(1/2)
>> syms a t x
>> f = exp(-a*t);
>> laplace(f,x)
ans =
1/(a + x)
```

2. 拉普拉斯逆变换

拉普拉斯逆变换由函数 ilaplace 实现，该函数的调用格式如下。

- F = ilaplace(L)：实现函数 L 的拉普拉斯逆变换，如果 L 的自变量为 *s*，则返回结果为 *t* 的函数；如果 L 的自变量为 *t*，则返回结果为 *x* 的函数。

- F = ilaplace(L,y)：返回结果为 y 的函数。
- F = ilaplace(L,y,x)：指定 L 的自变量为 y，返回结果为 x 的函数。

例 7-44　函数的拉普拉斯逆变换。

```
>> syms s t a x u
>> f= 1/s^2;
>> ilaplace(f)
ans =
t
>> g = 1/(t-a)^2
g =
1/(a - t)^2
>> ilaplace(g)
ans =
x*exp(a*x)
>> syms x u
>> syms a real
>> f= 1/(u^2-a^2)
f =
-1/(a^2 - u^2)
>> simplify(ilaplace(f,x))
ans =
sinh(a*x)/a
```

7.6.3　符号 Z 变换

1. Z 变换

Z 变换由函数 Ztrans 完成，其调用格式如下。

- F = ztrans(f)：如果 f 的默认自变量为 n，则返回结果为 z 的函数；如果 f 为函数 z 的函数，则返回结果为 w 的函数。
- F = ztrans(f,w)：返回结果为 w 的函数。
- F = ztrans(f,k,w)：f 的自变量为 k，返回结果为 w 的函数。

例 7-45　函数的逆变换。

```
>> syms n z a w
>> f= n^4;
>> ztrans(f)
ans =
(z^4 + 11*z^3 + 11*z^2 + z)/(z - 1)^5
>> g = a^z
g =
a^z
```

```
>> simplify(ztrans(g))
ans =
-w/(a - w)
>> f = sin(a*n);
>> ztrans(f,w)
ans =
(w*sin(a))/(w^2 - 2*cos(a)*w + 1)
```

2. Z 逆变换

Z 逆变换由函数 iztrans 完成，其调用格式如下。

- f = iztrans(F)：若 F 的默认自变量为 *z*，则返回结果为 *n* 的函数；如果 F 是 *n* 的函数，则返回结果为 *k* 的函数。
- f = iztrans(F,k)：指定返回结果为 *k* 的函数。
- f = iztrans(F,w,k)：指定 F 的自变量为 *w*，返回结果为 *k* 的函数。

例 7-46　Z 逆变换。

```
>> syms z n a k
>> f = 2*z/(z-2)^2;
>> iztrans(f)
ans =
2^n + 2^n*(n - 1)
>> g = n*(n+1)/(n^2+2*n+1);
>> iztrans(g)
ans =
(-1)^k
>> f = z/(z-a);
>> iztrans(f,k)
ans =
piecewise([a == 0, kroneckerDelta(k, 0)], [a ~= 0, a*(a^k/a - kroneckerDelta(k, 0)/a) + kroneckerDelta(k, 0)])
```

7.7　mfun 函数的使用

mfun 函数用于对 maple 函数进行数字评估。该函数的调用格式如下：

Y = mfun('function',par1,par2,par3,par4)。

该语句对指定的数学函数进行评估。其中'function'指定待评估的函数，par1、par2 等为'function'的参数，为待评估的数值，其维数有'function'函数的参数类型确定。在该语句中最多可以设置 4 个参数，最后一个参数可以为矩阵。

例 7-47　mfun 函数的使用。

```
>> mfun('FresnelC',0:5)
ans =
  Columns 1 through 3
                        0    0.779893400376823    0.488253406075341
  Columns 4 through 6
   0.605720789297686    0.498426033038178    0.563631188704012
>> mfun('Chi',[3*i 0])
ans =
  Column 1
  0.119629786008000 + 1.570796326794897i
  Column 2
                 NaN
```

用户可以通过 help mfunlist 查看 MATLAB 中 mfun 可以调用的函数列表。

7.8　符号函数计算器

与其他语言相比，MATLAB 最重要的特点是简单易学，在符号运算中，同样体现了这一特点。MATLAB 提供了图形化符号函数计算器，可以进行一些简单的符号运算和图形绘制。图形化符号函数计算器操作方便、使用简单，深受用户喜欢。本节将介绍图形化符号函数计算器的使用。

MATLAB 中提供的符号函数计算器有两种：funtool，用于单变量符号函数计算；taylortool，用于 Taylor 函数逼近。

7.8.1　单变量符号函数计算器

在命令窗口中执行 funtool 即可调出单变量符号函数计算器。单变量符号函数计算器用于对单变量函数进行操作，可以对符号函数进行化简、求导、绘制图形等。

该工具的界面如图 7-9 所示。运行 funtool 时会生成 3 个窗口：函数 *f* 的图形窗口、函数 g 的图形窗口和控制窗口。控制窗口中的操作单元包括输入框和按钮两种类型。下面分别介绍这两种类型单元的符号运算功能。

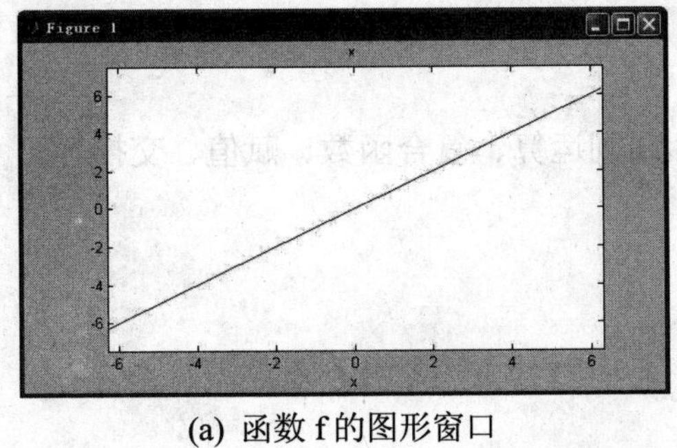

(a) 函数 f 的图形窗口　　　　(b) 函数 g 的图形窗口

图 7-9　函数计算器界面

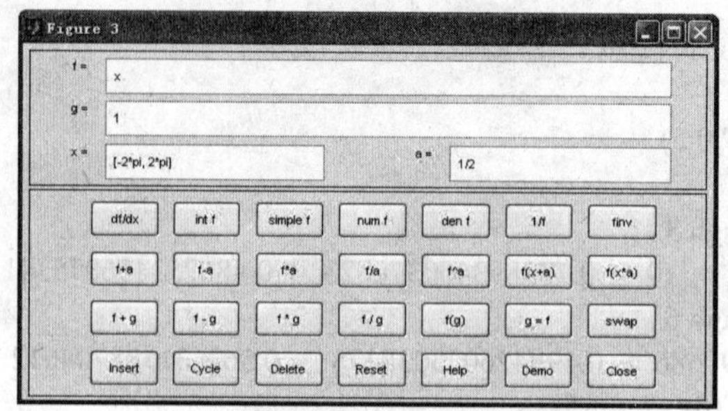

(c) 控制窗口

图 7-9　函数计算器界面(续)

1. 输入框的功能

如上面的图形中所示，控制窗口中共有 4 个输入框，分别为“f=”、“g=”、“x=”、“a=”，这 4 个输入框用于输入待操作的函数和数据，其详细功能分别如下。

- f=：显示函数 *f* 的符号表达式，可以对函数进行编辑，编辑后，即在 *f* 的图形窗口中显示更新后的函数图形。
- g=：显示函数 *g* 的符号表达式，可以对函数进行编辑，编辑后，即在 *g* 的图形窗口中显示更新后的函数图形。
- x=：显示绘制 *f* 和 *g* 的图像的 *x* 区间。
- a=：用于修改 *f* 的常数因子。

2. 控制按钮

在符号函数计算器的控制区包含着一系列按钮，按行分别介绍这些按钮，第一行中包括以下按钮。

- df/dx：求函数 *f* 的导数。
- int f：函数 *f* 的积分。
- simple f：将函数 *f* 化简。
- num f：函数 *f* 的分子。
- den f：函数 *f* 的分母。
- 1/f：函数 *f* 的倒数。
- finv：函数 *f* 的反函数。

第二行为函数 *f* 与常数之间的操作，包括函数 *f* 与常数之间的四则运算及自变量代换等。

第三行为函数 *f* 和函数 *g* 之间的操作，包括四则运算、复合函数、赋值、交换等。

第四行按钮及其功能如下。

- Insert：将函数 *f* 加入到函数列表中。
- Cycle：用函数列表中下一个函数代替 *f* 值。
- Delete：将 *f* 从函数列表中删除。
- Reset：重置计算器。

- Help：显示在线帮助。
- Demo：演示。
- Close：关闭计算器。

例 7-48　符号函数计算器的应用。

在 *f* 函数输入栏中输入 cos(x^3)，得到图形如图 7-10(a)所示，在 *g* 函数输入栏中输入 (1+x^2)，得到图形如图 7-10(b)所示。单击 f/g，得到结果如图 7-10(c)所示。单击 df/dx，得到结果如图 7-10(d)所示。

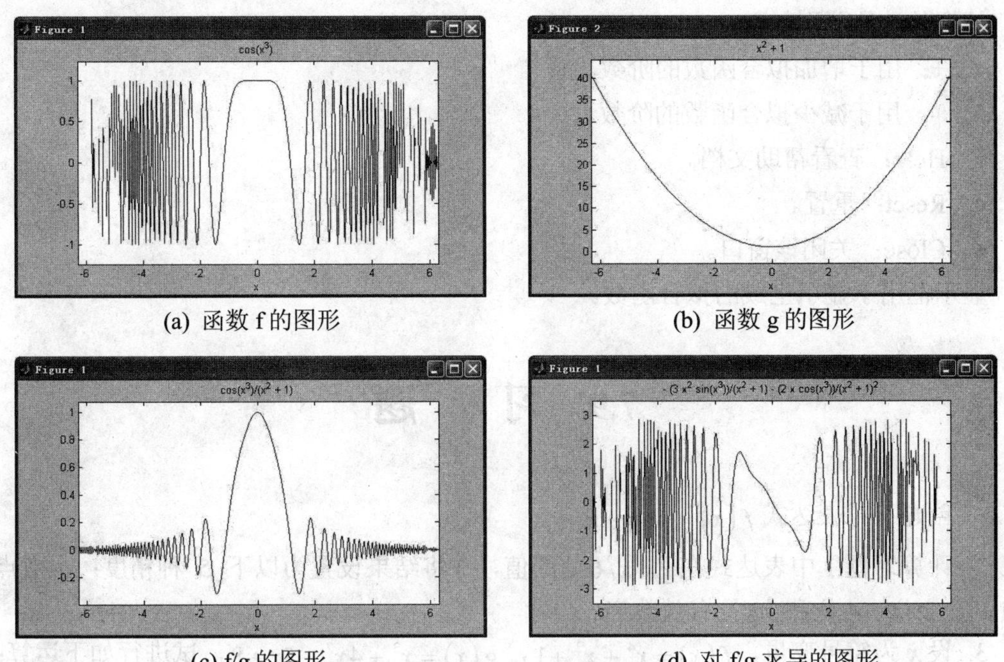

(a) 函数 f 的图形　　(b) 函数 g 的图形

(c) f/g 的图形　　(d) 对 f/g 求导的图形

图 7-10　符号函数计算器应用实例

7.8.2　Taylor 逼近计算器

Taylor 逼近计算器用于实现函数的 taylor 逼近。在命令窗口中输入 taylortool，调出 Taylor 逼近计算器，界面如图 7-11 所示。

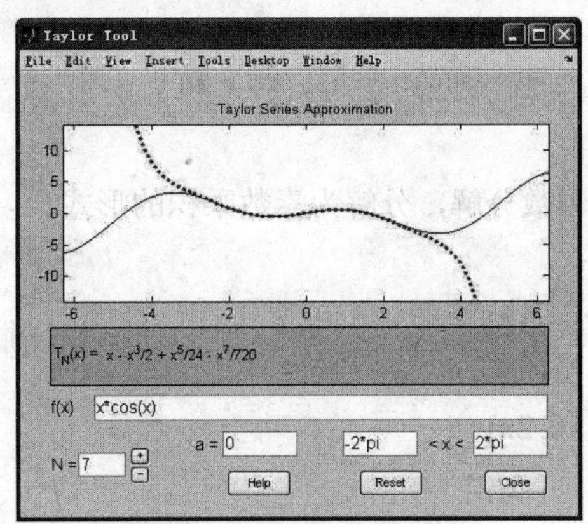

图 7-11　Taylor 逼近计算器

该窗口为一个图形窗口，用户可以利用菜单栏对图像进行操作。该窗口中除包含图形工具栏外，还包含 5 个输入框、5 个按钮和 1 个显示框。

输入框的功能分别如下。

- f(x)：用于输入待逼近的函数。
- N =：用于输入拟合函数的阶数。
- a =：级数的展开点，默认为 0。
- <x<：两侧的输入框用于输入拟合区间。

按钮的功能分别如下。

- +：用于增加拟合函数的阶数。
- -：用于减少拟合函数的阶数。
- Help：查看帮助文档。
- Reset：重置。
- Close：关闭该窗口。

显示框用于显示生成的拟合函数。

7.9 习　　题

1. 创建符号表达式 $f(x)=\sin x+x$。

2. 计算习题 1 中表达式在 $x=\pi/6$ 处的值，并将结果设置为以下 5 种精度：小数点之后 1 位、2 位、4 位和 10 位有效数字。

3. 设 x 为符号变量，$f(x)=x^4+x^2+1$，$g(x)=x^3+4x^2+5x+8$，试进行如下运算：

(1) $f(x)+g(x)$；

(2) $f(x)\times g(x)$；

(3) 求 g(x)的反函数；

(4) 求 g 以 f(x)为自变量的复合函数。

4. 合并同类项。

(1) $3x-2x^2+5+3x^2-2x-5$

(2) $2x^2-3xy+y^2-2xy-2x^2+5xy-2y+1$(对 x 和 y)

5. 因式分解。

(1) 将 7798666 进行因数分解，分解为素数乘积的形式。

(2) $-2m^8+512$

(3) $3a^2(x-y)^3-4b^2(y-x)^2$

6. 绘制下列函数的图像：

(1) $f(x)=\sin x+x^2$，$[0,2\pi]$

(2) $f(x)=x^3+2x^2+1$，$[-2,2]$

7. 计算下列各式：

(1) $\lim\limits_{x\to 0}\dfrac{\tan x-\sin x}{1-\cos 2x}$

(2) $y=x^3-2x^2+\sin x$，求y'。

(3) $y=xy\ln\left(x+y\right)$，求$\mathrm{d}f/\mathrm{d}x$。

(4) $y=\int\ln(1+t)\mathrm{d}x$，$y=\int_0^{27}\ln(1+t)\mathrm{d}x$

8. 计算$\sin x$在0附近的Taylor展开。

9. 求解线性方程组$\begin{cases}2x+3y=1\\3x+2y=-1\end{cases}$。

10. 对符号表达式$z=x\mathrm{e}^{-x^2-y^2}$，进行如下变换。

(1) 关于x的傅立叶变换。

(2) 关于y的拉普拉斯变换。

(3) 分别关于x和y的z变换。

11. 绘制函数$f(x)=\dfrac{1}{2\pi}\exp\left(-(x^2+y^2)\right)$在$-3<x<3$，$-3<y<3$上的表面图。

第8章　MATLAB 绘 图

图形可以直观明了地显示数据，使用户更加直接、清楚地了解数据的属性。因此，在科学研究和工程实践中，经常需要将数据可视化。MATLAB 的绘图功能满足了用户的图形需要。MALTAB 中包含了大量的绘图函数，使用户可以方便实现数据的可视化。MATLAB 的图形功能包括在直角坐标系中或极坐标系中绘制基本图像；绘制特殊图像，如条形图、柱状图、轮廓线和表面网格图等。本章将详细介绍 MATLAB 绘图。

本章学习目标

- ☑ 了解 MATLAB 的图形窗口
- ☑ 掌握 MATLAB 基本二维图形、三维图形的绘制及图形的基本操作
- ☑ 掌握 MATLAB 特殊图形的绘制，如柱状图、饼状图
- ☑ 掌握图形注释的添加及管理
- ☑ 了解三维图形的视点控制及颜色、光照控制

8.1　MATLAB 图形窗口

MATLAB 中的图形都是在图形窗口中绘制的。在采用绘图函数绘制图形时，系统会自动创建绘图窗口，或者用户可以采用创建窗口命令创建图形窗口。图形窗口中包含有菜单和工具栏，通过这些工具，用户可以对图形进行操作，如绘制图形、编辑图形等。本节主要介绍图形窗口，包括其结构、图形绘制和图形编辑等。

8.1.1　图形窗口的创建与控制

1. 创建

图形窗口可以通过函数 figure 创建，该函数的调用格式如下。

- figure：创建图形窗口。
- figure('PropertyName',PropertyValue,...)：按照指定的属性创建图形窗口。
- figure(h)：如果句柄 h 对应的窗口已经存在，则该命令使该图形窗口为当前窗口；如果不存在，则创建以 h 为句柄的窗口。
- h = figure(...)：返回图形窗口的句柄。

在命令窗口中输入命令 figure，按下回车键，生成的图形窗口如图 8-1 所示。

图 8-1　MATLAB 图形窗口

创建图形窗口时，MATLAB 根据默认属性或者用户通过参数指定的属性创建一个新的窗口。

2. 图形窗口的控制

创建图形窗口后，用户可以对其属性进行编辑。编辑图形的属性可以通过两种方式进行：通过属性编辑器的方式和通过 set 函数的方式。

在图形窗口中，选择 View | Property Editor 命令，激活属性编辑器，图形窗口如图 8-2 所示。在该窗口中可以设置标题、颜色表等属性。若要对更多属性进行设置，可以单击 More Properties 按钮，打开 Inspector：figure 窗口，如图 8-3 所示。

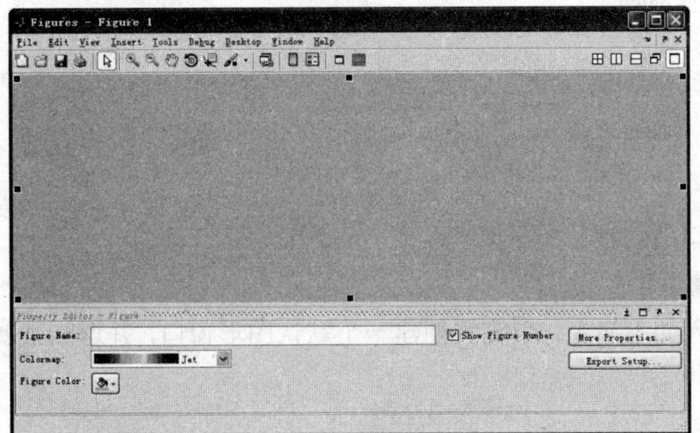

图 8-2　属性编辑器界面

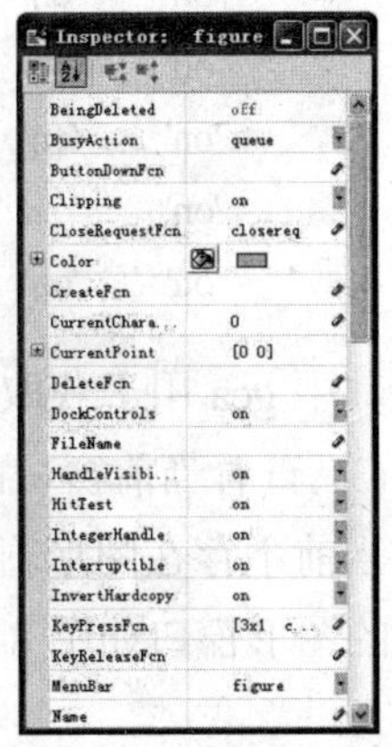

图 8-3　更多属性设置界面

在该窗口中可以对图形窗口的所有属性进行查看和编辑。

除此之外，还可以通过 get 函数和 set 函数对图形窗口的属性进行查看和编辑。get 函数的调用格式如下。

- get(h)：返回由句柄 h 指定的图形窗口的所有属性值。
- get(h,'PropertyName')：返回属性'PropertyName'的值。

- <m-by-n value cell array> = get(H,<property cell array>)：其中 H 为句柄数组，<property cell array>为由属性名称构成的单元数组，返回值为单元数组。
- a = get(h)：返回一个结构体，结构体的域名为属性名称，值为对应属性的当前值。
- a = get(0,'Factory')：返回图形窗口所有属性的出厂设置。
- a = get(0,'FactoryObjectTypePropertyName')：返回指定属性的出厂设置。
- a = get(h,'Default')：返回指定图形窗口的默认属性设置。
- a = get(h,'DefaultObjectTypePropertyName')：返回指定属性的默认设置。

例 8-1　通过 get 函数获取图形窗口的属性。

(1) 查看默认线宽：

```
>> get(0,'DefaultLineLineWidth')
ans =
    0.500000000000000
```

(2) 查看当前窗口中所有子坐标系的属性：

```
>> patch;surface;text;line
>> props = {'HandleVisibility', 'Interruptible'; 'SelectionHighlight', 'Type'};
>> output = get(get(gca,'Children'),props)
output =
    'on'    'on'    'on'    'line'
    'on'    'on'    'on'    'text'
    'on'    'on'    'on'    'surface'
    'on'    'on'    'on'    'patch'
    'on'    'on'    'on'    'line'
    'on'    'on'    'on'    'text'
    'on'    'on'    'on'    'surface'
    'on'    'on'    'on'    'patch'
```

其中 gca 用于获取当前窗口的句柄。

(3) 查看当前窗口的全部属性：

当前不存在图形窗口。输入如下命令，系统将创建一个默认图形窗口，并返回其属性。创建的图形窗口如图 8-4 所示。

```
>> get(gca)
ActivePositionProperty = outerposition
 ALim = [0 1]
 ALimMode = auto
 AmbientLightColor = [1 1 1]
 Box = off
:
 Type = axes
```

```
UIContextMenu = []
UserData = []
Visible = on
```

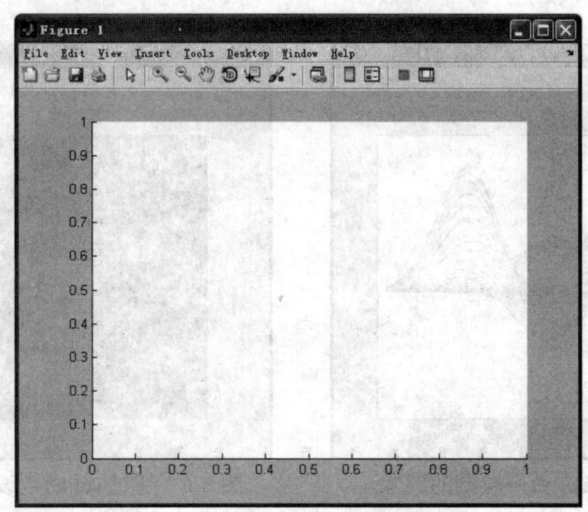

图 8-4 get(gca)命令创建的窗口

set 函数用于设置对象的属性。该函数的调用格式如下。

- set(H,'PropertyName',PropertyValue,...)：设置由 H 指定的窗口的属性'PropertyName'值为 PropertyValue。H 可以为向量，此时将 H 中指定的所有窗口的'PropertyName'属性设置为 PropertyValue。
- set(H,a)：其中 a 是一个结构体，其域名为属性名称，值为对应属性的设置值。该语句设置 H 指定的窗口属性为 a。
- set(H,pn,pv...)：其中 pn 和 pv 是单元数组，pn 用于指定属性名称，pv 用于指定属性值，该语句设置 H 指定的所有窗口中，由 pn 指定的属性，值为 pv 中的相应值。
- set(H,pn,<m-by-n cell array>)：与上面的语句不同，该语句的第三个参数为一个 $m \times n$ 单元数组，其中 m = length(H)，n 为 pn 中包含的属性数目。该语句设置 H 指定的窗口中的属性，其值为单元数组中的指定值。
- a= set(h)：该语句返回 h 指定的窗口中用户可以设置的属性及相应的可选值，返回值 a 是一个结构体，a 的域名为属性名，域值为相应的可选值。
- a= set(0,'FactoryObjectTypePropertyName')：返回指定属性的可选值。
- a= set(h,'Default')：返回对 h 指定的对象设置的默认值。
- a= set(h,'DefaultObjectTypePropertyName')：返回指定对象类型的指定属性的可选值。
- <cell array> = set(h,'PropertyName')：返回指定属性名的可选值，如果值为字符串，则返回结果为单元数组，否则返回空的单元数组。

例 8-2 通过 set 函数图形窗口的属性。

首先，创建窗口、并绘制图像：

```
>> figure,plot(peaks)
```

得到的图形如图 8-5 所示。

下面的语句将其颜色设置为蓝色，得到的图形如图 8-6 所示。

```
>> set(gca,'Color','b')
```

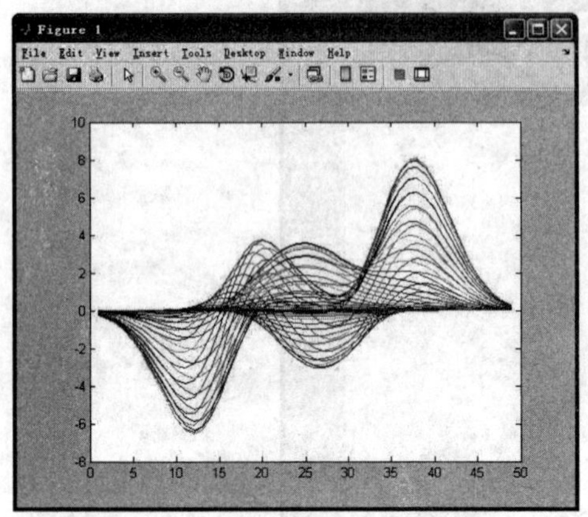

图 8-5　plot(peaks)命令绘制的图像

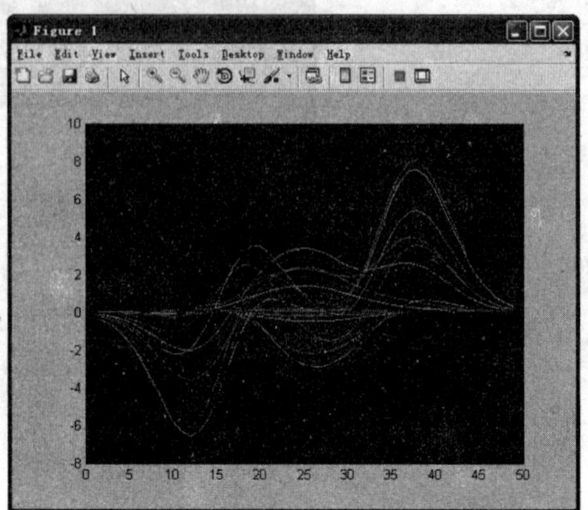

图 8-6　通过 set 函数设置背景后的图像

8.1.2　图形窗口的菜单栏

本节详细介绍图形窗口的各项菜单。

1. File 菜单

File 菜单与 Windows 系统的其他菜单类似，包括“新建”、“保存”、“打开”等命令。下面介绍这些功能。

- New：新建。可以新建 M 文件(M-File)、图形窗口(Figure)、变量(Variable)或图形用户接口(GUI)。新建对象时，系统自动打开相应的编辑器。
- Open：打开已有文件。
- Close：关闭当前窗口。
- Save：保存。
- Save As：另存为。
- Generate Code：生成 M 文件。该命令可以将当前图形窗口中的图形自动转化为 M 文件。

例 8-3　将图像窗口中的图形转化为 M 文件。

首先创建图形，在命令窗口中输入：

```
>> x=[0:0.1:2];
>> y1=x.^2;
>> y2=x;
>> figure,plot(x,y1);
>> hold on;
>> plot(x,y2);
```

绘制的图形如图 8-7 所示。

单击该窗口的 Generate Code 命令，系统打开文本编辑器，其内容为：

```
function createfigure(X1, YMatrix1)
%CREATEFIGURE(X1,YMATRIX1)
%   X1:   vector of x data
%   YMATRIX1:   matrix of y data

%   Auto-generated by MATLAB on 11-Feb-2013 22:20:04

% Create figure
figure1 = figure;

% Create axes
axes1 = axes('Parent',figure1);
box(axes1,'on');
hold(axes1,'all');

% Create multiple lines using matrix input to plot
plot(X1,YMatrix1);
```

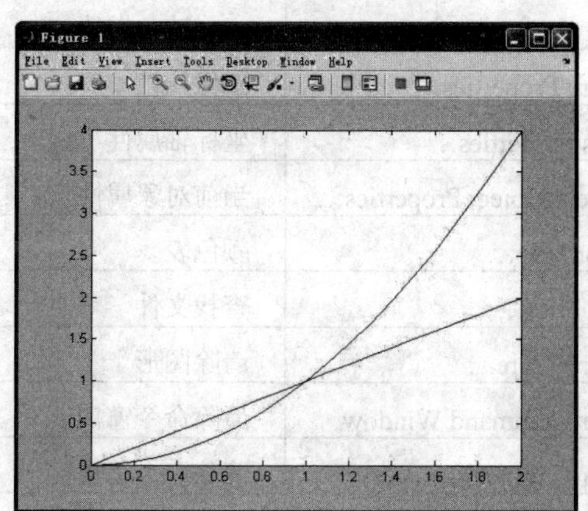

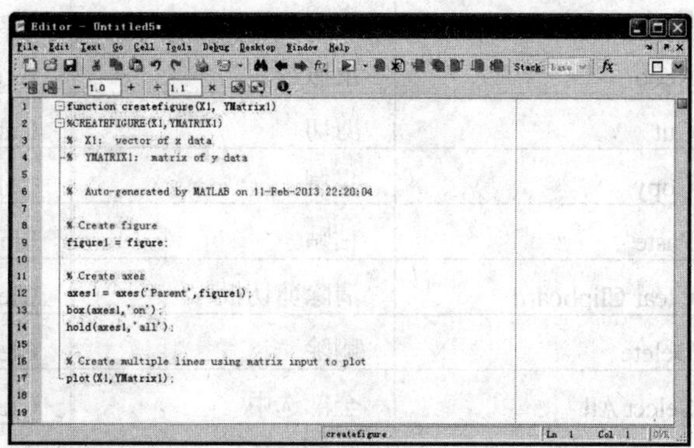

图 8-7　例 8-3 对应的图形与文本编辑器窗口

该文件的绘图功能与图形窗口中的图形一致。

- Import Data：用于导入数据。
- Save Workspace As：该选项用于将图形窗口中的数据存储为二进制文件，以供其他的编程语言调用。
- Preferences：设置图形窗口的风格，其界面如图 8-8 所示。
- Export Setup：导出设置。可以设置颜色、字体、大小等，可以将图像以多种格式导出，如 EMF、BMP、JPG、PDF 等。导出设置的窗口如图 8-9 所示。
- Print Preview：打印预览。
- Print：打印。打开打印对话框。

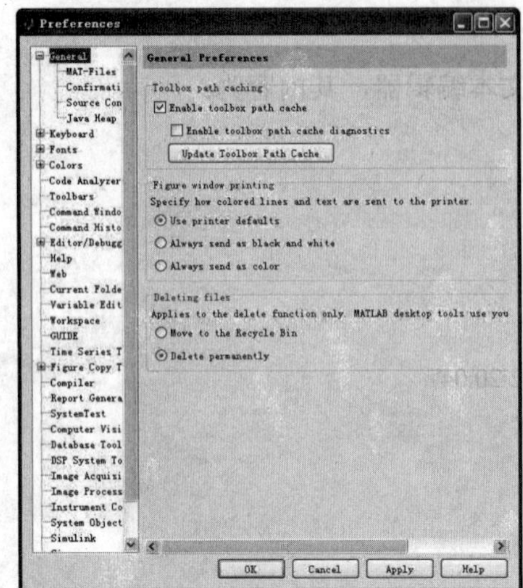

图 8-8　Preferences 界面

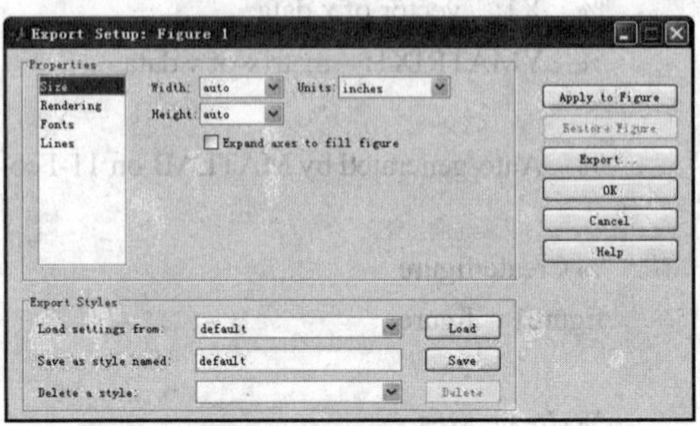

图 8-9　导出设置的窗口

2. Edit 菜单

Edit 菜单中的命令如表 8-1 所示。

表 8-1　图形窗口 Edit 菜单中的命令

命　令	功　能	命　令	功　能
Undo	撤销	Figure Properties…	图像属性
Redo	反撤销	Axes Properties…	坐标轴属性
Cut	剪切	Current Object Properties…	当前对象属性
Copy	复制	Color Map…	颜色表
Paste	粘贴	Find Files…	查找文件
Clear Clipboard	清除剪切板	Clear Figure…	清除图形
Delete	删除	Clear Command Window	清除命令窗口
Select All	全部选中	Clear Command History	清除命令历史
Copy Figure	复制图像	Clear Workspace	清除工作区
Copy Options…	复制选项		

3. Insert 菜单

在图像中插入对象，如箭头、直线、椭圆、长方形、坐标轴等。Insert 中的选项及对应的功能如表 8-2 所示。

表 8-2　图形窗口 Insert 菜单的选项

选　项	功　能	选　项	功　能
X Label	插入 X 轴	Text Arrow	插入文本箭头
Y Label	插入 Y 轴	Double Arrow	插入双箭头

(续表)

选　项	功　能	选　项	功　能
Z Label	插入 Z 轴	TextBox	插入文本框
Title	插入标题	Rectangle	插入矩形
Legend	添加图例	Ellipse	插入椭圆
Colorbar	添加颜色条	Axes	添加坐标系
Line	插入直线	Light	亮度控制
Arrow	插入箭头		

选中上面的选项后，系统自动激活相应的编辑工具，用户可以在图形窗口中绘制、编辑图形。

4. Tools 菜单

Tools 菜单包括一些常用图形工具，如平移、旋转、缩放、视点控制等。另外，Tools 菜单还包含了两个数据分析工具：Basic Fitting 工具和 Data Statistics 工具，用于对图像中的数据进行基本的分析和拟合等。这两个工具界面如图 8-10 和图 8-11 所示。

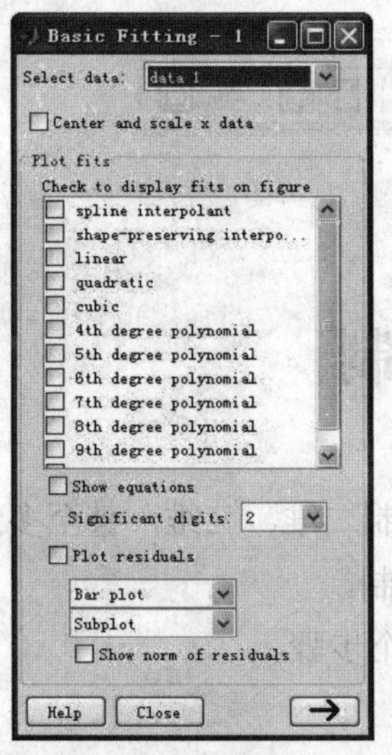

图 8-10　Basic Fitting 工具

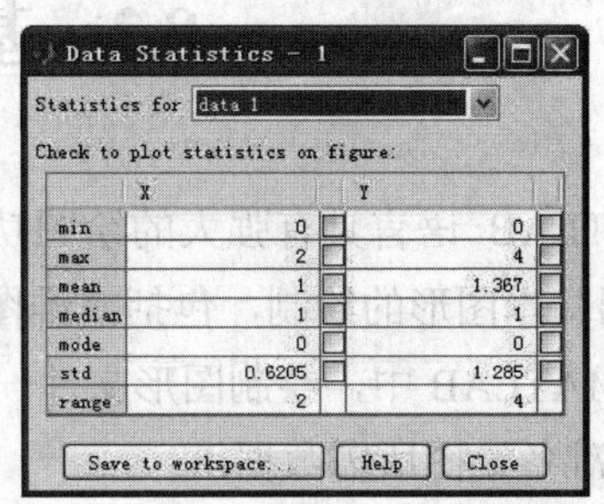

图 8-11　Data Statistics 工具

可以选择相应的拟合方法对图像中数据进行拟合。如对正弦曲线进行二次多项式拟合。首先绘制正弦曲线图像：

```
>> x=0:pi/10:pi;
>> plot(x,sin(x),'-.')
```

在图形窗口中激活 Basic Fitting 工具，选中 quadratic 复选框，显示的最终图形如图 8-12 所示。

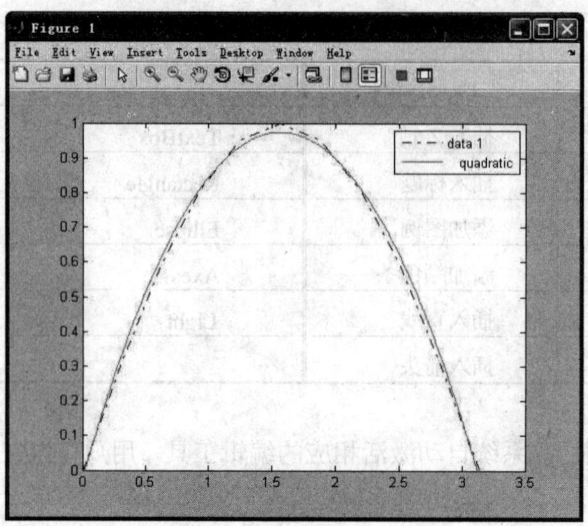

图 8-12　正弦曲线拟合结果

8.1.3　图形窗口的工具栏

图形窗口的工具栏如图 8-13 所示。其中包含的工具同样存在于菜单栏中，用户可以打开图形窗口，通过鼠标提示，查看这些工具的具体功能。

图 8-13　图形窗口的工具栏

8.2　基本图形的绘制

MATLAB 语言具有强大的绘图功能，可以方便地绘制二维、三维，甚至多维图形。本节介绍基本图形的绘制，包括二维图形和三维图形的绘制。

在 MATLAB 中，绘制图形文件一般的流程有以下几个步骤。

(1) 准备绘图所需数据。

(2) 设置绘图区的位置。

(3) 绘出图形。

(4) 进行图形属性设置及标注。

(5) 保存和导出图形。

当然以上步骤也不是相对固定的，比如绘图区的位置往往在子图绘制时才需要设置，对曲线属性的标注往往在绘图的时候同时进行。当然 MATLAB 中对于图形中的曲线和标记点格式有默认的设置，所以如果只要画一个简单的图来观察数据的分布，那么只需要进行第一步和第三步就行了。

下面主要介绍二维和三维图形的绘制。

8.2.1　二维图形的绘制

绘制二维图形的主要函数为 plot，另外还有 loglog、semilogx 等函数。具体函数及功能如表 8-3 所示。

表 8-3　MATLAB 中用于绘制二维图形的函数

函 数 名	功　能
plot	在线性坐标系中绘制二维图形
loglog	在对数坐标系中绘制二维图形
semilogx	二维图形绘制，x 轴为对数坐标，y 轴为线性坐标
semilogy	二维图形绘制，x 轴为线性坐标，y 轴为对数坐标
plotyy	绘制双 y 轴图形

本节主要介绍 plot 函数。该函数的调用格式如下。

- plot(Y)
- plot(X1,Y1,...)
- plot(X1,Y1,LineSpec,...)
- plot(...,'PropertyName',PropertyValue,...)
- plot(axes_handle,...)
- h = plot(...)
- hlines = plot('v6',...)

本节将详细介绍前 3 种格式，对于后面的几种格式，其意义分别如下。

- plot(...,'PropertyName',PropertyValue,...)：利用指定的属性绘制图形，其中'PropertyName'用于指定属性名，PropertyValue 用于设置属性值。
- plot(axes_handle,...)：在指定的坐标系中绘制图形。
- h = plot(...)：绘制图形的同时返回图形句柄。
- hlines = plot('v6',...)：返回曲线句柄。

1. plot(Y)

该命令中的 Y 可以是向量、实数矩阵或复数向量。如果 Y 是向量，则以向量的索引为横坐标，以向量元素值为纵坐标绘制图形，以直线段顺序连接各点；如果 Y 是矩阵，则绘制 Y 的各列；如果 Y 是复向量，则以复数的实部为横坐标，虚部为纵坐标绘制图形，即 plot(Y)相当于 plot(real(Y),imag(Y))，而在其他的绘图格式中复数的虚部会被忽略。见例 8-4 和例 8-5。

例 8-4　以 0.2 为步长绘制标准正态分布密度函数在[-3,3]之间的图像。

在命令窗口中输入如下命令：

```
>> x=[-3:0.2:3];
>> y=1/sqrt(2*pi)*exp(-1/2*x.^2);
```

```
>> plot(y)
```

输出图像如图 8-14 所示。该图显示了正态分布密度函数的形状，但是其横坐标的范围是[0,31]，而不是[–3, 3]，这是因为在绘制图像的过程中是以 y 的索引为横坐标的。

例 8-5　对矩阵的绘制：同时绘制均值为 0，方差分别为 1、2 和 3 的正态分布密度函数曲线。

编写 M 文件实现上述功能，文件内容为：

```
% plot N(0,1),N(0,2),N(0,3) by plotting a matrix
clear;
x=[-3:0.2:3]';
for i=1:3
    y(:,i)=1/sqrt(2*pi*i)*exp(-1/(2*i)*x.^2);
end
plot(y);
```

在命令窗口中运行该脚本，输出图形如图 8-15 所示。

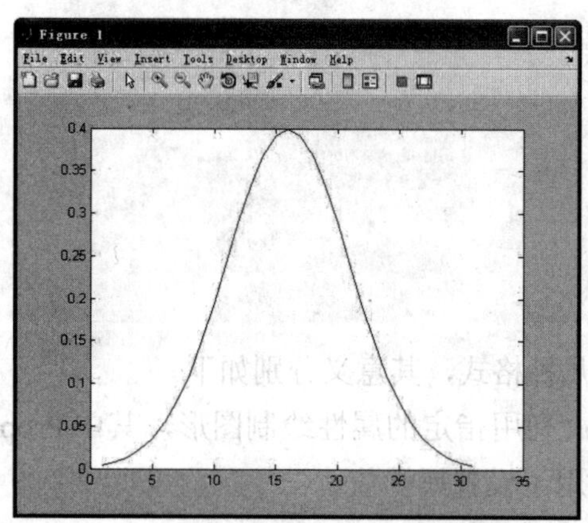

图 8-14　标准正态分布密度函数图像

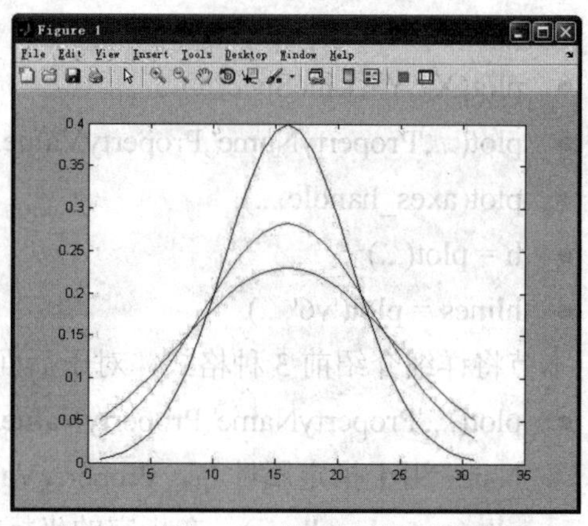

图 8-15　例 8-5 的输出图形

2. plot(x,y)

该命令中的 x 和 y 可以为向量和矩阵，当 x 和 y 的结构不同时，有不同的绘制方式。

x、y 均为 n 维向量时，以 x 的元素为横坐标，y 的元素为纵坐标绘制图形。

x 为 n 维向量，y 为 $m×n$ 或 $n×m$ 矩阵时，以 x 的元素为横坐标，绘制 y 的 m 个 n 维向量。

x、y 均为 $m×n$ 矩阵时，以 x 的各列为横坐标，y 的对应列为纵坐标绘制图形。

例 8-6　用 plot(x,y)绘制标准正态分布密度函数曲线。

在窗口中输入下列代码：

```
>> x=[-3:0.2:3];
>> y=1/sqrt(2*pi)*exp(-1/2*x.^2);
>> plot(x,y)
```

该例与例 8-14 只有一点不同，即绘图命令不同。该例输出的图形如图 8-16 所示。比较图 8-14 和图 8-16 可以看出，该例的图形横坐标为设置的坐标。

例 8-7　同时绘制均值为 0，方差分别为 1、2 和 3 的正态分布密度函数曲线。

将例 8-5 中的代码最后一行由 plot(y)替换为 plot(x,y)，运行，输出的结果如图 8-17 所示。

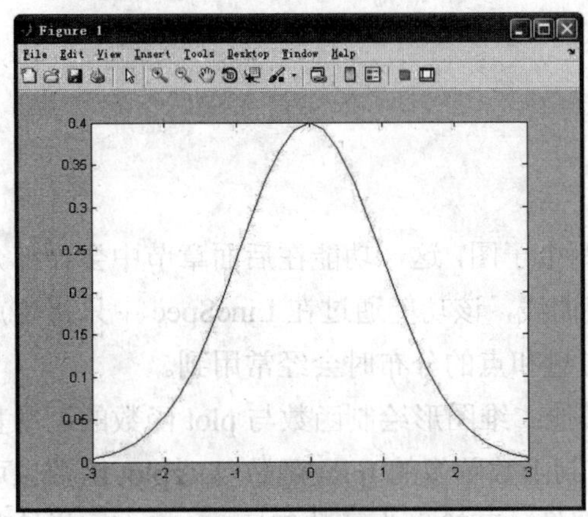

图 8-16　标准正态分布密度函数曲线

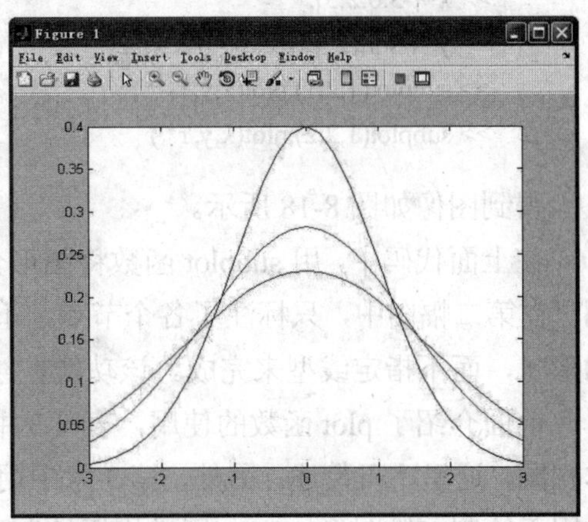

图 8-17　例 8-7 的输出图形

3. plot(x,y,LineSpec)

该命令中加入了 LineSpec 参数，用于对图像外观属性的控制，包括线条的形状、颜色和点的形状、颜色。该参数的常用设置选项如表 8-4 所示。

表 8-4　MATLAB 绘图中的线型及颜色设置

选　项	说　明	选　项	功　能
线型		点的形状	
-	实线(默认设置)	.	点
--	虚线	o	圆
:	点线	*	星号
-.	点划线	+	加号
颜色		x	x 形状(叉)
y	黄色	'square'或 s	方形
m	紫红色	'diamond'或 d	菱形
c	蓝绿色	^	上三角
r	红色	v	下三角
g	绿色	<	左三角
b	蓝色(默认)	>	右三角
w	白色	'pentagram'或 p	正五边形
k	黑色	'hexagram'或 h	正六边形

例 8-8　将例 8-6 中的图形画在一幅图像的两个子图中，第一幅以红色虚线绘制，并

且用星号标注每个节点，第二幅只用星号标注每个节点，不画出曲线。

在命令窗口中输入如下代码：

```
>> x=[-3:0.2:3];
>> y=1/sqrt(2*pi)*exp(-1/2*x.^2);
>> subplot(1,2,1),plot(x,y,'r--*')
>> subplot(1,2,2),plot(x,y,'r*')
```

得到图像如图 8-18 所示。

在上面代码中，用 subplot 函数将图形分为两个子图，这一功能在后面章节中会详细介绍。在第二幅图中，只标注了各个节点，不连接曲线，该功能通过在 LineSpec 中只指定点的形状，而不指定线型来完成。该功能在绘制向量和点的分布时会经常用到。

前面介绍了 plot 函数的使用，表 8-3 中的其他二维图形绘制函数与 plot 函数的调用基本相同，这里不再赘述。另外，第 7 章中用于绘制函数图像的 fplot 函数与 ezplot 函数也可以用于绘制二维图形。fplot 函数用于绘制函数图像，其输入为函数句柄；ezplot 同样绘制函数图像，其输入可以为函数句柄、函数 M 文件、匿名函数及符号函数等。

不过在实际应用中，有时不仅仅需要标准的等比例刻度坐标系，还需要用对数刻度坐标系。MATLAB 中与对数坐标系相关的绘图函数如下。

(1) semilogx：x 轴采用对数刻度的半对数坐标系绘图函数。

(2) semilogy：y 轴采用对数刻度的半对数坐标系绘图函数。

(3) loglog：x 轴和 y 轴都采用对数刻度的半对数坐标系绘图函数。

例 8-9　对数/半对数坐标系作图。

在命令窗口输入：

```
>> x=0:0.5:20;
>> y=exp(x);
>> subplot(2,2,1);
>> plot(x,y);
>> title('plot');
>> subplot(2,2,2);
>> semilogx(x,y);
>> title('semilogx');
>> subplot(2,2,3);
>> semilogy(x,y);
>> title('semilogy');
>> subplot(2,2,4);
>> loglog(x,y);
>> title('loglog')
```

得到的图形如图 8-19 所示。

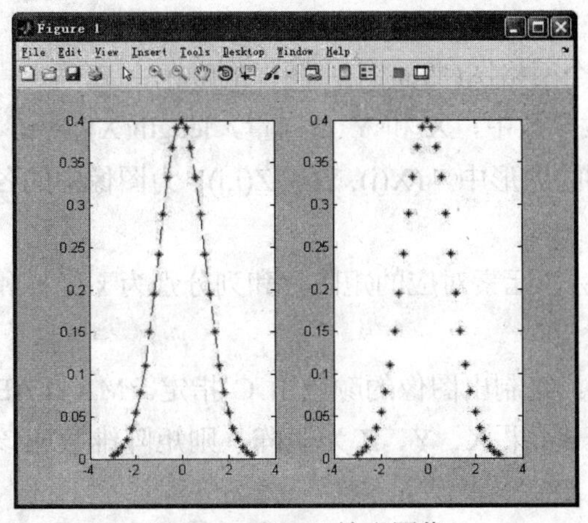

图 8-18　例 8-8 输出图像

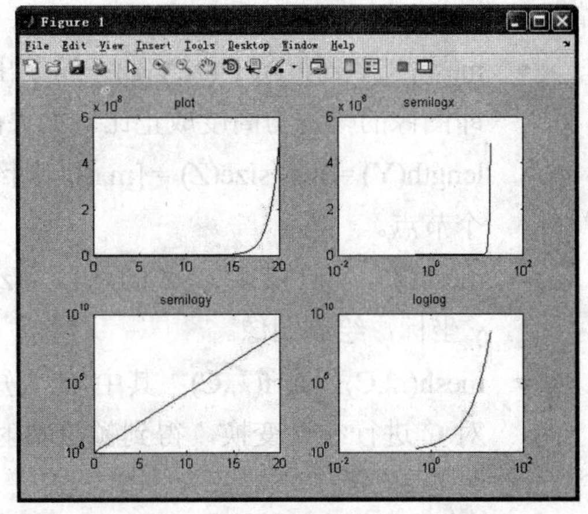

图 8-19　对数/半对数坐标系对比图

8.2.2　三维图形的绘制

三维图形包括三维曲线图和三维曲面图。三维曲线图由函数 plot3 实现，三维曲面图由函数 mesh 和 surf 实现。

1. plot3

MATLAB 中，plot3 用于绘制三维曲线。该函数调用的基本格式如下。

- plot3(X,Y,Z)：其中 X、Y、Z 为向量或矩阵。当 X、Y、Z 为长度相同的向量时，该命令将绘制一条分别以向量 X、Y、Z 为 x、y、z 坐标的空间曲线；当 X、Y、Z 为 $m \times n$ 矩阵时，该命令以每个矩阵的对应列为 x、y、z 坐标绘制出 m 条空间曲线。
- plot3(X1,Y1,Z1,LineSpec)：通过 LineSpec 指定曲线和点的属性，LineSpec 的取值与上一节介绍的相同。
- plot3(...,'PropertyName',PropertyValue,...)：利用指定的属性绘制图形。
- h = plot3(...)：绘制图形并返回图形句柄，h 为一个列向量，每个元素对应图像中每个对象的句柄。

例 8-10　利用 plot3 函数绘制三维螺旋线。

在命令窗口中输入如下命令：

```
>> t = 0:pi/50:10*pi;
>> plot3(sin(t),cos(t),t)
>> grid on
>> axis square
```

得到的图形如图 8-20 所示。

2. mesh 函数和 surf 函数

上一节讲到的 plot3 命令用于绘制三维曲线，但是不能用于绘制曲面。mesh 命令可以绘制出在某一区间内完整的网格曲面，surf 函数可以绘制三维曲面图。这两个函数的调用格式基本相同。

- mesh(X,Y,Z)，surf (X,Y,Z)：绘制出一个网格图(曲面图)，图像的颜色由 Z 确定，即图像的颜色与高度成正比。如果函数参数中，X 和 Y 是向量，length(X) = n，length(Y) = m，size(Z) = [m,n]，则绘制的图形中，(X(j), Y(i), Z(i,j)) 为图像中的各个节点。
- mesh(Z)，surf (Z)：以 Z 的元素为 z 坐标，元素对应的矩阵行和列分别为 x 坐标和 y 坐标，绘制图像。
- mesh(...,C)，surf(...,C)：其中 C 为矩阵。绘制出图像的颜色由 C 指定。MATLAB 对 C 进行线性变换，得到颜色映射表。如果 X、Y、Z 为矩阵，则矩阵维数应该与 C 相同。

例 8-11　绘制抛物曲面 $z = x^2 + y^2$ 在 $-1 \leqslant x \leqslant 1$，$-1 \leqslant y \leqslant 1$ 的图像。

在窗口中输入如下命令：

```
>> clear
>> X = -1:0.1:1;
>> Y=X';
>> X1=X.^2;
>> Y1=Y.^2;
>> x=ones(3,1);
>> x=ones(length(X),1);
>> y=ones(1,length(Y));
>> X1=x*X1;
>> Y1=Y1*y;
>> Z=X1+Y1;
>> subplot(1,2,1),mesh(X,Y,Z);
>> subplot(1,2,2),surf(X,Y,Z);
```

上述代码生成的图形如图 8-21 所示。

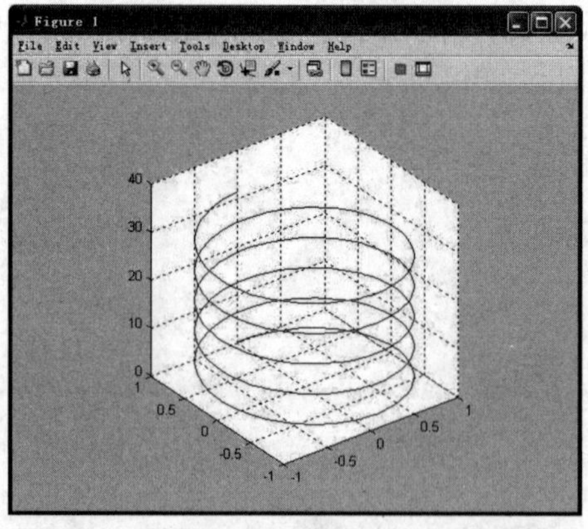

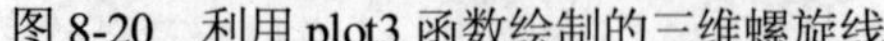

图 8-20　利用 plot3 函数绘制的三维螺旋线

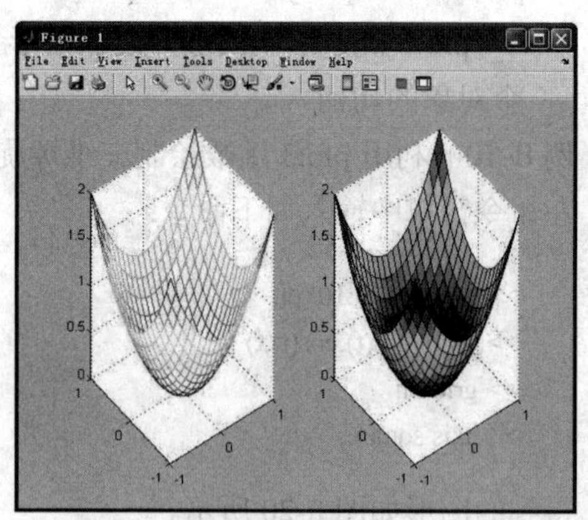

图 8-21　抛物曲面的网格图和表面图

在绘制三维曲面时，使用 meshgrid 函数经常能够得到很多的方便。该函数用于生成 X 和 Y 数组，其用法如下。

- [X,Y] = meshgrid(x,y)：将 x 和 y 指定的区域转化为数组 X 和 Y，X 的行是 x 的复制，Y 的列是 y 的复制。
- [X,Y] = meshgrid(x)：相当于[X,Y] = meshgrid(x,x)。
- [X,Y,Z] = meshgrid(x,y,z)：用于三维数组。

通过 meshgrid 函数，例 8-11 中的代码可以简化为：

```
>> [X,Y] = meshgrid([-1:0.1:1]);
>> Z = X.^2+Y.^2;
>> subplot(1,2,1),mesh(X,Y,Z);
>> subplot(1,2,2),surf(X,Y,Z);
```

用于绘制三维曲面的其他函数如表 8-5 所示。

表 8-5 MATLAB 中的三维曲面绘制函数

函 数	功 能
mesh	绘制三维网格图
surf	绘制三维表面图
meshc	绘制带有等值线的三维网格图
meshz	在图形周围绘制相关直线
trimesh	绘制三角形网格图
surfc	绘制带有等值线的三维表面图
trisurf	绘制三角形表面图

8.2.3 图形的其他操作

前面介绍的基本的图形绘制命令可以绘制简单图形。为了绘制更好的效果，还需要更多的图形控制。本节介绍一些简单的图形控制。

1. 图形保持

当采用绘图命令时，MATLAB 默认在当前图形窗口中绘制图像，如果不存在图形窗口，则新建一个图形窗口。此时，如果该窗口中已经存在图像，则将其清除，绘制新的图像。如果要保持原有图像，并且在原图像中添加新的内容，可以使用 hold 命令。该命令的用法如下。

- hold on：打开图形保持功能。
- hold off：关闭图形保持功能。
- hold all：当利用函数 ColorOrder 和函数 LineStyleOrder 设置线型和颜色列表时，该命令用于打开图形保持功能，并保持当前的属性。关闭图形保持时，下一条绘图命令将回到列表的开始处；打开图形保持时，将从当前位置继续循环。
- hold：改变当前的图形保持状态，在打开和关闭中间切换。
- hold(axes_handle,...)：对指定坐标系进行操作。

2. 图形子窗口

图形子窗口功能实现在一幅图像中绘制多个子图像，由函数 subplot 实现。subplot 函数将图形窗口分割为多个矩形子区域，在指定的子区域中绘制图像，各个区域按行排列。该函数的使用方法如下。

- subplot(m,n,p)、subplot(mnp)：将图像分为 $m \times n$ 个子区域，在第 p 个区域中绘制图像，并返回该坐标系的句柄，如果 p 是一个向量，则返回的坐标系句柄所占有的区域为 p 指定的区域的合并。
- subplot(m,n,p,'replace')：如果在指定区域已经存在坐标系，则将其删除并用新的坐标系代替。
- subplot(m,n,p,'v6')：在指定绘图区域设置坐标系，并且自动排布绘图区间，允许坐标轴和各标记之间重合。
- subplot(h)：在由句柄 h 指定的坐标系中绘制图形。
- subplot('Position',[left bottom width height])：在指定的位置绘制坐标系，位置由 4 个元素指定，分别指定绘图区间左下角的横纵坐标和绘图区域的宽度和高度。
- h = subplot(...)：指定绘图子区域，并返回句柄。

3. 坐标轴控制

在默认情况下，MATLAB 会根据绘图命令和数据自动选择坐标轴，用户也可以指定坐标轴，满足特殊的需求。在 MATLAB 中，坐标轴由函数 axis 控制。该函数的用法如下。

- axis([xmin xmax ymin ymax])：指定当前图像中 x 轴和 y 轴的范围。
- axis([xmin xmax ymin ymax zmin zmax cmin cmax])：指定当前图像中 x 轴、y 轴和 z 轴的范围。
- v = axis：返回当前图像中 x 轴、y 轴和 z 轴的范围。当图像是二维时，返回结果包括 4 个元素；当图像是三维时，返回结果包括 6 个元素。
- axis auto：设置自动选择坐标轴，MATLAB 根据 x、y、z 数据的最大最小值自动选择坐标轴的范围。用户还可以对指定的坐标轴设置自动选择，如命令“auto x”自动设置 x 轴，命令“auto yz”自动设置 y 轴和 z 轴。
- axis manual：锁定当前的坐标轴上下限，因此，如果当前设置为 hold on，则下一图像采用和当前相同的坐标轴。
- axis tight：设置坐标轴的范围为数据的范围。
- axis fill：将坐标轴的范围和参数 PlotBoxAspectRatio 的值设置为填充绘图位置的矩形区域。该设置只有当参数 PlotBoxAspectRatioMode 或者 DataAspectRatioMode 为手动时生效。
- axis ij：采用的坐标系为图像坐标系，其中 i 为横坐标，j 为纵坐标，i 的值从上到下增长，j 的值从左到右增长。
- axis xy：在默认的笛卡尔坐标系中绘制图像，x 轴为横轴，y 轴为纵轴。x 的值从左到右增长，y 的值从下到上增长。

- axis equal：设置等刻度坐标轴，各坐标轴的刻度相同，范围由数据确定。
- axis image：与 axis equal 相同，设置等刻度坐标轴，同时绘制图像的区域与数据的范围相同。
- axis square：设置坐标系为等长坐标系，即各坐标轴的长度相同，各坐标轴的刻度根据数据范围自动选择。
- axis vis3d：锁定当前绘图区域的坐标轴比例，因此在三维旋转时忽略拉伸填充功能。
- axis normal：选择自动调整图像中坐标轴的范围和尺度，使图像尽量符合绘图区域。
- axis off：隐藏坐标轴及所有相关的标记。
- axis on：显示坐标轴及所有相关的标记。
- axis(axes_handles,...)：设置指定的坐标轴。
- [mode,visibility,direction] = axis('state')：返回坐标轴的状态。其中，返回的 3 个参数返回值分别为：mode，auto 或 manual；visibility，on 或 off；direction，xy 或 ij。
- box on：显示当前坐标轴的边界线。
- box off：隐藏当前坐标轴的边界线。
- grid on：显示当前坐标轴下的网格线。
- grid off：隐藏当前坐标轴下的网格线。

8.3　特殊图形的绘制

除了常规的二维图形和三维图形外，为了满足一些特殊的要求，MATLAB 还提供了一些特殊图形的绘制功能，如条形图、饼状图、直方图等。本节将介绍这些特殊图形的绘制。

8.3.1　条形图和面积图(Bar and Area Graphs)

MATLAB 中主要有 4 个函数用于绘制条形图，如表 8-6 所示。

表 8-6　MATLAB 中绘制条形图的函数

函　　数	说　　明	函　　数	说　　明
bar	绘制纵向条形图	bar3	绘制三维纵向条形图
barh	绘制横向条形图	bar3h	绘制三维横向条形图

下面介绍这些函数的应用。

1. bar 和 barh

函数 bar 和 barh 用于绘制二维柱状图，分别绘制纵向和横向图形。这两个函数的用法相同，下面以 bar 函数为例介绍这两个函数的用法。

在默认情况下，bar 函数绘制的条形图将矩阵中的每个元素表示为“条形”，横坐标上的位置表示不同行，“条形”的高度表示元素的大小。在图形中，每一行的元素会集中在一起。

bar 函数的调用格式讲解如下。

- bar(Y)：对 Y 绘制条形图。如果 Y 为矩阵，Y 的每一行聚集在一起。横坐标表示矩阵的行数，纵坐标表示矩阵元素值的大小。
- bar(x,Y)：指定绘图的横坐标。*x* 的元素可以非单调，但是 *x* 中不能包含相同的值。
- bar(...,width)：指定每个条形的相对宽度。条形的默认宽度为 0.8。
- bar(...,'style')：指定条形的样式。style 的取值为“grouped”或者“stacked”，如果不指定，则默认为“grouped”。两个取值的意义如下：
  - ◊ grouped 绘制的图形共有 *m* 组，其中 *m* 为矩阵 Y 的行数，每一组有 *n* 个条形，*n* 为矩阵 Y 的列数，Y 的每个元素对应一个条形。
  - ◊ stacked 绘制的图形有 *m* 个条形，每个条形为第 *m* 行的 *n* 个元素的和，每个条形由多个(*n* 个)色彩构成，每个色彩对应相应的元素。
- bar(...,'bar_color')：指定绘图的色彩，所有条形的色彩由“bar_color”确定，“bar_color”的取值与 plot 绘图的色彩相同。

下面以具体实例观察上述命令的效果。

例 8-12　bar 函数和 barh 函数的绘图效果。

创建 M 文件，命名为 plotbar，其内容为：

```
% bar and barh
A=ceil(rand(5,3)*10);
x=[1,3,6,7,5];
subplot(2,3,1),bar(A),title('bar');
subplot(2,3,2),bar(x,A),title('specify the x label');
subplot(2,3,3),bar(A,1.5),title('width=1.5');
subplot(2,3,4),bar(A,'stacked'),title('stacked');
subplot(2,3,5),barh(A),title('barh: default');
subplot(2,3,6),barh(A,'stacked'),title('barh: stacked');
```

在命令窗口中运行该文件，得到结果的如图 8-22 所示。

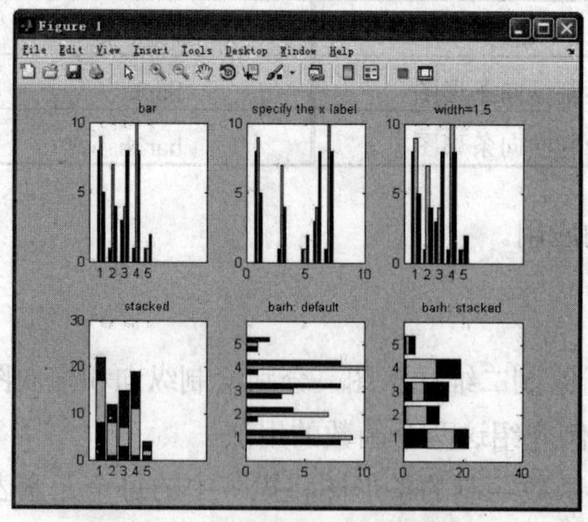

图 8-22　条形图绘制实例

2. bar3，bar3h

bar3 和 bar3h 用于绘制三维柱状图，分别绘制纵向图形和横向图形。这两个函数的用法相同，并且与函数 bar 和 barh 的用法类似，读者可以和 bar 函数和 barh 函数进行比较学习。下面以 bar3 函数为例介绍这两个函数的用法。bar3 函数的调用格式如下。

- bar3(Y)：绘制三维条形图，Y 的每个元素对应一个条形。如果 Y 为向量，则 x 轴的范围为[1:length(Y)]；如果 Y 为矩阵，则 *x* 轴的范围为[1:size(Y,2)]，即为矩阵 Y 的列数，图形中，矩阵每一行的元素聚集在相对集中的位置。
- bar3(x,Y)：指定绘制图形的行坐标，规则与 bar 函数相同。
- bar3(...,width)：指定条形的相对宽度，规则与 bar 函数相同。
- bar3(...,'style')：指定图形的类型，“style”的取值可以为“detached”、“grouped”或“stacked”，其意义如下。
    - ◊ detached 显示 Y 的每个元素，在 *x* 方向上，Y 的每一行为一个相对集中的块。
    - ◊ grouped 显示 *m* 组图形，每组图形包含 *n* 个条形，*m* 和 *n* 分别对应矩阵 *Y* 的行和列。
    - ◊ stacked 意义与 bar 中的参数相同，将 Y 的每一行显示为一个条形，每个条形包括不同的色彩，对应于该行的每个元素。
- bar3(...,LineSpec)：将所有的条形指定为相同的颜色，颜色的可选值与 plot 函数的可选值相同。

见例 8-13，查看上述命令绘制图形的效果。

例 8-13　使用 bar3 函数和 bar3h 函数绘制矩阵 $A=\begin{pmatrix}2&6&9\\7&5&7\\4&9&4\\9&9&3\\9&7&4\end{pmatrix}$ 的三维条形图。

新建脚本文件，命名为 eg_bar3，内容为：

```
A=[  2      6      9
     7      5      7
     4      9      4
     9      9      3
     9      7      4];
subplot(2,2,1),bar3(A,'detached'),title('detached');
subplot(2,2,2),bar3(A,'grouped'),title('grouped');
subplot(2,2,3),bar3(A,'stacked'),title('stacked');
subplot(2,2,4),bar3h(A,'detached'),title('detached');
```

在命令窗口中执行该脚本，得到的图形如图 8-23 所示。

上面介绍了二维条形图和三维条形图的绘制，下面介绍另一种图形：填充图。填充图绘制向量构成的曲线，或者当输入参数为矩阵时，绘制矩阵的每一列为一条曲线，并填充曲线间的区域。填充图可以直观地显示向量的每个元素，或矩阵的每一列对总和的贡献大小。填充图由函数 area 绘制，下面介绍该函数的用法。该函数的调用格式如下。

- area(Y)：绘制向量 Y 或矩阵 *Y* 各列的和。
- area(X,Y)：若 X 和 Y 是向量，则以 X 中的元素为横坐标，Y 中元素为纵坐标绘制图像，并且填充线条和 *x* 轴之间的空间；如果 Y 是矩阵，则绘制 Y 每一列的和。
- area(...,basevalue)：设置填充的底值，默认为 0。

下面以例 8-14 为例查看图形绘制的效果。

例 8-14　area 函数的绘图效果。

仍以例 8-13 中的矩阵 A 为例。在命令窗口中输入如下命令：

```
>> subplot(1,3,1),area(A),title('area plot of A');
>> subplot(1,3,2),area(A,3),title('basevalue = 3');
>> subplot(1,3,3),area([1 3 6 8 9],A),title('x=[1 3 6 8 9]');
```

得到的图像如图 8-24 所示。

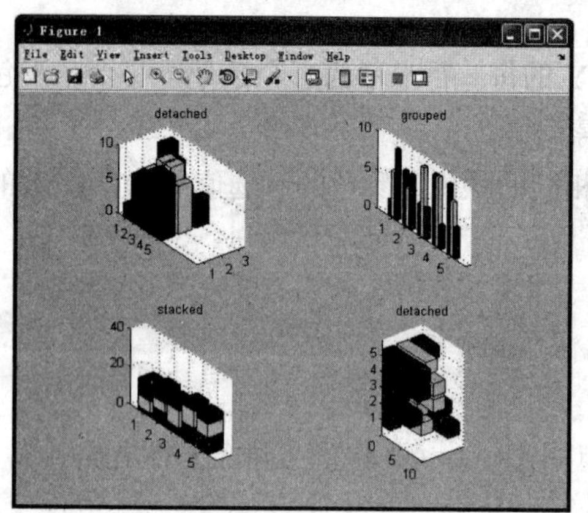

图 8-23　bar3 函数和 bar3h 函数的图形效果

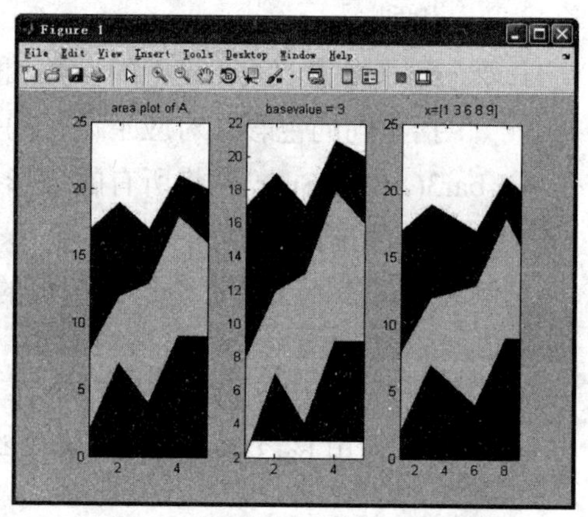

图 8-24　area 函数的绘图效果

8.3.2　饼状图(Pie Charts)

饼状图是一种统计图形，用于显示每个元素占总体的百分比，最常见的如磁盘容量统计图。在 MATLAB 中，函数 pie 和 pie3 分别用于绘制二维和三维饼状图。这两个函数的用法基本相同，下面以 pie 函数为例介绍饼状图的绘制。函数 pie 的调用格式如下。

- pie(X)：绘制 X 的饼状图，X 的每个元素占有一个扇形，其顺序为从饼状图上方正中开始，逆时针为序，分别为 X 的各个元素，如果 X 为矩阵，则按照各列的顺序排列。在绘制饼状图时，如果 X 的元素和大于 1，则按照每个元素所占有的百分比绘制图形；如果 X 的元素的和小于 1，则按照每个元素的值绘制图形，绘制的图形不是一个完整的圆形。
- pie(X,explode)：参数 explode 设置相应的扇形偏离整体图形，用于突出显示。explode 是一个与 X 维数相同的向量或矩阵，其元素为 0 或者 1，非 0 元素对应的扇形从图形中偏离。

- pie(...,labels)：标注图形，labels 是元素为字符串的单元数组，元素个数必须与 X 的个数相同。

下面看饼状图的绘制效果。

例 8-15　磁盘的可用空间为 10.1 GB，已用空间为 14.9 GB，绘制磁盘空间的饼状图，并标记为“可用空间”和“已用空间”。

在命令窗口中输入下面代码：

```
>>x=[10.1 14.9];
>>pie(x,{'可用空间','已用空间'});
```

输出图形如图 8-25 所示。

pie3 函数用于绘制三维饼状图，其用法与 pie 函数完全相同。其效果见例 8-16。

例 8-16　A、B、C 3 人在比赛中的得票总数分别为 356、588 和 569，绘制 3 人得票情况的三维饼状图，并突出显示得票最多的人。

编写 M 文件，其内容为：

```
% the example of the function pie3
X=[356,588,569];
[m_v,m_i]=max(x);
explode=zeros(size(X));
explode(m_i)=1;
pie3(X,explode,{'A','B','C'});
```

在命令窗口中执行该文件，输出图形如图 8-26 所示。

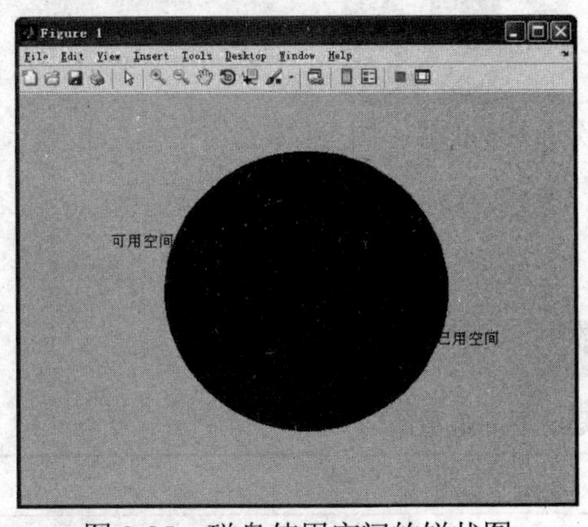

图 8-25　磁盘使用空间的饼状图

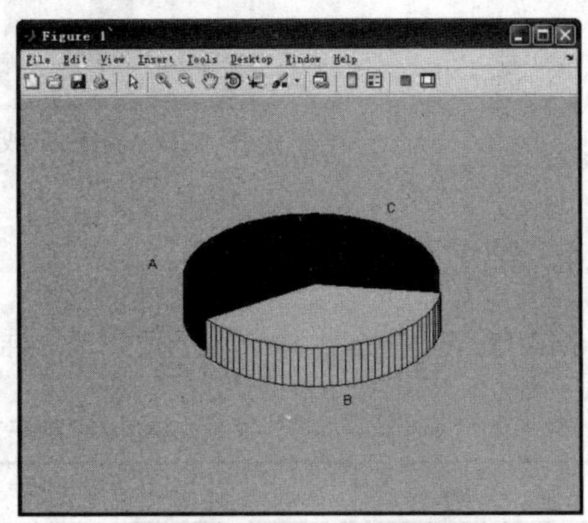

图 8-26　三维饼状图

8.3.3　直方图

直方图可以直观地显示数据的分布情况。本节介绍直方图的绘制。

MATLAB 中有两个函数可以绘制直方图：hist 和 rose，分别用于在直角坐标系和极坐标系中绘制直方图。hist 函数的应用更为广泛一些，因此，本节主要介绍 hist 函数的应用。关于 rose 函数，有兴趣的读者可以参阅 MATLAB 帮助文档。

- n = hist(Y)：绘制 Y 的直方图。
- n = hist(Y,x)：指定直方图的每个分格，其中 *x* 为向量，绘制直方图时，以 *x* 的每个元素为中心创建分格。
- n = hist(Y,nbins)：指定分格的数目。

下面以实例说明 hist 函数的绘图效果。

例 8-17　绘制随机生成的正态分布数据的直方图。

在命令窗口中输入如下代码：

```
>> x=randn(1000,1);
>> subplot(1,3,1),hist(x),title('default histogram');
>> subplot(1,3,2),hist(x,20),title('bin=20');
>> x_axis=[-3:0.5:-2,-2:0.25:-1,-1:0.1:1,1:0.25:2,2:0.5:3];
>> subplot(1,3,3),hist(x, x_axis),title(' x label ');
```

输出图形如图 8-27 所示。

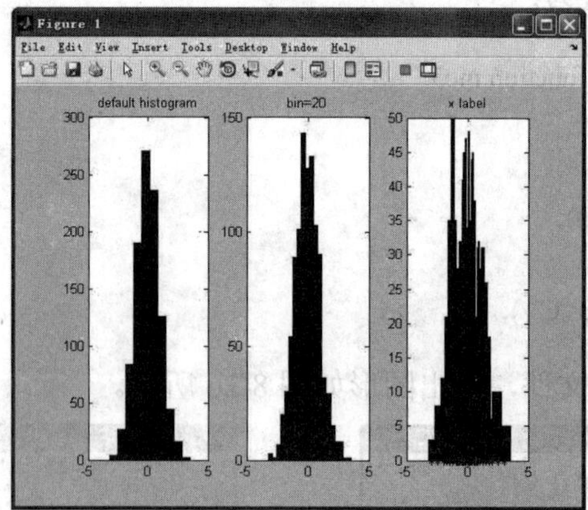

图 8-27　随机生成的正态分布数据的直方图

8.3.4　离散型数据图

MATLAB 中提供了一些函数用于绘制离散数据，如表 8-7 所示。

表 8-7　用于离散数据绘图的函数

函　数	功　能
stem	绘制二维离散图形
stem3	绘制三维离散图形
stairs	绘制二维阶跃图形

例 8-18　离散数据的绘制。

```
>> x=[0:10:360]*pi/180;
>> y=sin(x);
>> subplot(2,2,1),plot(x,y),title('a');
```

```
>> subplot(2,2,2),stem(x,y),title('b');
>> subplot(2,2,3),stairs(x,y),title('c');
>> t = 0:.1:10;
>> s = 0.1+i;
>> y = exp(-s*t);
>> subplot(2,2,4),stem3(real(y),imag(y),t),title('d');
```

得到的图形如图 8-28 所示，其中 a、b 和 c 分别为正弦函数的曲线图、离散图和阶梯图，d 为螺旋曲线的离散图。

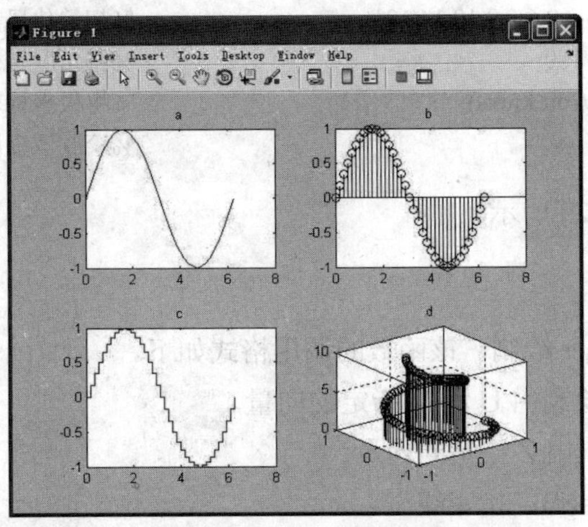

图 8-28 离散数据绘图示例

8.3.5 方向矢量图和速度矢量图

MATLAB 可以绘制方向矢量图和速度矢量图，本节介绍方向矢量图和速度矢量图的绘制。用于绘制方向矢量图和速度矢量图的函数如表 8-8 所示。

表 8-8 MATLAB 中绘制方向矢量图和速度矢量图的函数

函 数	功 能
compass	罗盘图，绘制极坐标图形中的向量
feather	羽状图，绘制向量，向量起点位于与 x 轴平行的直线上，长度相等
quiver	二维矢量图，绘制二维空间中指定点的方向矢量
quiver3	三维矢量图，绘制三维空间中指定点的方向矢量

在上述函数中，矢量由一个或两个参数指定，指定矢量相对于圆点的 x 分量和 y 分量。如果输入一个参数，则将输入视为复数，复数的实部为 x 分量，虚部为 y 分量；如果输入两个参数，则两个参数分别为向量的 x 分量和 y 分量。

下面对这些图形做详细介绍。

1. 罗盘图的绘制

MATLAB 中，罗盘图由函数 compass 绘制，该函数的调用格式如下。

- compass(U,V)：绘制罗盘图，数据的 x 分量和 y 分量分别由 U 和 V 指定。
- compass(Z)：绘制罗盘图，数据由 Z 指定。
- compass(...,LineSpec)：绘制罗盘图，指定线型。
- compass(axes_handle,...)：在“axes_handle”指定的坐标系中绘制罗盘图。
- h = compass(...)：绘制罗盘图，同时返回图形句柄。

例 8-19　风向图的绘制。

```
>> wdir = [45 90 90 45 360 335 360 270 335 270 335 335];  %初始化风向，用角度表示
>> knots = [6 6 8 6 3 9 6 8 9 10 14 12];                  %初始化风力
>> rdir = wdir * pi/180;                                  %将角度转化为弧度
>> [x,y] = pol2cart(rdir,knots);                          %将极坐标转化为笛卡尔坐标
>> compass(x,y)                                           %绘制罗盘图
```

得到的图形如图 8-29 所示。

2. 羽状图的绘制

羽状图由函数 feather 绘制，该函数的调用格式如下。

- feather(U,V)：绘制由 U 和 V 指定的向量。
- feather(Z)：绘制由 Z 指定的向量。
- feather(...,LineSpec)：指定线型。
- feather(axes_handle,...)：在指定的坐标系中绘制羽状图。
- h = feather(...)：绘制羽状图，同时返回图像句柄。

例 8-20　绘制羽状图，在图形中显示角 θ 的方向。

```
>> compass(A)
>> theta = (-90:10:90)*pi/180;
>> r = 2*ones(size(theta));
>> [u,v] = pol2cart(theta,r);
>> feather(u,v);
```

得到的图形如图 8-30 所示。

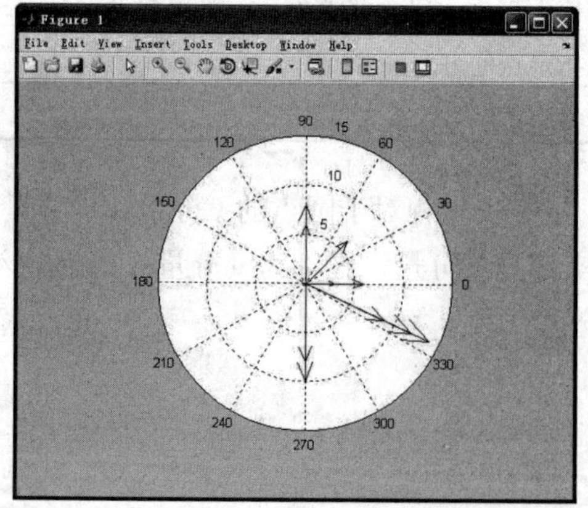

图 8-29　风向图

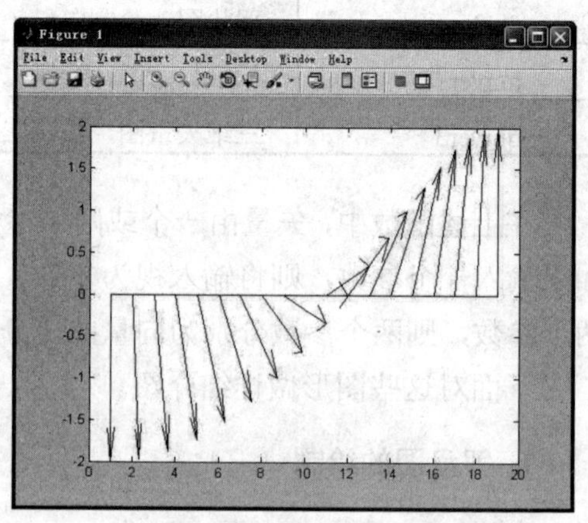

图 8-30　羽状图示例

3. 矢量图的绘制

MATLAB 中可以绘制二维矢量图和三维矢量图。矢量图在空间中指定点绘制矢量。用于绘制二维矢量图和三维矢量图的函数分别为 quiver 和 quiver3，两个函数的调用格式基本相同。下面仅以二维矢量图为例，介绍矢量图的绘制。函数 quiver 的主要调用格式如下。

- quiver(x,y,u,v)：绘制矢量图，参数 *x* 和 *y* 用于指定矢量的位置，*u* 和 *v* 用于指定待绘制的矢量。
- quiver(u,v)：绘制矢量图，矢量的位置采用默认值。

矢量图通常绘制在其他图形中，显示数据的方向，如在梯度图中绘制矢量图用于显示梯度的方向。

8.3.6 等值线的绘制(Contour Plots)

等值线在实际中常有应用，如地形图、气压图等。本节介绍等值线的绘制。MATLAB 中提供了一些函数用于绘制等值线，这些函数及其功能如表 8-9 所示。

表 8-9 MATLAB 中用于绘制等值线的函数

函　数	功　能
clabel	在二维等值线中添加高度值
contour	绘制指定数据的二维等值线
contour3	绘制指定数据的三维等值线
contourf	绘制二维等值线，并用颜色填充各等值线之间的区域
contourc	用于计算等值线矩阵，通常由其他函数调用
meshc	绘制二维等值线对应的网格图
surfc	绘制二维等值线对应的表面图

这里仅介绍其中最常用的函数 contour，该函数用于绘制二维等值线，其调用格式如下。

- contour(Z)：绘制矩阵 Z 的等值线，绘制时将 Z 在 x-y 平面上进行插值，等值线的数量和数值由系统根据 Z 自动确定。
- contour(Z,n)：绘制矩阵 Z 的等值线，等值线数目为 *n*。
- contour(Z,v)：绘制矩阵 Z 的等值线，等值线的值由向量 *v* 确定。
- contour(X,Y,Z)、contour(X,Y,Z,n)和 contour(X,Y,Z,v)：绘制矩阵 Z 的等值线，坐标值由矩阵 X 和 Y 指定，矩阵 X、Y、Z 的维数必须相同。
- contour(...,LineSpec)：利用指定的线型绘制等值线。
- [C,h] = contour(...)：绘制等值线，同时返回等值线矩阵和图形句柄。

例 8-21 绘制 peaks 函数的等值线，并绘制梯度图。

在命令窗口中输入如下命令，首先绘制该函数的等值线图形：

```
>> n = -2.0:.2:2.0;
>> [X,Y,Z] = peaks(n);
>> contour(X,Y,Z,10)
```

得到的图形如图 8-31 所示。

继续在该图形中添加梯度场图像，输入如下命令：

```
>> [U,V] = gradient(Z,.2);
>> hold on
>> quiver(X,Y,U,V)
```

得到的图形如图 8-32 所示。

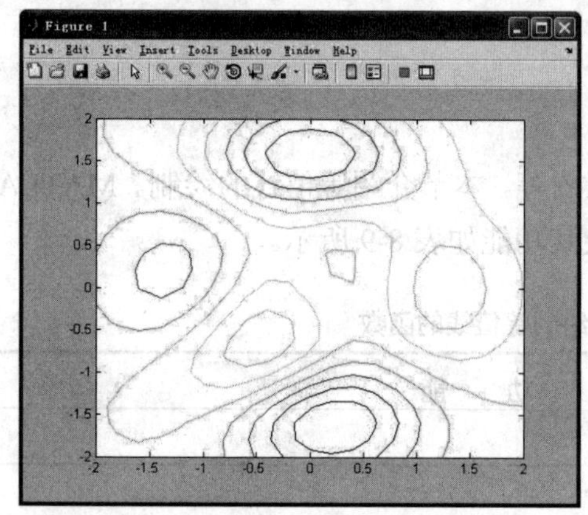

图 8-31　peaks 函数的等值线

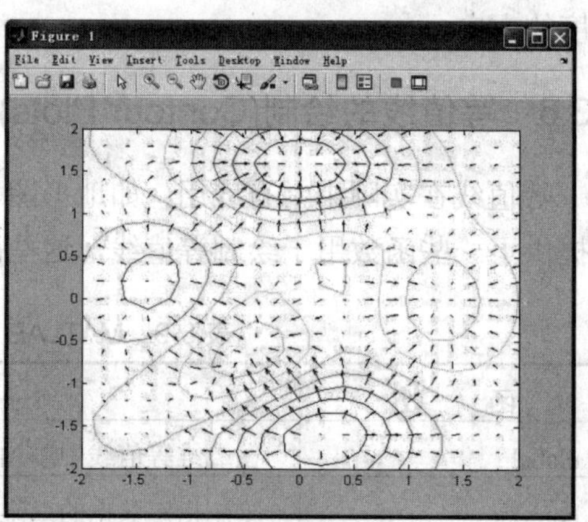

图 8-32　peaks 函数的等值线及梯度

本例中绘制了简单的等值线图形，并在其中添加了梯度场。关于等值线的更多绘制方法，有兴趣的读者可以参考 MATLAB 帮助文档。

8.4 图形注释

为图形添加注释能够增加图形的可读性，增强图形传递信息的能力。本节介绍 MATLAB 的图形注释功能，包括以下几方面。

- 在图形中添加基本注释，包括文本框、线条、箭头、框图等。
- 为图形添加其他注释，如标题、坐标轴、颜色条、图例等。

8.4.1 添加基本注释

本节介绍基本注释的添加，包括线头、箭头、文本框和用矩形或椭圆圈画出重要区域。这些注释的添加可以通过图形注释工具栏直接完成。

例 8-22　在图 8-13 中添加注释，标注出其中工具按钮的功能。

首先将该图片读入，显示在图形窗口中。假设该图片已经存储于路径“C:\MATLAB\R2012a\images”下，文件名为“toolbar. bmp”，在 MATLAB 命令窗口中输入如下命令：

```
>> I=imread('C:\MATLAB\R2012a\images\toolbar.bmp');
>> imshow(I);
```

显示图形，在图形窗口中选择 View | Plot Edit Toolbar 命令，结果如图 8-33 所示。

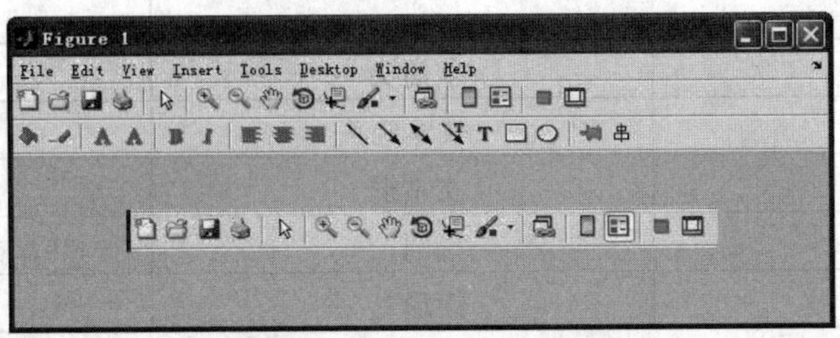

图 8-33　工具栏的图形

下面在图形中用文本箭头标志各工具的功能。选择文本箭头工具，在需要添加注释的位置单击，则在图形中出现箭头，并出现编辑框。如图 8-34 所示，其中的白色区域为编辑框，在编辑框中输入文本内容，并且可以通过工具栏中的按钮设置颜色。

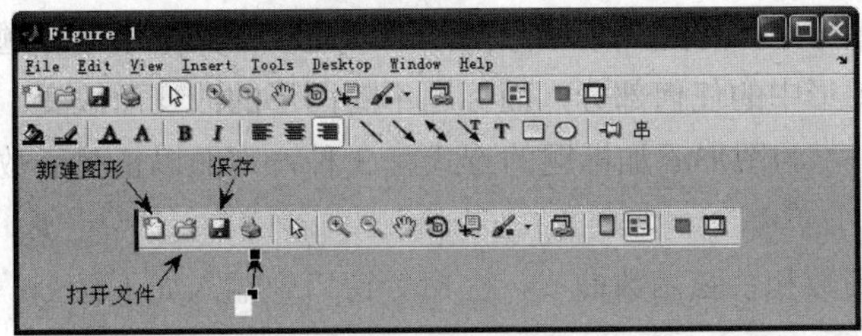

图 8-34　在图形中添加文本注释

全部标记后的结果如图 8-35 所示。

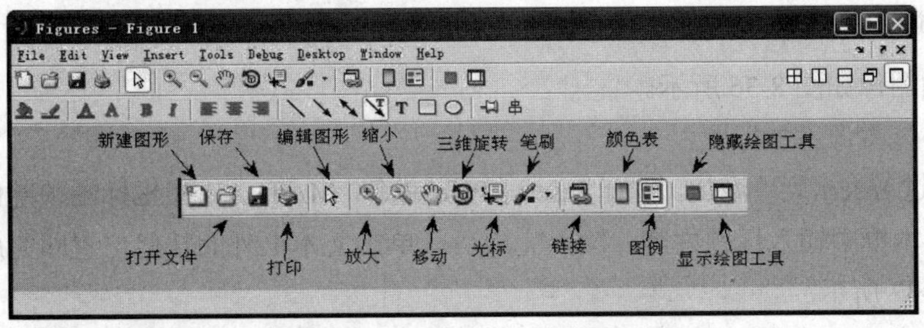

图 8-35　标记完成之后的图形

对图形进行注释的功能也可以通过函数 annotation 完成。该函数的调用格式如下。

annotation(annotation_type,x,y)或 annotation(annotation_type, [x y w h])，其中 annotation_type 用于指定注释的种类，第二个参数用于指定添加注释的位置和区域的大小。如果用 x 和 y 指定，则 x 和 y 分别为起点和终点的 x 坐标和 y 坐标；如果用[x y w h]指定，则 x 和 y 为位置坐标，w 和 h 为区域的大小。不同的注释类型应选择相应的参数。annotation_type 的可选值及对应的第二个参数如表 8-10 所示。

表 8-10　annotation_type 的可选值及对应的第二个参数

参　　数	功　　能	对应的第二个参数
line	插入直线	x,y
arrow	箭头	x,y
doublearrow	双箭头	x,y
textarrow	文本箭头	x,y
textbox	文本框	[x y w h]
ellipse	椭圆	[x y w h]
rectangle	矩形	[x y w h]

8.4.2　添加其他注释

本节介绍包括标题、坐标轴、颜色条和图的注释。

1. 添加标题

在 MATLAB 图形中，标题位于图形的顶部，是一个文本串。标题与文本注释不同，文本注释可以位于图形中的任何部分，而标题不随图形的改变而改变。

在 MATLAB 中，为图形添加标题的方式有 3 种，下面以正弦函数和余弦函数图像为例介绍这 3 种方法。

首先绘制正弦函数和余弦函数曲线，在命令窗口中输入如下命令：

```
>> x=[0:pi/10:2*pi];
>> figure,plot(x,sin(x));
>> hold on;
>> plot(x,cos(x),'-.');
```

得到的图像如图 8-36 所示。

下面为该图像添加标题。

(1) 通过 Insert 菜单添加。选择 Insert | Title 命令，MATLAB 在坐标轴顶部创建一个文本框，在文本框中输入标题内容，输入完成后，单击文本框外的任何位置即完成标题的添加，如图 8-37 所示。

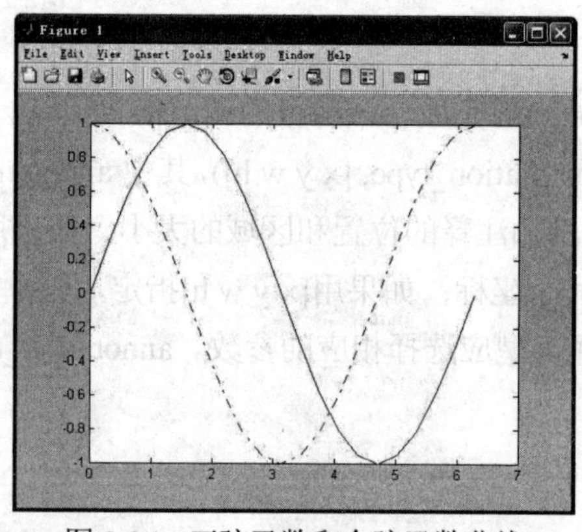

图 8-36　正弦函数和余弦函数曲线

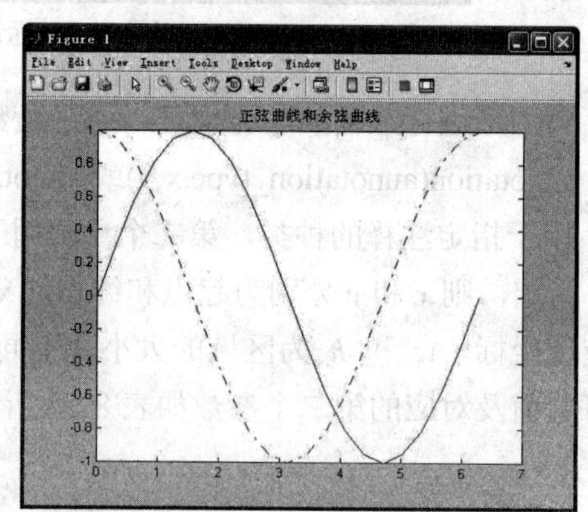

图 8-37　添加标题后的图像

(2) 通过属性编辑器添加标题。单击工具栏中的“编辑图形”按钮，将图形设置为编辑模式，在图像空白处双击，激活属性编辑器，或者通过 View|Property Editor 命令激活。在 Title 输入框中输入标题，输入后单击图像中的任意部位完成标题的添加，得到的结果与图 8-37 所示相同。

(3) 通过命令语句添加。MATLAB 中通过 title 函数可以在图像中添加标题，在前面的绘图例子中已经涉及该函数的应用，该函数的基本用法为：title('string')，在图像的顶部正中添加标题，标题内容由字符串 string 指定。

在命令窗口中输入：

```
>> title('正弦曲线和余弦曲线');
```

得到与图 8-37 相同的效果。

利用函数方式添加标题的方法可用在编写程序中实现图像的自动完成，并且可以多次执行。

2. 添加坐标轴标注

添加坐标轴标注的方法与添加标题的方法基本相同。添加坐标轴也可以通过 Insert 菜单、属性编辑器和函数 3 种方式完成，这里只介绍函数方式。

用于添加坐标轴标注的函数有 xlabel、ylabel 和 zlabel，调用格式与 title 函数基本相同，下面向上节的图像中添加坐标轴标注，将 x 轴标注为“$x(0-2\pi)$”，y 轴标注为“$y:\sin(x)/\cos(x)$”。在命令窗口中输入如下命令：

```
>> xlabel('x(0-2\pi)');
>> ylabel('y:sin(x)/cos(x)');
```

输出的图形如图 8-38 所示。

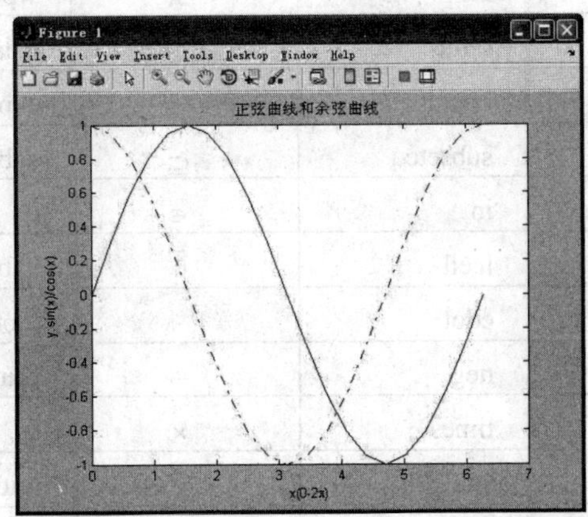

图 8-38　在图 8-37 中添加坐标轴标注后的图像

本例中输入了特殊符号“π”，在命令中以“\pi”的方式输入，其中的“\”为转义符，可以将后面的字符串自动转化为特殊字符。MATLAB 中的常用特殊字符及其对应的控制字符串如表 8-11 所示。

表 8-11　MATLAB 中的常用特殊字符及其对应的控制字符串

控制字符串	字　符	控制字符串	字　符	控制字符串	字　符
\alpha	α	upsilon	υ	sim	□
\beta	β	phi	ϕ	leq	≤
\gamma	γ	chi	χ	infty	∞
\delta	δ	psi	φ	clubsuit	♣
\epsilon	ε	omega	ω	diamondsuit	♦
\zeta	ζ	Gamma	Γ	heartsuit	♥
\eta	η	Delta	Δ	spadesuit	♠
\theta	θ	Theta	Θ	leftrightarrow	↔
\vartheta	ϑ	Lambda	Λ	leftarrow	←
\iota	ι	Xi	Ξ	uparrow	↑
\kappa	κ	Pi	Π	rightarrow	→
\lambda	λ	Sigma	Σ	downarrow	↓
\mu	μ	Upsilon	ϒ	circ	°
\nu	ν	Phi	Φ	pm	±
\xi	ξ	Psi	Ψ	geq	≥
\pi	π	Omega	Ω	propto	∝
\rho	ρ	forall	∀	partial	∂
\sigma	σ	exists	∃	bullet	•
\varsigma	ς	ni	∍	div	÷
\tau	τ	cong	≅	neq	≠
\equiv	≡	approx	≈	aleph	ℵ
\Im	ℑ	Re	ℜ	wp	℘
\otimes	⊗	oplus	⊕	oslash	∅
\cap	∩	cup	∪	supseteq	⊇
\supset	⊃	subseteq	⊆	subset	⊂
\int	∫	in	∈	o	ο
\rfloor	⌋	lceil	⌈	nabla	∇
\lfloor	⌊	cdot	·	ldots	…
\perp	⊥	neg	¬	prime	′
\wedge	∧	times	×	0	∅
\rceil	⌉	surd	√	mid	|
\vee	∨	varpi	ϖ	copyright	©
\langle	〈	rangle	〉		

3. 添加图例

图例可以对图像中的各种内容做出注释。每幅图像可以包含一个图例。添加图例可以通过界面方式和命令方式完成：

- 通过 Insert | Legend 命令添加或通过工具栏的 Insert Legend 添加图例；
- 通过函数 legend 添加图例。

下面分别介绍这两种方法。

(1) 通过界面添加

以上节中的正弦曲线和余弦曲线图为例，介绍图例的添加。

设置图像为编辑模式。单击工具栏中的图例按钮，或者选择 Insert | Legend 命令，则 MATLAB 自动在图像中生成图例，每条曲线对应图例的一项，图例中的标志为曲线对应的线型和颜色，注释默认为 data1、data2 等，如图 8-39 所示。

接下来对图例中的文字进行编辑，在需要编辑的文本上双击，出现光标提示输入，输入新的文本内容，如图 8-40 所示。

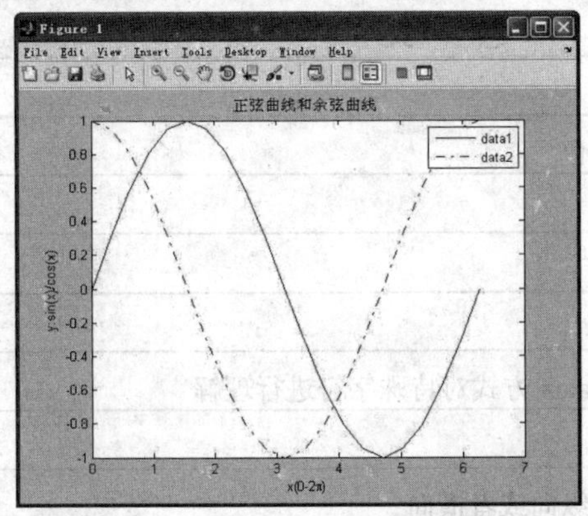

图 8-39　MATLAB 自动生成的图例

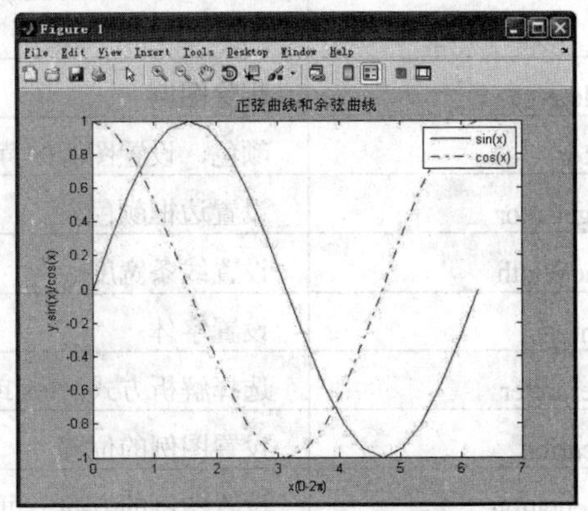

图 8-40　对图例文字编辑后

添加图例后可以对图例进行编辑，如改变图例的位置、改变图例的外观或删除图例。

① 改变图例位置。将图形设置为编辑模式，单击选中图例。接下来可以用下面 3 种方式设置图例的位置：

- 按住鼠标左键将图例拖动到目标位置处，释放鼠标则完成位置重置；
- 在图例上右击，在弹出的如图 8-41 所示的右键快捷菜单中选择 Location 命令，在 Location 延展菜单中选择适应的位置选项；

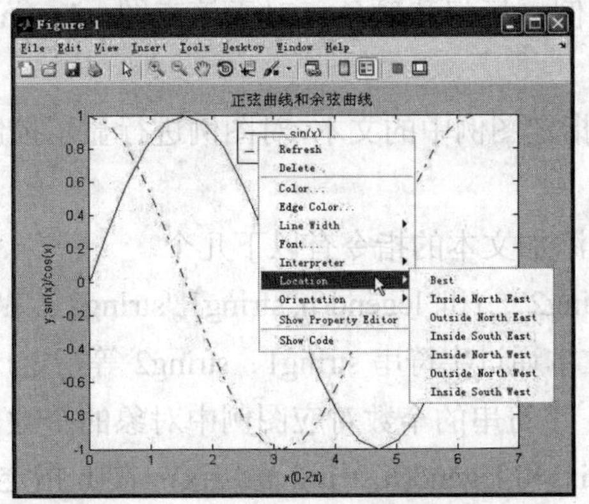

图 8-41　图例对应的右键快捷菜单

- 选中图例，使用菜单命令 View | Property Editor 或右键快捷菜单中的 Show Property Editor 命令打开属性编辑器，如图 8-42 所示，在属性编辑器中设置图例的位置。

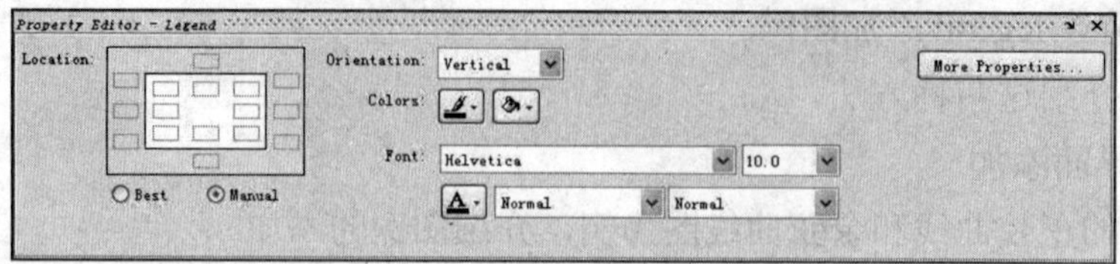

图 8-42　通过属性编辑器编辑图例

② 改变图例外观。在图例上右击，利用右键快捷菜单中的各种命令，可以对图例进行编辑，包括颜色、字体、方向等，该菜单中的各个选项及其意义如表 8-12 所示。

表 8-12　图例右键菜单中的选项及意义

选　项	意　义
Delete	删除图例
Color	颜色，设置图例的背景颜色
EdgeColor	设置边框颜色
LineWidth	设置线条宽度
Font	设置字体
Interpreter	选择解析方式，tex 或者 latex 方式对特殊字符进行理解
Location	设置图例的位置
Orientation	设置图例的方向，可以为纵向或者横向
Show Property Editor	显示属性编辑器
Show M-code	显示 M 代码

③ 删除图例。选中图例，按 Delete 键即可删除图例；或者在图例上右击，在右键快捷菜单中选择 Delete 命令也可删除图例。

(2) 通过 legend 函数添加图例

legend 函数可以在任何图形上添加图例。对于曲线，legend 函数为每条曲线生成一个标志，该标志包括线型示例、标记和颜色；对于填充图，legend 函数的标记为该区域的颜色。

通过 legend 函数可以指定图例中的文本，对图例进行显示控制或者编辑图例的属性等。下面介绍这些应用。

利用 legend 在图例中添加文本的指令有以下几个。

- legend('string1','string2',...)和 legend(h,'string1','string2',...)：在(h 指定的)图像中添加图例，图例中的文本通过字符串 string1、string2 等指定，字符串的顺序与图形对象绘制的顺序对应，字符串的个数对应图例中对象的个数。
- legend(string_matrix)和 legend(h,string_matrix)：在(h 指定的)图像中添加图例，图例中的文本由字符串矩阵 string_matrix 指定。

- legend(axes_handle,...)：在由坐标系句柄 axes_handle 指定的坐标系中添加图例。

例 8-23　在图 8-38 中添加图例。

在命令窗口中输入：

```
>> legend('sin(x)','cos(x)');
```

输出图像如图 8-40 所示。

添加图例后，可以对图例进行控制，对图例进行控制的格式为 legend('keyword')/legend(axes_handle, 'keyword')或者 legend keyword，其中 keyword 的值及对应的意义如表 8-13 所示。

表 8-13　Legend 函数 keyword 的值及对应的意义

参 数 值	意　　义
off	删除图例
toggle	改变图例的当前状态：如果处于"off"状态则添加图例，如果图例存在则将其删除
hide	隐藏图例
show	显示图例
boxoff	删除图例的边框，同时设置图例的背景为无色(透明)
boxon	为图例添加边框，并设置图例的背景为非透明

注意：

如果输入的参数无具体意义，则 MATLAB 将其视为普通字符串，将该指令视为创建图例指令。MATLAB 将以该字符串为参数新建图例或替换已有的图例。

语句 legend(...,'Location',location) 用于在指定位置创建图例，其中位置由参数 location 指定，location 的可选值如表 8-14 所示。

表 8-14　图例位置参数的可选值

参 数 值	意　　义	参 数 值	意　　义
数组：[left bottom width height]	位置向量，分别为图例区域的左下角 x 坐标、纵坐标和区域的宽度与高度		
North	图像内顶端	NorthOutside	图像外顶端
South	图像内底端	SouthOutside	图像外底端
East	图像内右侧	EastOutside	图像外右侧
West	图像内左侧	WestOutside	图像外左侧
NorthEast	图像内右上角(默认)	NorthEastOutside	图像外右上角
NorthWest	图像内左上角	NorthWestOutside	图像外左上角
SouthEast	图像内右下角	SouthEastOutside	图像外右下角
SouthWest	图像内左下角	SouthWestOutside	图像外左下角
Best	MATLAB 自动在内部选择最佳位置	BestOutside	MATLAB 自动在外部选择最佳位置

4. 添加文本

在图像中添加文本注释可以让图像更加可读，传递更多信息。添加文本可以通过文本工具完成。

在图像中添加文本可以通过工具栏中的文本框来实现，步骤如下：显示注释工具栏，使图像处于编辑状态；然后选择文本框工具；在图像中需要添加文本的位置单击激活输入框；输入文本内容。

另外，可以通过命令语句添加文本。MATLAB 中用于在图像中添加文本的函数有 gtext 和 text。gtext 函数执行时允许用户通过鼠标在图像中选择添加位置，text 函数在命令中指定添加位置。下面分别介绍这两个函数。

(1) gtext 函数

其调用格式如下。

- gtext('string')：在鼠标指定的位置添加文本，文本内容通过 string 指定。
- gtext({'string1','string2','string3',...})：通过鼠标一次指定添加位置，每个字符串为一行。
- h = gtext(...)：添加文本，同时返回图像句柄。

例 8-24　在"正弦曲线和余弦曲线"图中标注出正弦和余弦相等的点。

在绘制好曲线后，在命令窗口中输入如下命令：

```
>> gtext({'sin(x)=cos(x)';'sin(x)=cos(x)'});
```

按 Enter 键后，活动窗口自动转换到当前图形窗口，如图 8-43 所示，通过鼠标定位要添加文本的位置，单击确定按钮，得到图形如图 8-44 所示。

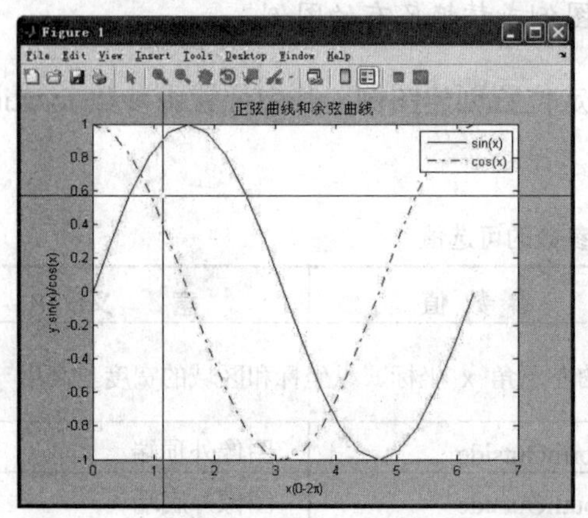

图 8-43　利用 gtext 函数在图像中添加文本

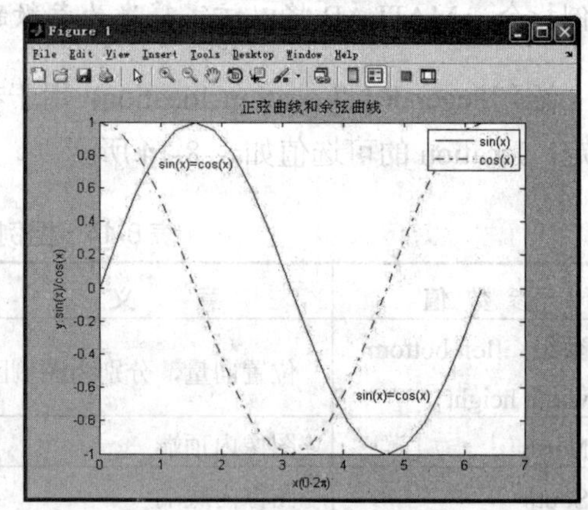

图 8-44　添加文本的结果

(2) text 函数

text 函数是一个底层函数，用于创建文本图形对象。该函数可以在图形中的指定位置添加文本注释，其调用格式如下。

- text(x,y,'string')：在二维图形中的指定位置添加文本，x 和 y 分别为指定位置的 x 坐标和 y 坐标，string 为待添加的文本内容。
- text(x,y,z,'string')：在三维图形中的指定位置添加文本。

- text(...'PropertyName',PropertyValue...)：添加文本，并指定属性。
- h = text(...)：添加文本，并返回句柄。

text 函数可以一次指定一个文本对象，也可以一次指定多个文本对象。当指定一个文本对象时，位置参数为标量，文本内容参数为一个字符串；当指定多个文本对象时，位置参数为长度相等的向量，string 可以是一个字符串矩阵，也可以是元素为字符串的单元数组，或者是以竖线“|”分隔的字符串。见例 8-25。

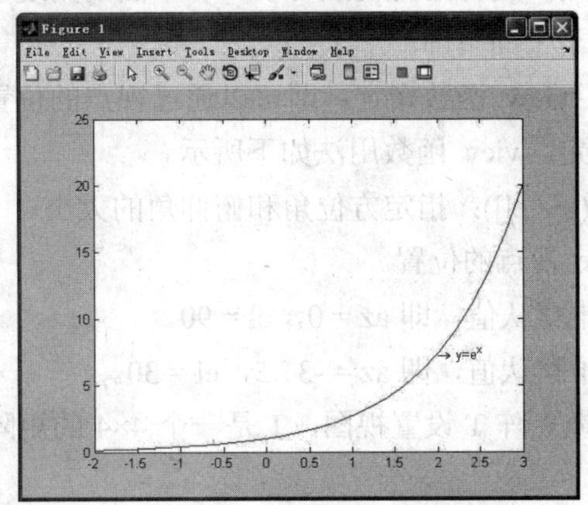

图 8-45 用 text 函数对图像进行注释

例 8-25 用 text 函数对图像进行注释。

在命令窗口中输入如下命令：

```
>> x=[-2:0.2:3];
>> y=exp(x);
>> plot(x,y);
>> text(2,exp(2),'\rightarrow y=e^x');
```

得到的图形如图 8-45 所示。

8.5 三维图形的高级控制

三维图形比二维图形包含更多的信息，因此在实际中得到广泛应用。对于三维图形，由于其复杂性，如果对其赋予更多的属性，则可以得到更多信息。如对于一幅三维图像，从不同的角度观看可以得到不同的信息，采用适宜的颜色可以得到更加直观的效果。本节介绍三维图形的高级控制，包括图形的查看方式、光照控制和图形中颜色的使用。

8.5.1 查看图形

对于三维图形，采用不同的查看方式可以得到不同的信息，因此有必要选择适宜的查看方式，以便充分利用三维图形中的丰富信息。对于三维图形，用户既可以在图形窗口中选择查看方式，也可以通过函数或命令设置查看方式。本节将介绍图形的查看方式。

1. 设置方位角和俯仰角

在 MATLAB 中用户可以设置图形的显示方式，包括视点、查看对象、方向和图形显示的范围。这些性质由一组图像属性控制，用户可以直接指定这些属性，也可以通过 view 函数设置这些属性，或者采用 MATLAB 默认设置。

方位角和俯仰角是视点相对于坐标原点而言的概念。方位角为 *x-y* 平面内的平面角，角度为正时表示逆时针方向。俯仰角为视点对于 *x-y* 平面的角度，当俯仰角为正时位于平面上部，俯仰角为负时位于平面下部。

方位角和俯仰角通过 view 函数指定，即可以通过视点的位置指定，也可以通过设置方位角和俯仰角的大小指定。view 函数用法如下所示。

- view(az,el)、view([az,el])：指定方位角和俯仰角的大小。
- view([x,y,z])：指定视点的位置。
- view(2)：选择二维默认值，即 az = 0，el = 90。
- view(3)：选择三维默认值，即 az = -37.5，el = 30。
- view(T)：通过变换矩阵 T 设置视图，T 是一个 4×4 的矩阵，如通过 viewmtx 生成的透视矩阵。
- [az,el] = view：返回当前的方位角和俯仰角。
- T = view：返回当前的变换矩阵。

例 8-26　利用 view 函数进行视点控制。

```
>> clear all
>> [X,Y] = meshgrid([-2:.25:2]) ;
>> Z = X.*exp(-X.^2 -Y.^2);
```

采用默认视点绘制图像，得到的图像如图 8-46 所示。

```
>> surf(X,Y,Z),title('default 3-D view: azimuth = -37.5°,elevation = 30°');
```

采用方位角 0° 和俯仰角 180° 显示图像，得到的图像如图 8-47 所示。

```
>> view(0,180),title('azimuth = 0°,elevation = 180°');
```

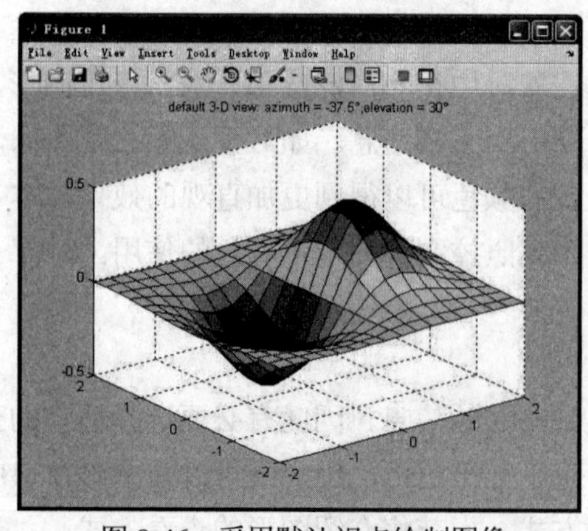

图 8-46　采用默认视点绘制图像

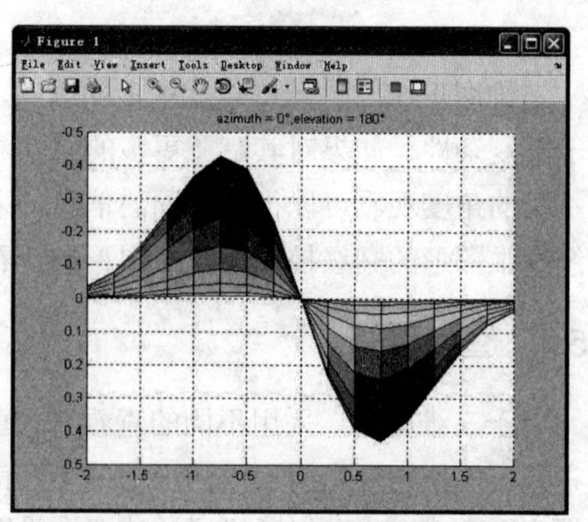

图 8-47　方位角 0° 和俯仰角 180°

采用方位角-37.5° 和俯仰角-30° 显示图像，得到的图像如图 8-48 所示。

```
>> view(-37.5,-30),title('azimuth = -37.5°,elevation = -30°');
```

最后，在视点[3,3,1]处查看该图像，得到的图像如图 8-49 所示。

```
>> view([3,3,1]),title('viewpoint=[3,3,1]');
```

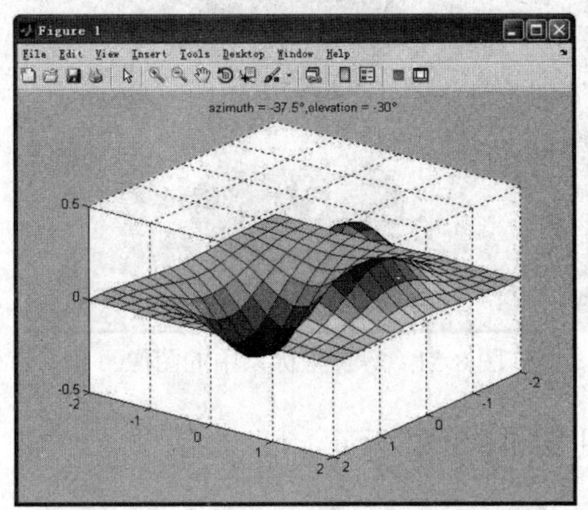

图 8-48 方位角-37.5° 和俯仰角-30°

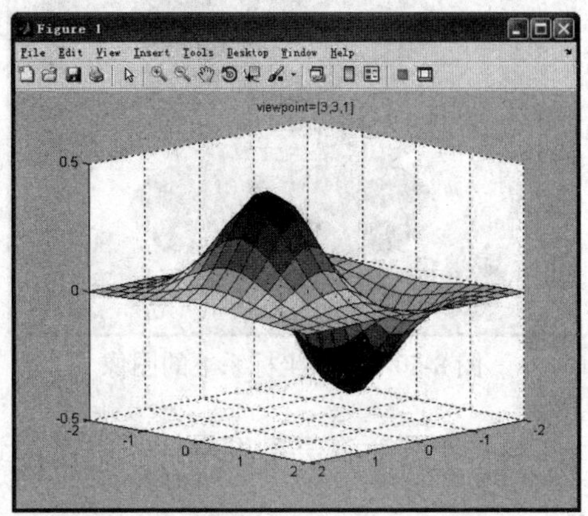

图 8-49 在视点[3,3,1]处查看该图像

本例中实现了通过 view 函数选择图像的查看角度。

2. 坐标轴

在上面一节中已经介绍了坐标轴的控制，本节将加以补充。

坐标轴通过设置坐标轴的尺度和范围控制图像的形状。在默认情况下，MATLAB 通过数据的分布，自动计算坐标轴的范围和尺度，使得绘制的图像最大限度地符合绘图区域。用户也可以通过 axis 函数设置图像的坐标轴。关于 axis 函数的功能已经在前面的章节中介绍过了，本节只介绍坐标轴控制的其他属性和函数等。

(1) 设置适宜的坐标轴范围和尺度

在默认情况下，MATLAB 生成的坐标轴规范化为图形窗口的大小，并且稍小于图形窗口，以便于添加边框。当改变窗口大小时，坐标系的大小和区域的形状因子(宽度和高度的比值)同时改变，保证坐标系能够充满窗口中的可用区域。同时，MATLAB 会选择适宜的坐标轴范围保证各个方向上的最大分辨率。

但是在一些特定情况下，则需要设置坐标轴的范围和尺度以满足特殊需要。关于坐标轴设置已经介绍过了，这里再以例 8-27 来介绍其应用效果。

例 8-27 不同坐标轴设置的结果比较。

在命令窗口中输入如下代码，得到图 8-50。

```
>> t = 0:pi/6:4*pi;
>> [x,y,z] = cylinder(4+cos(t),30);
>> surf(x,y,z),title('default axis');
```

将该图形在等长坐标系中显示，得到图 8-51。

```
>> axis square,title('axis square');
```

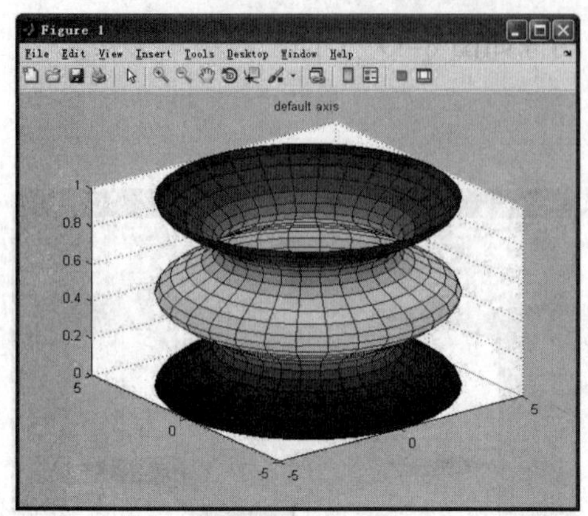

图 8-50　默认坐标系下的图像

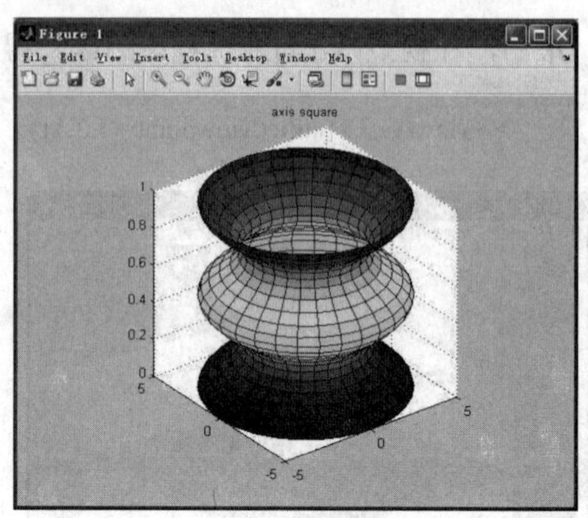

图 8-51　等长坐标系中的图像

将该图形显示在等刻度坐标系中，得到的图形如图 8-52 所示。

```
>> axis equal,title('axis equal');
```

(2) 设置绘图区形状因子的其他命令

例 8-28 中将图像分别在不同的坐标系中显示，坐标系通过 axis square、axis equal 设置。这里介绍一些其他命令，用于设置绘图区域的形状。

绘图区域的形状可以通过以下 3 种方式设置：

- 设置绘图数据的比例；
- 指定坐标系的形状；
- 指定坐标轴的范围。

(3) 设置绘图区域形状的函数

可用于设置绘图区域形状的函数如表 8-15 所示。

表 8-15　设置绘图区域形状的函数

命　令	功　能
daspect	设置或获取数据的范围比例因子
pbaspect	设置或获取绘图区域的比例因子
xlim	设置或获取 x 轴的范围
ylim	设置或获取 y 轴的范围
zlim	设置或获取 z 轴的范围

下面介绍这些函数的用法。

① daspect 和 pbaspect。这两个函数的调用格式基本相同，不同之处在于函数 daspect 针对绘图数据进行操作，而函数 pbaspect 针对绘图区域进行操作。下面以 daspect 为例介绍

这两个函数的用法。

- daspect：返回当前坐标系中的数据形状因子。
- daspect([aspect_ratio])：设置当前坐标系中的形状因子为指定值，形状因子由数组指定，其元素为各坐标轴比例的相对值，如[1 1 3]表示 3 个坐标轴的刻度比为 1:1:3。
- daspect('mode')：返回数据形状因子的当前值，包括 auto、manual 等。
- daspect('auto')：设置当前坐标系中的形状因子为 auto。
- daspect('manual')：设置当前坐标系中的形状因子为 manual。
- daspect(axes_handle,...)：设置指定的坐标系。

例 8-28　通过函数 daspect 控制图像的形状。

首先采用默认设置绘制函数 $z = x\exp(-x^2 - y^2)$ 的图像，得到的图形如图 8-53 所示。

```
>> [x,y] = meshgrid([-2:.2:2]);
>> z = x.*exp(-x.^2 - y.^2);
>> surf(x,y,z)
```

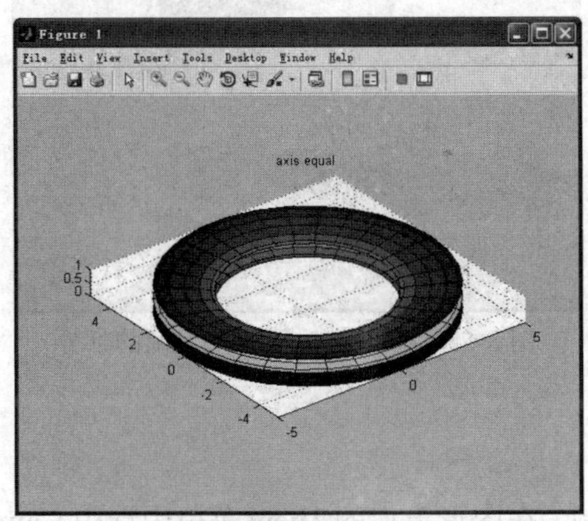

图 8-52　等刻度坐标系中的图像

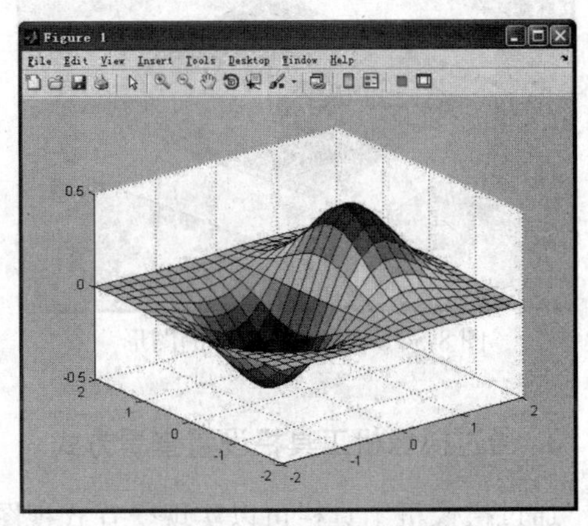

图 8-53　默认设置下的图形

接下来查看其当前数据比例：

```
>> daspect
ans =
        4      4      1
```

设置比例为 [2,2,1]：

```
>> daspect([2 2 1])
```

得到的图形如图 8-54 所示。

② xlim、ylim 和 zlim。这 3 个函数的用法相同，用于设置或获取相应坐标轴的范围。下面以 xlim 为例介绍这 3 个函数的应用。

- xlim：获取当前 x 轴的范围。

- xlim([xmin xmax])：设置 x 轴的范围为[xmin xmax]。
- xlim('mode')：返回当前 x 轴范围的属性，包括 auto 和 manual 等。
- xlim('auto')：设置 x 轴的范围为 auto。
- xlim('manual')：设置 x 轴的范围为 manual。
- xlim(axes_handle,...)：设置指定坐标系中 x 轴的范围。

例 8-29　显示图 8-54 中的[-1,1:-1,1]之间的部分。

继续在命令窗口中输入：

```
>> xlim([-1 1])
>> ylim([-1 1])
```

得到的图形如图 8-55 所示。

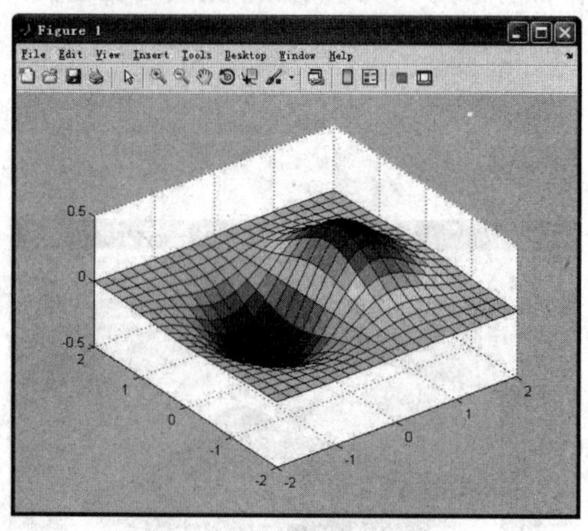

图 8-54　比例[2,2,1]下的图形

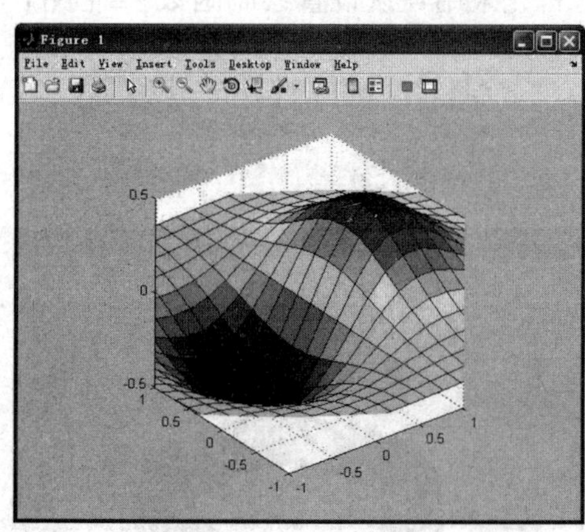

图 8-55　图 8-54 [-1,1:-1,1]之间的部分

3. 通过摄像机工具栏设置查看方式

通过摄像机工具栏可以实现交互式视图控制。在图形窗口的 View 菜单中选中 Camera Toolbar 命令，调出摄像机工具栏，如图 8-56 所示。该工具栏包括 5 组工具，分别为摄像机控制工具、坐标轴控制工具、光照变换、透视类型和重置、停止工具。用户可以通过这些工具改变图像的查看方式等。

图 8-56　摄像机工具栏

8.5.2　图形的色彩控制

图形的颜色是图形的一个重要因素，丰富的颜色变化可以使图形更具有表现力。MATLAB 中图形的颜色控制主要由函数 colormap 完成。

MATLAB 是采用颜色映射表来处理图形颜色的，即 RGB 色系。计算机中的各个颜色都是通过三原色按照不同比例调制出来的。每一种颜色的值表达为一个 1×3 的向量[R G B]，其中 R、G、B 分别代表 3 种颜色的值，其取值范围位于[0, 1]区间内。MATLAB 中的典型的颜色配比方案如表 8-16 所示。

表 8-16 MATLAB R2012a 中典型的颜色配比方案

R(红色)分量	G(绿色)分量	B(蓝色)分量	最 终 色
0	0	0	黑色
1	1	1	白色
1	0	0	红色
0	1	0	绿色
0	0	1	蓝色
1	1	0	黄色
1	0	1	紫红色
0	1	1	青色
0.5	0.5	0.5	灰色
0.5	0	0	深红色
1	0.62	0.40	古铜色
0.49	1	0.83	碧绿色

调好颜色表后，可以用它作为绘图用色。一般的曲线绘制函数，如 plot、plot3 等，不需要颜色表控制色彩显示，而对于曲面绘制函数，如 mesh、surf 等，则需要颜色表。颜色表的设定命令为：colormap([R，G，B])，其中输入变量[R，G，B]为一个三列矩阵，行数不限，该矩阵称为颜色表。

另外，MATLAB 预定义了几种典型颜色表。用户可以通过属性编辑器查看和选择这些颜色表。选择 Edit | Figure Properties 命令，激活属性编辑器。用户可以通过属性编辑器中的 Colormap 下拉菜单选择适宜的颜色表，如图 8-57 所示。

图 8-55 中显示了系统预定义的颜色表，这些颜色表的意义如表 8-17 所示。

表 8-17 系统预定义的颜色表及对应的意义

颜 色 表	意 义
autumn	秋天风格的颜色表，由红色到黄色渐变
bone	带有淡蓝色的灰度颜色表
contrast	灰度颜色表，用于增强图像对比度
cool	由青色到紫红色渐变的颜色表
copper	由黑色到亮铜色渐变的颜色表
flag	由红、白、蓝、黑 4 种颜色组成
gray	线性灰度颜色表
hot	由黑色、红色、橙色、黄色、白色的渐变
hsv	HSV 颜色模型中 H(色调)分量的渐变，颜色变换顺序为：红、黄、绿、青、蓝、紫红色，最后回到红色

(续表)

颜 色 表	意 义
jet	HSV 颜色表的变形，颜色变换顺序为：蓝、青、黄、橙、红
lines	由坐标系的 ColorOrder 属性指定的颜色及深灰色组成
prism	重复 6 种颜色：红、橙、黄、绿、蓝、紫
spring	紫红色到黄色的渐变
summer	绿色到黄色的渐变
winter	蓝色到绿色的渐变

例 8-30 颜色表的使用。

```
>> load flujet
>> image(X)
>> colormap(jet)
```

得到的图形如图 8-58 所示。

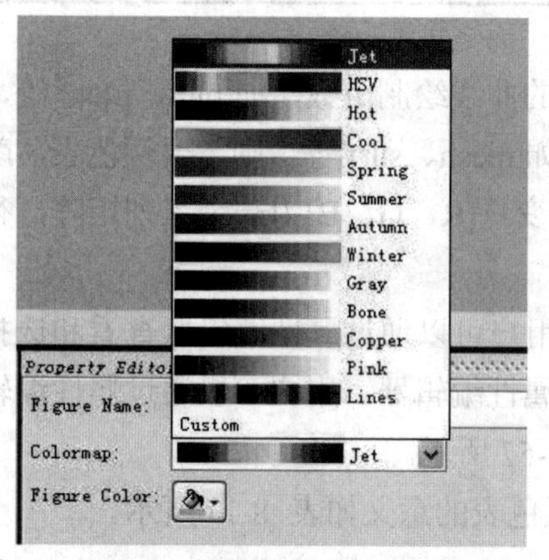

图 8-57 MATLAB 预定义的几种典型颜色表

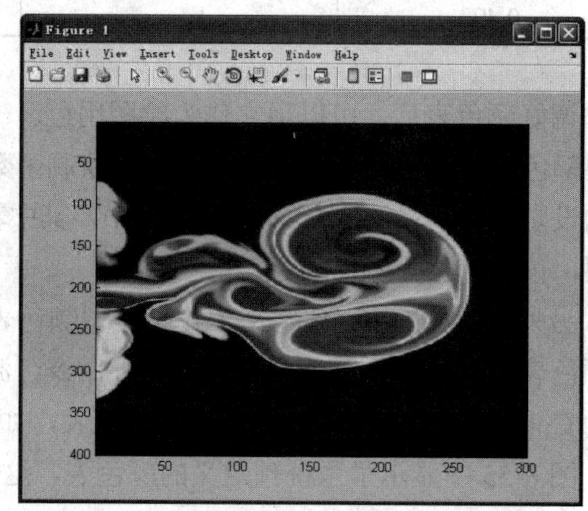

图 8-58 颜色表使用示例

8.5.3 光照控制

光照通过模拟自然光照条件(如阳光)下的光亮和阴影向场景中添加真实性。MATLAB 中用于控制光照的函数如表 8-18 所示。

表 8-18 MATLAB 中的光照控制函数

函 数	说 明
camlight	创建或移动光源，位置为与摄像机之间的相对位置
lightangle	在球面坐标系中创建或放置光源
light	创建光照对象
lighting	选择照明方案
material	设置反射系数属性

下面通过具体实例说明光照控制的应用。

例 8-31　向图像中添加光照。

本例首先生成膜面图，之后向其中添加光照，光源位置通过位置向量确定。在命令创建中输入如下命令：

```
>> membrane
```

该语句用于生成膜面图，得到的图形如图 8-59 所示。

继续输入命令，在该图中加入光源：

```
>> light('Position',[0 -2 1])
```

得到的图形如图 8-60 所示。

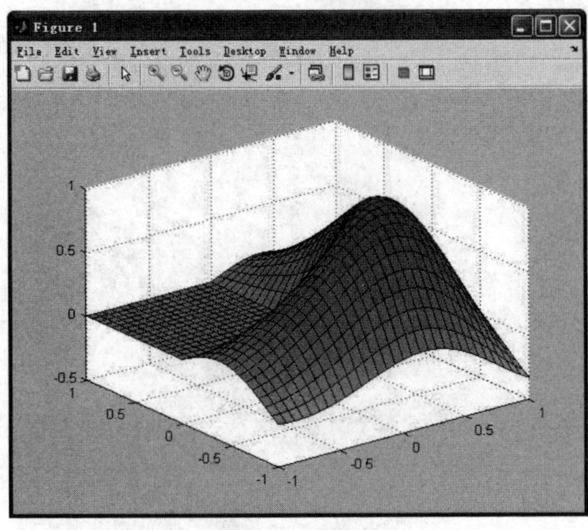

图 8-59　膜面图

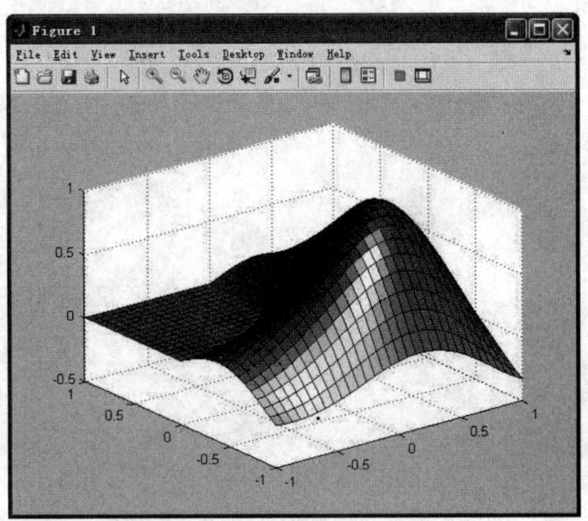

图 8-60　在膜面图中添加光源

8.6　习　题

1. 编写程序。该程序在同一窗口中绘制函数在[0, 2π]之间的正弦曲线和余弦曲线，步长为 π/10，线宽为 4 个像素，正弦曲线设置为蓝色实线，余弦曲线颜色设置为红色虚线，两条曲线交点处，用红色星号标记。

2. 绘制下列图像。

(1) $y = x\sin x$，$0<x<10\pi$

(2) 三维曲线：$z = x^2 + 6xy + y^2 + 6x + 2y - 1$，$-10 < x < 10$，$-10 < y < 10$

(3) 双曲抛物面：$z = \dfrac{x^2}{16} - \dfrac{y^2}{4}$，$-16 < x < 16$，$-4 < y < 4$

3. 绘制下列图像。

(1) 绘制电脑磁盘使用情况的饼状图。

(2) 生成 100 个从 0 到 10 之间的随机整数，绘制其直方图。

(3) 生成 10 个从 0 到 10 之间的随机整数，绘制其阶跃图。

4. 分别通过界面交互方式和函数方式在第 1 题生成的图形中添加注释，至少应包括标题、文本注释和图例。

5. 对第 2 题中绘制的双曲抛物面尝试进行视点控制和颜色控制。

第9章　MATLAB句柄图形

句柄图形(Handle Graphics)是 MATLAB 中用于创建图形的面向对象的图形系统。图形句柄提供了多种用于创建线条、文本、网格和多边形等的绘图命令以及图形用户接口(GUI)等。

通过图形句柄，MATLAB 可以对图形元素进行操作，而这些图形元素正是产生各种类型图形的基础。利用图形句柄，可以在 MATLAB 中修改图形的显示效果，创建绘图函数等。

本章学习目标

- ☑ 了解 MATLAB 图形对象及属性
- ☑ 掌握 MATLAB 图形对象属性的设置及查询
- ☑ 掌握 MATLAB 图形对象句柄的访问及操作

9.1　MATLAB 的图形对象

图形对象是 MATLAB 显示数据的基本绘图元素，每个对象拥有一个唯一的标志，即句柄。通过句柄可以对已有的图形对象进行操作，控制其属性。

MATLAB 中这些对象的组织形式为层次结构，如图 9-1 所示。

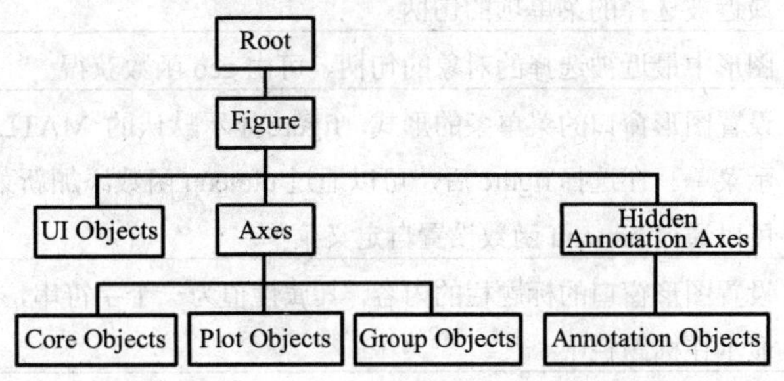

图 9-1　MATLAB 中图形对象的组织形式

本节将介绍 MATLAB 的这些图形对象。

MATLAB 中的图形对象主要有核心图形对象和复合图形对象两种类型。核心图形对象用于创建绘图对象，可以通过高级绘图函数和复合图形对象调用实现。复合图形对象由核心对象组成，用于向用户提供更方便的接口。复合图形对象构成一些子类的基础，如 Plot 对象、Annotation 对象、Group 对象和 GUI(用户接口)对象等。图形对象互相关联、互相依赖，共同构成 MATLAB 图形。

9.1.1　Root 对象

Root 对象即根对象。根对象位于 MATLAB 层次结构的最上层，因此在 MATLAB 中创建图形对象时，只能创建唯一的一个 Root 对象，而其他的所有对象都从属于该对象。根对象是由系统在启动 MATLAB 时自动创建的，用户可以对根对象的属性进行设置，从而改变图形的显示效果。

9.1.2　Figure 对象

Figure 是 MATLAB 显示图形的窗口，其中包含菜单栏、工具栏、用户接口对象、右键菜单、坐标系及坐标系的子对象等。MATLAB 允许用户同时创建多个图形窗口。

如果当前尚未创建图形对象(即 Figure 窗口)，则调用任意一个绘图函数或图像显示函数(如 plot 函数和 imshow 函数等)均可以自动创建一个图形窗口。如果当前根对象已经包含了一个或多个图形窗口，则总有一个窗口为“当前”窗口，且该窗口为所有当前绘图函数的输出窗口。

关于 Figure 对象的生成、其属性的查看与设置已经在第 9 章中介绍过了，本节再介绍关于 Figure 对象的常用属性和属性值，如表 9-1 所示。

表 9-1　Figure 对象的常用属性和属性值

属 性 名	含　义
Color	图形的背景颜色，可设置为三元素的 RGB 向量或者是 MATLAB 自定义的颜色，如'r'、'g'、'b'、'k'分别表示红色、绿色、蓝色和黑色(与绘制图形时的标志相同)，RGB 的取值范围为[0 1]
CurrentAxes	当前坐标轴的句柄
CurrentMenu	最近被选择的菜单项的句柄
CurrentObject	图形中最近被选择的对象的句柄。可由 gco 函数获得
MenuBar	设置图形窗口的菜单条的形式，'figure'显示默认的 MATLAB 菜单，'none'为不显示菜单。在选择'figure'后，可以通过 uimenu 函数添加新菜单；在选择'none '后，可以通过 uimenu 函数设置自定义菜单
Name	设置图形窗口的标题栏的内容，其属性值为一个字符串，在创建窗口时，字符串显示在标题栏中
PaperOrientation	设置打印时的纸张方向。portrait 表示纵向，为 MATLAB 的默认设置；landscape 表示横向
PaperPosition	设置打印页面上的图形位置，位置向量用[left, bottom, width, height]表示，其中 left 和 bottom 分别为打印位置左下角的坐标，width 和 height 分别表示打印页面图形的宽度和高度

(续表)

属 性 名	含　义
PaperSize	设置打印纸张的大小，向量[width height]表示打印纸张的宽度和高度
PaperType	设置打印纸张的类型，可以用'a3'和'a4'等表示
PaperUnits	设置纸张属性的度量单位，包括'inches'、'centimeters'、'normalized'等，分别表示英尺、厘米和归一化坐标
Pointer	设置窗口下指示鼠标光标的显示形式，'crosshair'表示十字形，'arrow'表示箭头形状，为 MATLAB 的默认设置，'watch'表示沙漏等
Position	设置图形窗口的位置及大小，通过向量[left, bottom, width, height]指定，其中 left 和 bottom 分别为窗口左下角的横坐标和纵坐标，width 和 height 分别为窗口的宽度和高度
Resize	设置是否可以通过鼠标调整窗口的大小，'on'表示可以调节，'off'表示不可以调节
Units	设置尺寸单位，包括'inches'、'centimeters'、'normalized'等，分别表示英尺、厘米和归一化坐标
Visible	设置窗口初始时刻是否可见，选项包括'on' 和'off'，其中'on'为默认值。在编程中，如果不需要看见中间过程，可以首先设置为'off '，在完成编程后，再设置为'on'来显示窗口

9.1.3　Core 对象

Core 对象包括基本的绘图单元，包括线条、文本、多边形及一些特殊对象，如表面图，表面图中包括矩形方格、图像和光照对象，光照对象不可视，但是会影响一些对象的色彩方案。MATLAB 中的核心对象(Core)如表 9-2 所示。

表 9-2　MATLAB 中的 Core 对象

对　　象	功　　能
axes	Axes 对象定义显示图形的坐标系，Axes 对象包含于图形中
image	图形对象为一个数据矩阵，矩阵数据对应于颜色。当矩阵为二维时表示灰度图像，三维时表示彩色图像
light	坐标系中的光源。Light 对象影响图像的色彩，但是本身不可视
line	通过连接定义曲线的点生成
patch	填充的多边形，其各边属性相互独立。每个 Patch 对象可以包含多个部分，每个部分由单一色或插值色彩组成
rectangle	二维图像对象，其边界和颜色可以设置，可绘制变化曲率的图像，如椭圆
surface	表面图形
text	图形中的文本

例 9-1　创建核心(Core)图形对象。

在窗口中输入以下命令：

```
>> [x,y] = meshgrid([-2:.4:2]);
>> Z = x.*exp(-x.^2-y.^2);
>> fh = figure('Position',[350 275 400 300],'Color','w');
>> ah = axes('Color',[.8 .8 .8],'XTick',[-2 -1 0 1 2],...
        'YTick',[-2 -1 0 1 2]);
>> sh = surface('XData',x,'YData',y,'ZData',Z,...
            'FaceColor',get(ah,'Color')+.1,...
            'EdgeColor','k','Marker','o',...
            'MarkerFaceColor',[.5 1 .85]);
```

得到的图形如图 9-2 所示。

通过 view 函数改变该图形的视角：

```
>> view(3)
```

得到的图形如图 9-3 所示。

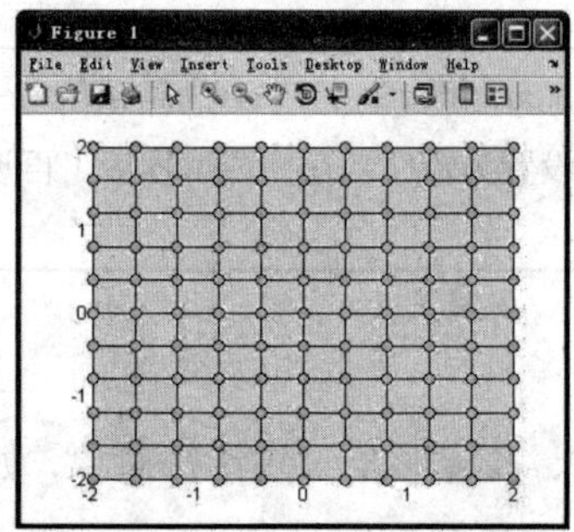

图 9-2　创建核心(Core)图形对象结果

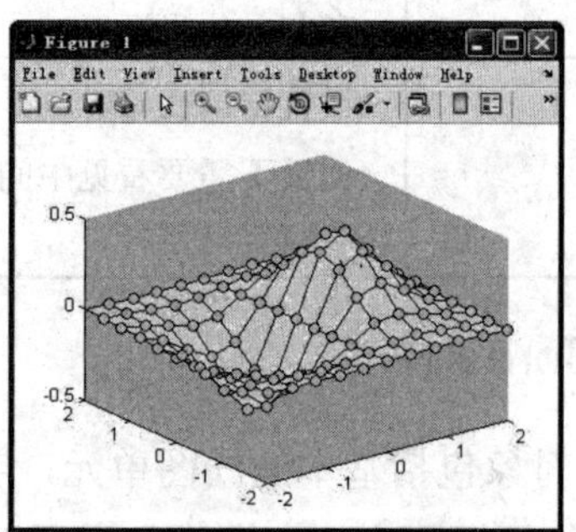

图 9-3　改变视角后的结果

本例中创建了 3 个图形对象，分别为 Figure 对象、Core 对象和 Surface 对象，而对其他对象可采用默认设置。

9.1.4　Plot 对象

MATLAB 的一些高级绘图函数可以创建 Plot 对象。通过 Plot 对象的属性可以快速访问其包含的核心(Core)对象的重要属性。

Plot 对象的上级对象可以为坐标系(Axes)对象或者组(Group)对象。

MATLAB 中能够生成 Plot 对象的函数及其功能如表 9-3 所示。

表 9-3　MATLAB 中能够生成 Plot 对象的函数及其功能

函　数	功　能
areaseries	用于创建 area 对象
barseries	用于创建 bar 对象
contourgroup	用于创建 contour 对象
errorbarseries	用于创建 errorbar 对象
lineseries	供曲线绘制函数(plot 和 plot3 等)使用

(续表)

函　　数	功　　能
quivergroup	用于创建 quiver 和 quiver3 图形
scattergroup	用于创建 scatter 和 scatter3 图形
stairseries	用于创建 stair 图形
stemseries	用于创建 stem 和 stem3 图形
surfaceplot	供 surf 和 mesh 函数使用

例 9-2　创建 Plot 对象。

创建等值线图形并设置线型与线宽，在窗口中输入如下命令：

```
>> [x,y,z] = peaks;
>> [c,h] = contour(x,y,z);
```

此时得到的结果如图 9-4 所示，继续对其线型及线宽进行设置，输入：

```
>> set(h,'LineWidth',3,'LineStyle',':')
```

得到的图形如图 9-5 所示。

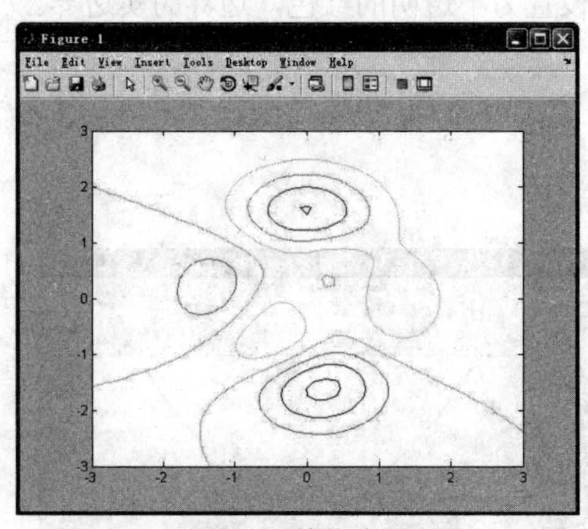

图 9-4　等值线图形

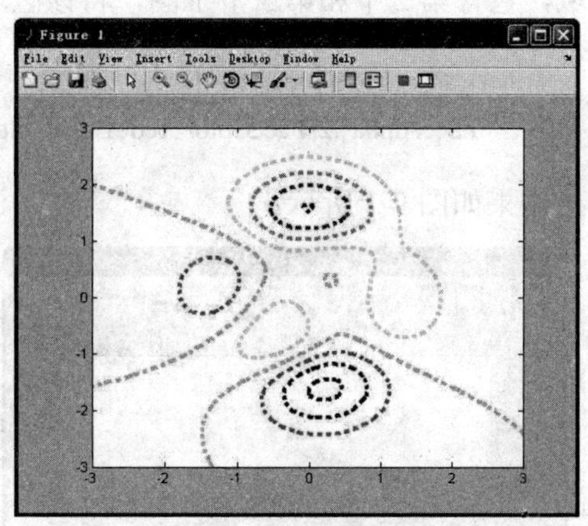

图 9-5　设置线型与线宽后

9.1.5　Annotation 对象

Annotation 对象是 MATLAB 中的注释内容，存在于坐标系中，该坐标系的范围为整个图形窗口。用户可以通过规范化坐标将注释对象放置于图形窗口中的任何位置。规范化坐标的范围为 0~1，窗口左下角为[0,0]，右上角为[1,1]。

例 9-3　通过注释矩形区域包含子图。

首先创建一系列子图像：

```
>> x = -2*pi:pi/12:2*pi;
>> y = x.^2;
>> subplot(2,2,1:2)
```

```
>> plot(x,y)
>> h1=subplot(223);
>> y = x.^4;
>> plot(x,y)
>> h2=subplot(224);
>> y = x.^5;
>> plot(x,y)
```

得到的图形如图 9-6 所示。

接下来确定注释矩形区域的位置及大小，在命令窗口中继续输入：

```
>> p1 = get(h1,'Position');
>> t1 = get(h1,'TightInset');
>> p2 = get(h2,'Position');
>> t2 = get(h2,'TightInset');
>> x1 = p1(1)-t1(1); y1 = p1(2)-t1(2);
>> x2 = p2(1)-t2(1); y2 = p2(2)-t2(2);
>> w = x2-x1+t1(1)+p2(3)+t2(3); h = p2(4)+t2(2)+t2(4);
```

得到的 x1 和 y1 为区域左下角的坐标，w 和 h 为区域的宽和高。接下来创建注释矩形区域，包含第 2 个和第 3 个子图，将该区域颜色设置为半透明的红色，边界为实边界。

```
>> annotation('rectangle',[x1,y1,w,h],...
'FaceAlpha',.2,'FaceColor','red','EdgeColor','red');
```

结果如图 9-7 所示。

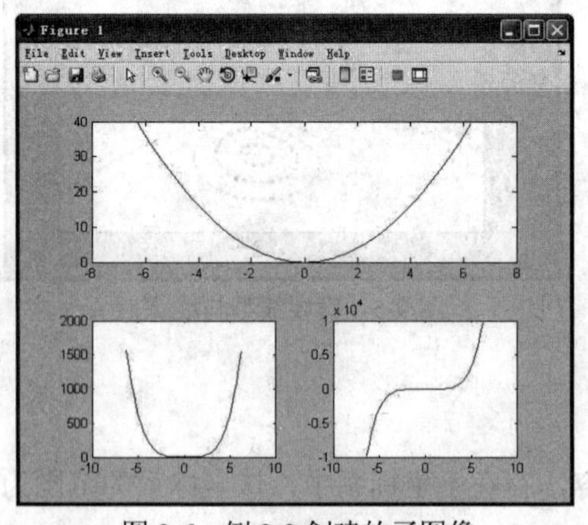

图 9-6　例 9-3 创建的子图像

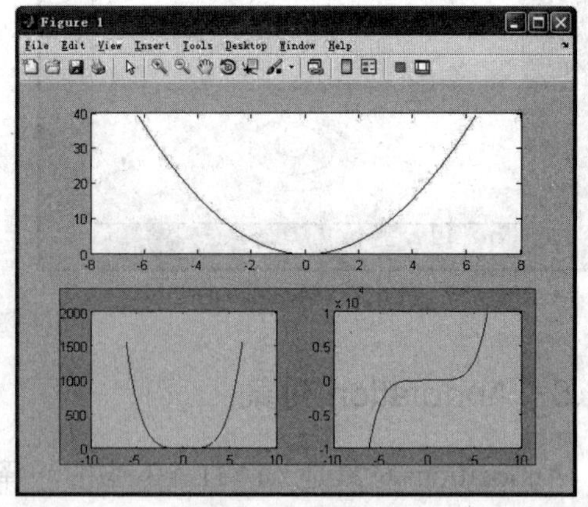

图 9-7　注释结果

9.1.6　Group 对象

Group 对象允许用户将多个坐标系子对象作为一个整体进行操作。如可以设置整个组为可视或者不可视，或者通过改变组对象的属性重新设置其中所有对象的位置等。

MATLAB 中有两种类型的组。

- hggroup：如果需要创建一组对象，并且通过对该组中的任何一个对象进行操作而控制整个组的可视性或选中该组，则使用 hggroup。hggroup 通过 hggroup 函数创建。
- hgtransform：当需要对一组对象进行变换时创建 hgtransform，其中变换包括选中、平移、尺寸变化等。

hggroup 组和 hgtransform 组之间的差别在于 hgtransform 可以通过变换矩阵对其中的所有子对象进行操作。

9.2　图形对象的属性

图形对象的属性控制图形的外观和显示特点。图形对象的属性包含公共属性和特有属性。MATLAB 中图形对象的公共属性如表 9-4 所示。

表 9-4　图形对象的公共属性

属　性	描　述
BeingDeleted	当对象的 DeleteFcn 函数调用后，该属性的值为 on
BusyAction	控制 MATLAB 图形对象句柄响应函数点中断方式
ButtonDownFcn	当单击按钮时执行响应函数
Children	该对象所有子对象的句柄
Clipping	打开或关闭剪切功能(只对坐标轴子对象有效)
CreateFcn	当对应类型的对象创建时执行
DeleteFcn	删除对象时执行该函数
HandleVisibility	用于控制句柄是否可以通过命令行或者响应函数访问
HitTest	设置当鼠标单击时是否可以使选中对象成为当前对象
Interruptible	确定当前的响应函数是否可以被后继的响应函数中断
Parent	该对象的上级(父)对象
Selected	表明该对象是否被选中
SelectionHighlight	指定是否显示对象的选中状态
Tag	用户指定的对象标签
Type	该对象的类型
UserData	用户想与该对象关联的任意数据
Visible	设置该对象是否可见

MATLAB 将图形信息组织在一个有序的金字塔式的阶梯图表中，并将其存储在对象属性中。例如，根对象的属性包含当前图形窗口对象(Figure 对象)的句柄和鼠标指针的当前位置；而图形窗口对象属性则包含其子对象的列表，同时跟踪发生在当前图形窗口中的某些 Windows 事件；坐标轴对象属性则包含其每个子对象(图形对象)使用图形颜色映射表的信息和每个绘图函数对颜色的分配信息。

通常情况下，用户可以随时查询和修改绝大多数属性的当前值，而有一部分属性对用户来说是只读的，只能由 MATLAB 修改。需要注意的是，任何属性只对某个对象的某个具体实例才有意义，所以修改同一种对象的不同实例的相同属性时，彼此互不干涉。

用户可以为对象属性设置默认值，此后创建的所有该对象的实例所对应的这个属性的值均为该默认值。

9.3　图形对象属性值的设置和查询

在创建 MATLAB 的图形对象时，通过向构造函数传递“属性名/ 属性值”参数对，用户可以为对象的任何属性(只读属性除外)设置特定的值。首先通过构造函数返回其创建的对象句柄，然后利用该句柄，用户可以在对象创建完成后对其属性值进行查询和修改。

在 MATLAB 中，set 函数用于设置现有图形对象的属性值；get 函数用于返回现有图形对象的属性值。利用这两个函数，还可以列出具有固定设置的属性的所有值。这两个函数的使用在第 9 章中已有介绍，本节再对其进行更多应用介绍。

9.3.1　属性值的设置

MATLAB 中，set 函数可以用于设置对象的各项属性。

例 9-4　设置坐标轴的属性。

在命令窗口中输入如下代码：

```
>> t=0:pi/20:2*pi;
>> z=sin(t);
>> plot(t,z)
>> set(gca,'YAxisLocation','right')
>> xlabel('t')
>> ylabel('z')
```

该段代码通过 set 函数将 *y* 轴置于坐标系的右侧，其图形如图 9-8 所示。

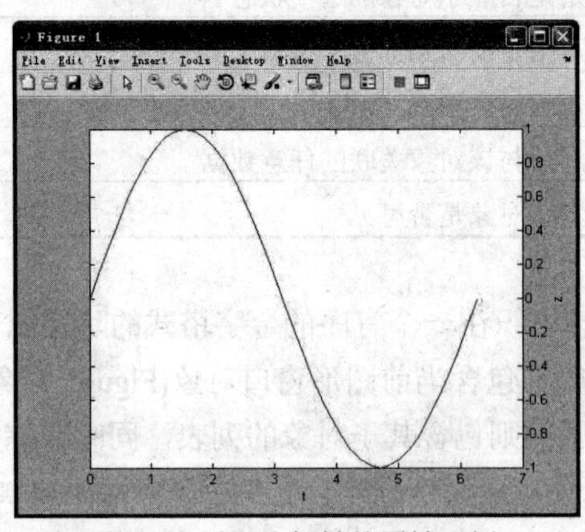

图 9-8　设置坐标轴的属性示例

例 9-5　通过 set 函数查看可设置的线形。

在命令窗口中输入：

```
>> set(line,'LineStyle')
[ {-} | -- | : | -. | none ]
```

其中，花括号内为系统默认值。

9.3.2　对象的默认属性值

在 MATLAB 中，所有的对象属性均有系统默认的属性值，即出厂设置。同时，用户也可以自己定义任何一个 MATLAB 对象的默认属性值。

1. 默认属性值的搜索

MATLAB 对默认属性值的搜索从当前对象开始，沿着对象的从属关系图向更高的层次搜索，直到发现系统的默认值或用户自己定义的值。

定义对象的默认值时，在对象从属关系图中，该对象越靠近 Root(根)对象，其作用的范围就越广。例如，在根对象的层次上为 Line 对象定义了一个默认值，由于根对象位于对象从属关系图的最上层，因此该值将会作用于所有的 Line 对象。

如果用户在对象从属关系图的不同层次上定义同一个属性的默认值，则 MATLAB 将会自动选择最下层的属性值作为最终的属性值。需要注意的是，用户自定义的属性值只能影响到该属性设置后创建的对象，之前的对象都不受到影响。

2. 默认属性值的设置

指定 MATLAB 对象的默认值，需要首先创建一个以 Default 开头的字符串，该字符串的中间部分为对象类型，末尾部分为属性的名称。

例 9-6　设置多个层次对象的属性。

编写 M 文件，其内容为：

```
t = 0:pi/20:2*pi;
s = sin(t);
c = cos(t);
% Set default value for axes Color property
figh = figure('Position',[30 100 800 350],...
                    'DefaultAxesColor', [.8 .8 .8]);

axh1 = subplot(1,2,1); grid on
% Set default value for line LineStyle property in first axes
set(axh1,'DefaultLineLineStyle','-.')
line('XData',t,'YData',s)
line('XData',t,'YData',c)
text('Position',[3 .4],'String','Sine')
text('Position',[2 -.3],'String','Cosine',...
```

```
        'HorizontalAlignment','right')

axh2 = subplot(1,2,2); grid on
% Set default value for text Rotation property in second axes
set(axh2,'DefaultTextRotation',90)
line('XData',t,'YData',s)
line('XData',t,'YData',c)
text('Position',[3 .4],'String','Sine')
text('Position',[2 -.3],'String','Cosine',...
        'HorizontalAlignment','right')
```

这段代码中，在一个图形窗口中创建了两个坐标系。设置整个图形窗口的默认坐标系背景色为灰色，设置第一个坐标系的默认线型为点划线('-.')，设置第二个坐标系的默认文本方向为旋转 90°。运行该脚本，得到的结果如图 9-9 所示。

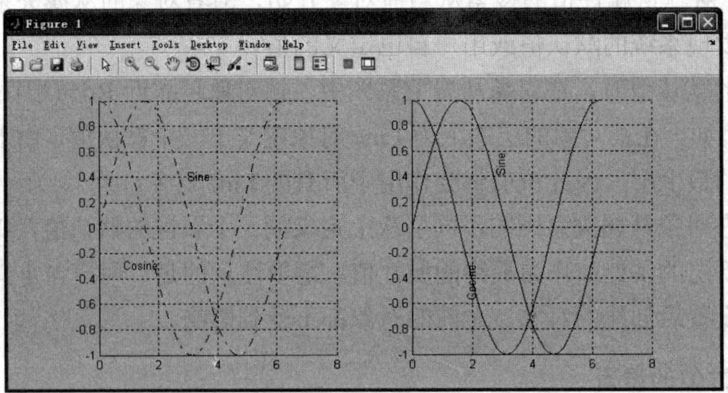

图 9-9　设置多个层次对象的属性示例

9.3.3　属性值的查询

MATLAB 中，利用 get 函数可以查询对象属性的当前值。

例 9-7　查询当前图形窗口对象的颜色映射表的属性。

在命令窗口中输入：

```
>> get(gcf,'colormap')
ans =
                  0                  0   0.562500000000000
                  0                  0   0.625000000000000
                  0                  0   0.687500000000000
                  0                  0   0.750000000000000
                  0                  0   0.812500000000000
    ...
  0.812500000000000                  0                  0
  0.750000000000000                  0                  0
  0.687500000000000                  0                  0
```

```
0.625000000000000          0          0
0.562500000000000          0          0
0.500000000000000          0          0
```

例 9-8　查询图形窗口中鼠标形状的系统设定值。

```
>> get(0,'factoryFigurePointer')
ans =
arrow
```

9.4 习　题

1. 新建图形窗口，设置其标题为"对数函数的图像"，在该窗口中绘制对数函数 $f=\ln x$ 在 $0<x<10$ 的图像。

2. 编写程序，实现功能为：创建图形窗口，并且设置其默认背景为黄色，默认线宽为 4 个像素，在该窗口中绘制椭圆 $\frac{x^2}{a^2}+\frac{y^2}{b^2}=1$ 的图像，其中的 a 和 b 任选。

3. 编写 MATLAB 程序，绘制下面的函数：

$$\begin{cases} x(t)=\cos\left(\dfrac{t}{\pi}\right) \\ y(t)=2\sin\left(\dfrac{t}{2\pi}\right) \end{cases}，其中 -2\leqslant t\leqslant 2$$

该程序在绘制图形之后等待用户的鼠标输入，每单击其中一条曲线，就随机修改该曲线的颜色，包括红色、绿色、蓝色、黑色和黄色。

提示：

使用 waitforbuttonpress 命令等待用户的鼠标单击，并在每次单击之后刷新图形，使用 gco 函数来确定是哪个对象被选中，使用该对象的 Type 属性确定单击是否发生在曲线上。

第10章　MATLAB GUI设计

图形用户接口(GUI)是用户与计算机程序之间的交互方式，是用户与计算机进行信息交流的方式。通过图形用户接口，用户不需要输入脚本或命令，不需要了解任务的内部运行方式。计算机在屏幕显示图形和文本，若有扬声器还可产生声音。用户通过输入设备，如键盘、鼠标、绘制板或麦克风，与计算机通信。用户界面设定了如何观看和如何感知计算机、操作系统或应用程序。通常，多是根据用户界面功能的有效性来选择计算机或程序。图形用户界面或GUI中包含多个图形对象，如窗口、图标、菜单和文本的用户界面。以某种方式选择或激活这些对象，通常引起动作或发生变化。最常见的激活方法是用鼠标或其他单击设备去控制屏幕上的鼠标指针的运动。单击鼠标，标志着对象的选择或其他动作。

本章学习目标

- ☑ 了解GUI的基本控件
- ☑ 掌握通过GUIDE创建GUI的方法
- ☑ 掌握通过程序创建GUI的方法

10.1　GUI 简 介

10.1.1　GUI概述

MATLAB中的GUI程序为事件驱动的程序。事件包括按下按钮，鼠标单击等。GUI中的每个控件与用户定义的语句相关。当在界面上执行某项操作时，则开始执行相关的语句。

MATLAB提供了两种创建图形用户接口的方法：通过GUI向导创建和编程创建GUI。用户可以通过需要，选择适当的方法创建图形用户接口。通常可以参考下面的建议。

- 如果创建对话框，可以选择编程创建GUI的方法。MATLAB中提供了一系列标准对话框，可以通过一个函数简单创建对话框。
- 只包含少量控件的GUI，可以采用程序方法创建，每个控件可以由一个函数调用实现。
- 复杂的GUI通过向导创建比通过程序创建更简单一些，但是对于大型的GUI，或者由不同的GUI之间相互调用的大型程序，用程序创建更容易一些。

本章将分别介绍通过向导创建 GUI 的方法和程序创建 GUI 的方法。

10.1.2　GUI 的可选控件

- ：Push Button(按钮)，当按下按钮时则产生操作，如按下 OK 按钮时进行相应操作并关闭对话框。
- ：Toggle Button(开关按钮)，该按钮包含两个状态，第一次按下按钮时按钮状态为“开”，再次按下时将其状态改变为“关”。状态为“开”时，进行相应的操作。
- ：Radio Button(单选按钮)，用于在一组选项中选择一个并且每次只能选择一个。用鼠标单击选项即可选中相应的选项，选择新的选项时原来的选项自动取消。
- ：Check Box(复选框)，用于同时选中多个选项。当需要向用户提供多个互相独立的选项时，可以使用复选框。
- ：Edit Text(文本编辑框)，用户可以在其中输入或修改文本字符串。程序以文本为输入时使用该工具。
- ：Static Text(静态文本)。静态文本控制文本行的显示，用于向用户显示程序使用说明、显示滑动条的相关数据等。用户不能修改静态文本的内容。
- ：Slider(滑动条)，通过滑动条的方式指定参数。指定数据的方式可以有拖动滑动条、单击滑动槽的空白处，或者单击按钮。滑动条的位置显示的是指定数据范围的百分比。
- ：List Box(列表框)，列表框显示选项列表，用户可以选择一个或多个。
- ：Pop-Up Menu(弹出式菜单)，当用户单击箭头时弹出选项列表。
- ：Axes(坐标系)，用于在 GUI 中添加图形或图像。
- ：Pane(面板)，用于将 GUI 中的控件分组管理和显示。使用面板将相关控件分组显示可以使软件更易于理解。面板可以包含各种控件，包括按钮、坐标系及其他面板等。面板包含标题和边框等用户显示面板的属性和边界。面板中的控件与面板之间的位置为相对位置，当移动面板时，这些控件在面板中的位置不改变。
- ：Button Group 按钮组，按钮组类似于面板，但是按钮组的控件只包括单选按钮或者开关按钮。按钮中的所有控件，其控制代码必须写在按钮组的 Selection ChangeFcn 响应函数中，而不是用户接口控制响应函数中。按钮组会忽略其中控件的原有属性。
- ：ActiveX Component(ActiveX)控件，用于在 GUI 中显示控件，该功能只有在 Windows 操作系统下可用。

10.1.3　创建简单的 GUI

本节通过 GUI 向导创建一个简单的 GUI。GUI 向导即 GUIDE(Graphical User Interface Development environment)，包含了大量创建 GUI 的工具，这些工具简化了创建 GUI 的过程。通过向导创建 GUI 直观、简单，便于初级用户快速开始 GUI 创建。

本节逐步创建一个 GUI，该 GUI 实现三维图形的绘制。预创建界面中应包含一个绘图区域；一个面板，其中包含 3 个绘图按钮，分别实现表面图、网格图和等值线的绘制；一个弹出菜单，用以选择数据类型，并且用静态文本进行说明。其草图如图 10-1 所示。

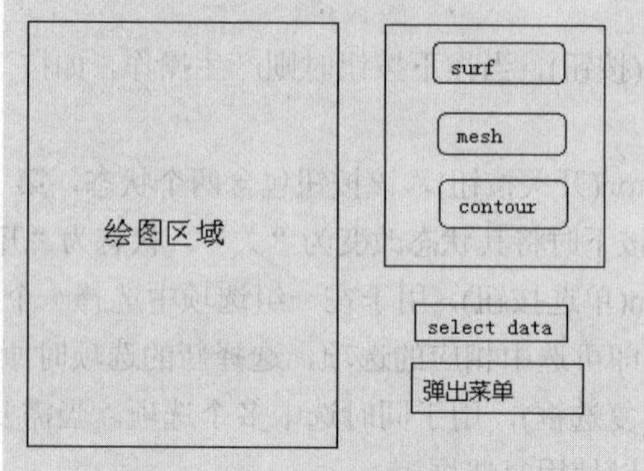

图 10-1　待创建 GUI 的草图

下面介绍该 GUI 的创建步骤。

1. 新建 GUI

单击工具栏中的 GUIDE 图标，启动 GUIDE，系统打开界面如图 10-2 所示。

选择新建 GUI 标签，并选择新建空的 GUI，选中下面的保存选项，输入文件名，得到结果如图 10-3 所示。

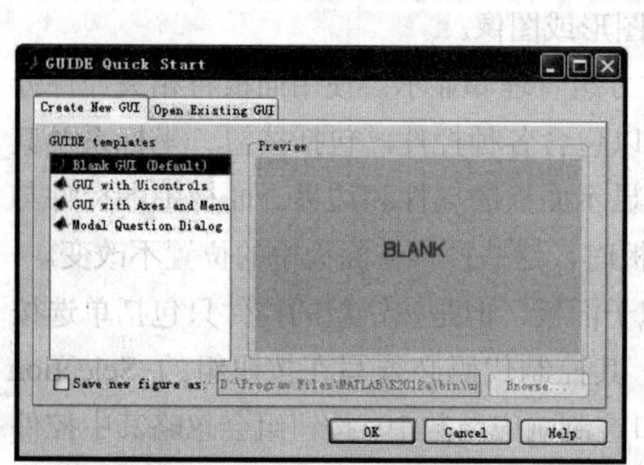

图 10-2　新建 GUI 界面

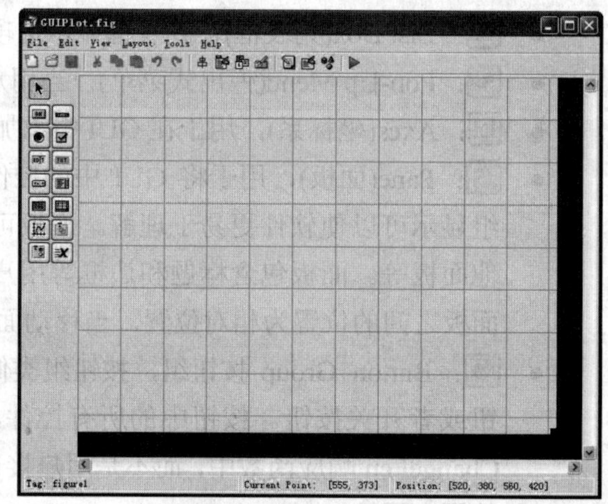

图 10-3　新建空 GUI

该窗口中包括菜单栏、控制工具栏、GUI 控件面板、GUI 编辑区域等，在 GUI 编辑区域右下角，可以通过鼠标拖动的方式改变 GUI 界面的大小。

注意：

在默认情况下，该窗口中显示的 GUI 控件面板只显示控件图标，不显示名称，用户可以通过 File | Preference 命令进行设置。

2. 向界面中添加控件

首先向界面中添加按钮。用鼠标单击 Push Button，并拖动至 GUI 编辑区，如图 10-4 所示。在该按钮上右击，在弹出的快捷菜单中选择 Duplicate 命令，将该按钮复制两次，并移动到合适的位置，得到的结果如图 10-5 所示。

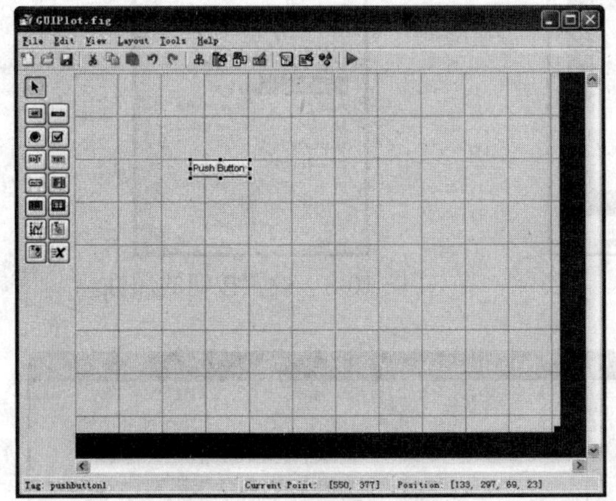

图 10-4　向界面中添加按钮

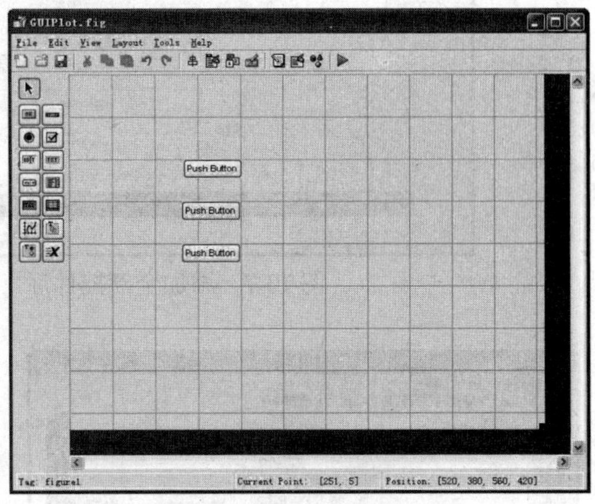

图 10-5　复制并移动按钮

在编辑区的右侧添加面板，并将 3 个按钮移动到面板中，得到的结果如图 10-6 所示。

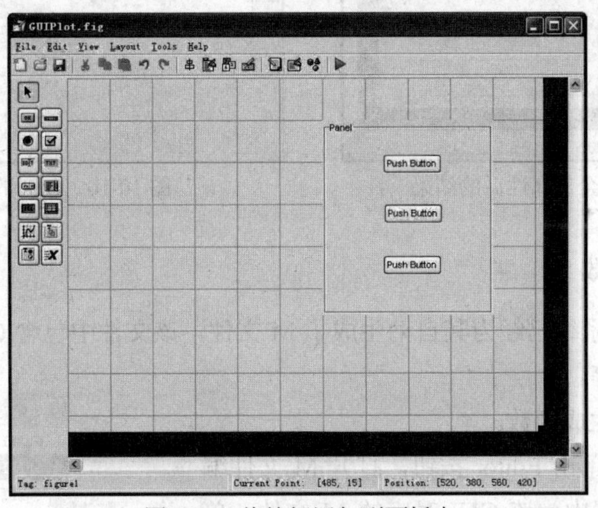

图 10-6　将按钮添加到面板中

下面继续向其中添加静态文本、弹出菜单和绘图区，得到的结果如图 10-7 所示。

3. 设置控件属性

单击工具栏中 Property Inspector，打开属性编辑器。设置各个控件的属性，如设置按钮的属性，如图 10-8 所示，设置第一个按钮的显示文字为 Surf，标签名为 surf_pushbutton。

设置其他控件的属性，得到的结果如图 10-9 所示。单击工具栏中的绿色箭头，运行该 GUI，结果如图 10-10 所示。

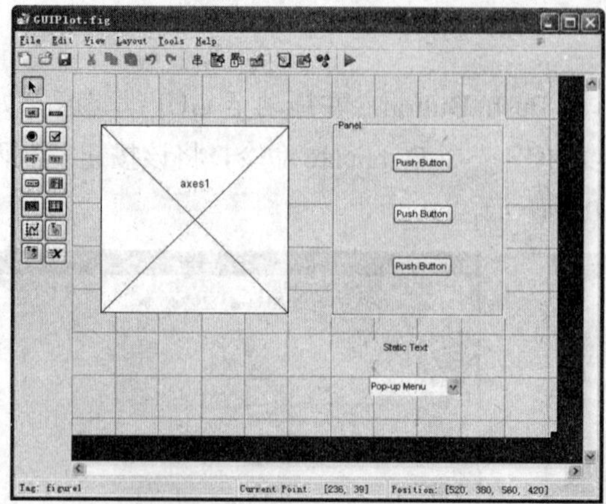
图 10-7　添加全部控件后

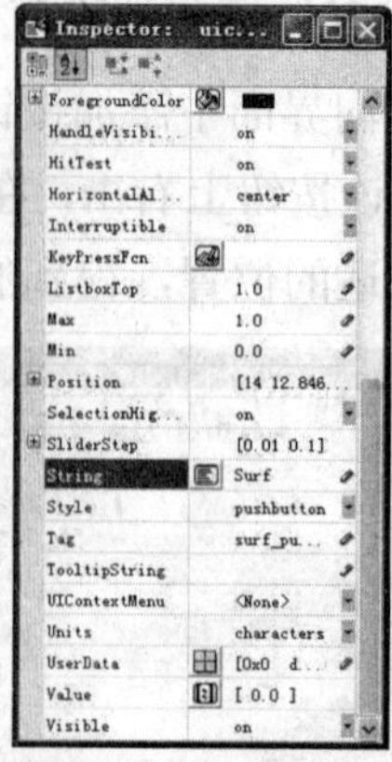
图 10-8　设置按钮的属性

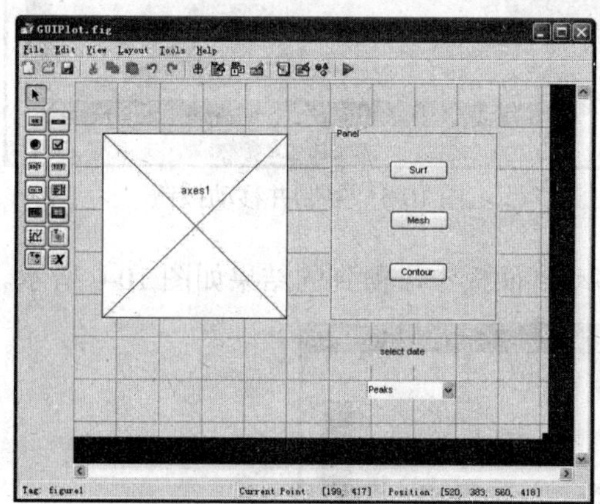
图 10-9　设置全部属性后的结果

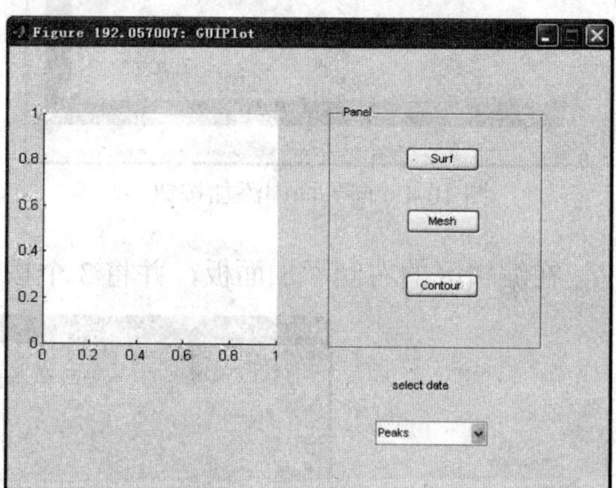
图 10-10　GUI 的运行界面

4. 编写响应函数

在创建 GUI 时系统已经为其自动生成了 M 文件，该文件中包含 GUI 中控件对应的响应函数、系统函数等。

首先编写数据生成函数。

在 GUI 向导中单击 Editor 按钮，打开 M 文件编辑器。打开的编辑器中为该 GUI 对应的 M 文件。单击编辑器中的函数查看工具，显示其中包含的函数，选择 GUIPlot_Opening Fcn 函数，如图 10-11 所示。

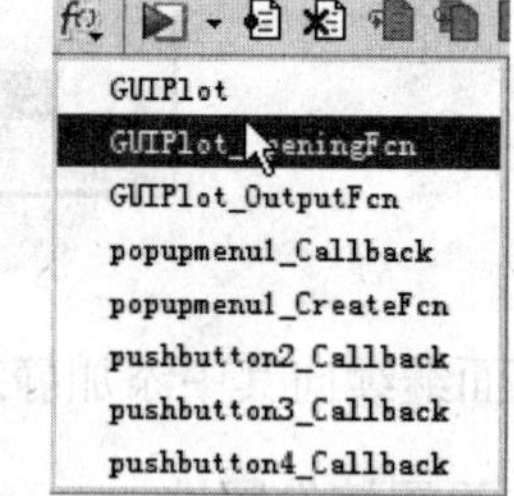

图 10-11　在 M 文件编辑器中选择函数

该函数中已有部分内容，现在其中添加数据生成函数。添加后该函数的内容为：

```
% --- Executes just before GUIPlot is made visible.
function GUIPlot_OpeningFcn(hObject, eventdata, handles, varargin)
% This function has no output args, see OutputFcn.
% hObject       handle to figure
% eventdata    reserved - to be defined in a future version of MATLAB
```

```
% handles    structure with handles and user data (see GUIDATA)
% varargin   command line arguments to GUIPlot (see VARARGIN)
% Create the data to plot.
handles.peaks=peaks(35);
handles.membrane=membrane;
[x,y] = meshgrid(-8:.5:8);
r = sqrt(x.^2+y.^2) + eps;
sinc = sin(r)./r;
handles.sinc = sinc;
% Set the current data value.
handles.current_data = handles.peaks;
contour(handles.current_data)
% Choose default command line output for GUIPlot
handles.output = hObject;
% Update handles structure
guidata(hObject, handles);
% UIWAIT makes GUIPlot wait for user response (see UIRESUME)
% uiwait(handles.figure1);
```

该函数首先生成 3 组数据，并设置初始数据为 peaks 数据，且初始图形为等值线。修改该函数后再次运行 GUI，得到的结果如图 10-12 所示。

继续修改按钮及弹出菜单的响应函数。用户可以通过 M 文件编辑器中的函数查看工具查找相应函数，或者在 GUI 编辑器中右击相应控件，在右键快捷菜单中选择 View Callbacks | Callback 命令，系统自动打开 M 文件编辑器，并且光标位于相应的函数处，如图 10-13 所示。

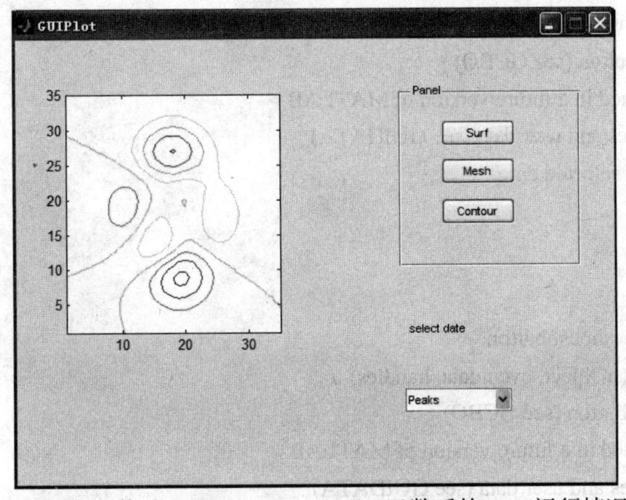

图 10-12　修改 GUIplot_OpeningFcn 函数后的 GUI 运行情况

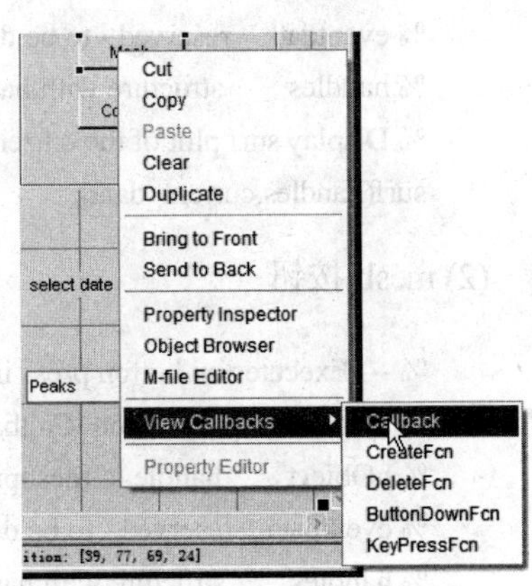

图 10-13　修改按钮的响应函数

修改后的响应函数分别如下。

弹出菜单的响应函数：

```
% --- Executes on selection change in data_pop_up.
function data_pop_up_Callback(hObject, eventdata, handles)
```

```
% hObject       handle to data_pop_up (see GCBO)
% eventdata   reserved - to be defined in a future version of MATLAB
% handles       structure with handles and user data (see GUIDATA)
% Determine the selected data set.
str = get(hObject, 'String');
val = get(hObject,'Value');
% Set current data to the selected data set.
switch str{val};
case 'Peaks' % User selects peaks
    handles.current_data = handles.peaks;
case 'Membrane' % User selects membrane
    handles.current_data = handles.membrane;
case 'Sinc' % User selects sinc
    handles.current_data = handles.sinc;
end
% Save the handles structure.
guidata(hObject,handles)
% Hints: contents = get(hObject,'String') returns data_pop_up contents as cell array
%            contents{get(hObject,'Value')} returns selected item from data_pop_up
```

该函数首先取得弹出菜单的 String 属性和 Value 属性，后通过分支语句选择数据。

3 个按钮的响应函数分别如下。

(1) surf 按钮

```
% --- Executes on button press in surfpushbutton.
function surfpushbutton_Callback(hObject, eventdata, handles)
% hObject       handle to surfpushbutton (see GCBO)
% eventdata   reserved - to be defined in a future version of MATLAB
% handles       structure with handles and user data (see GUIDATA)
% Display surf plot of the currently selected data.
surf(handles.current_data);
```

(2) mesh 按钮

```
% --- Executes on button press in meshpushbutton.
function meshpushbutton_Callback(hObject, eventdata, handles)
% hObject       handle to meshpushbutton (see GCBO)
% eventdata   reserved - to be defined in a future version of MATLAB
% handles       structure with handles and user data (see GUIDATA)
% Display mesh plot of the currently selected data.
mesh(handles.current_data);
```

(3) contour 按钮

```
% --- Executes on button press in contourpushbutton.
function contourpushbutton_Callback(hObject, eventdata, handles)
```

```
% hObject       handle to contourpushbutton (see GCBO)
% eventdata   reserved - to be defined in a future version of MATLAB
% handles       structure with handles and user data (see GUIDATA)
% Display contour plot of the currently selected data.
contour(handles.current_data);
```

再次运行该 GUI，得到最后的结果。运行结果如图 10-14 所示。

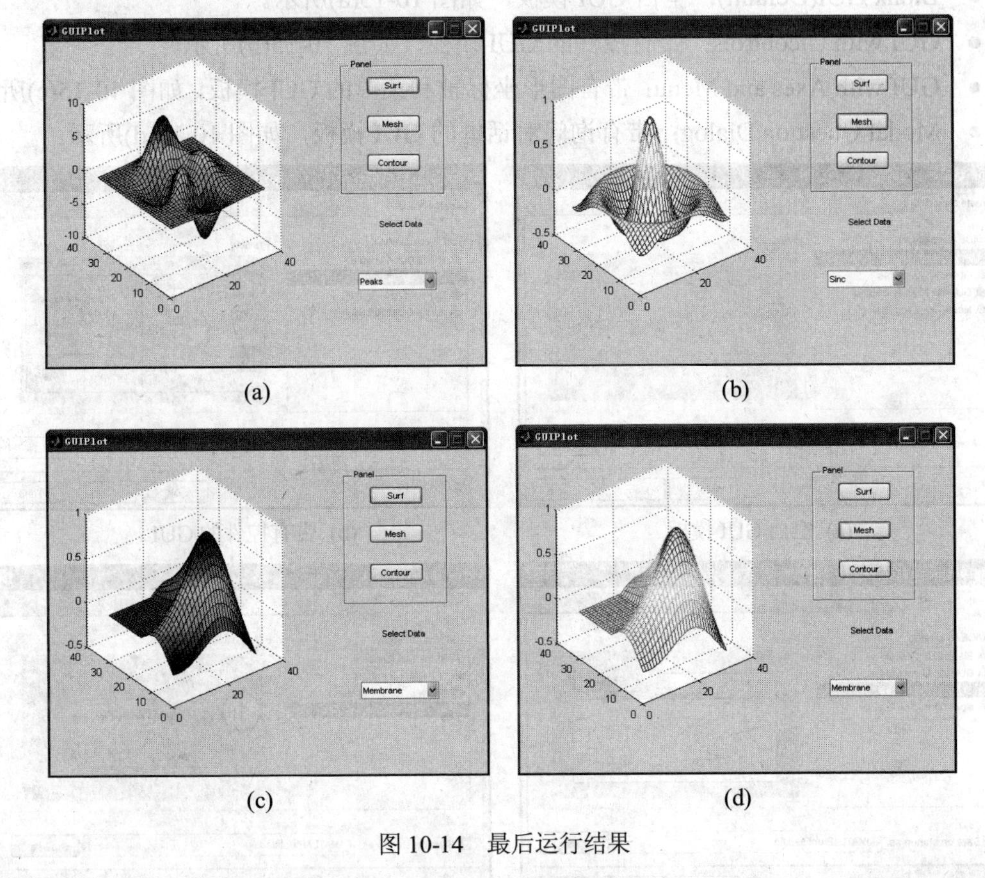

图 10-14　最后运行结果

本节通过实例介绍了图形用户接口(GUI)，GUI 创建向导，及简单 GUI 的创建过程。下面将会详细介绍 GUI 的两种创建方法：通过向导创建 GUI 及通过程序创建 GUI。

10.2　通过向导创建 GUI 界面

10.2.1　启动 GUIDE

GUIDE 可以通过 4 种方法启动，如下所示。

- 可以在命令行中键入 GUIDE 命令启动 GUIDE。
- 在开始菜单中选择 MATLAB | GUIDE(GUI Builder)。

- 选择 File | New | GUI 命令。
- 单击工具栏中的 GUIDE 图标。

打开的界面包含两个标签，新建 GUI 标签和打开已有 GUI 的标签，用户可以根据需要进行选择。选择新建 GUI 标签时，在左侧包含 4 个选项，当鼠标选中选项时，右侧显示该选项的预览，默认为空 GUI。4 个选项的界面如图 10-15 所示。

- Blank GUI(Default)：空白 GUI 模板，如图 10-15(a)所示。
- GUI with Uicontrols：带有控件的 GUI 模板，如图 10-15(b)所示。
- GUI with Axes and Menu：带有图形坐标轴和菜单的 GUI 模板，如图 10-15(c)所示。
- Modal Question Dialog：带有询问对话框的 GUI 模板，如图 10-15(d)所示。

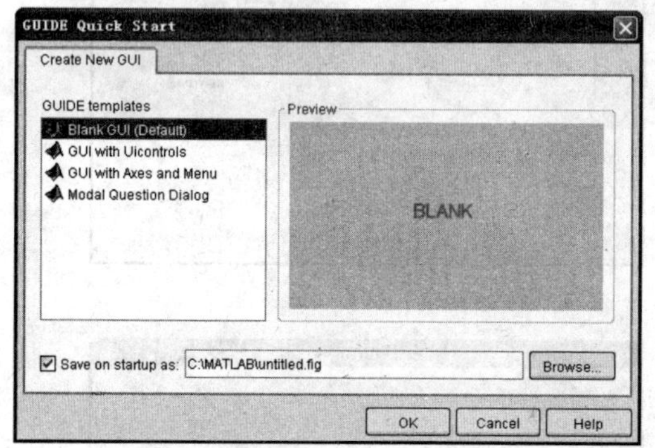

(a) 空白 GUI 模板

(b) 带有控件的 GUI

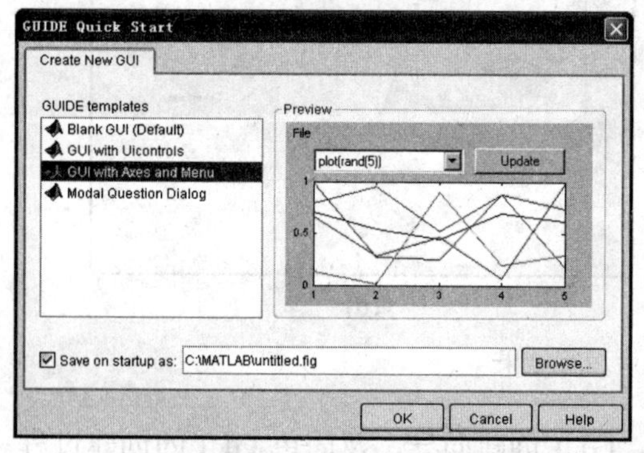

(c) 带有图形坐标轴和菜单的 GUI

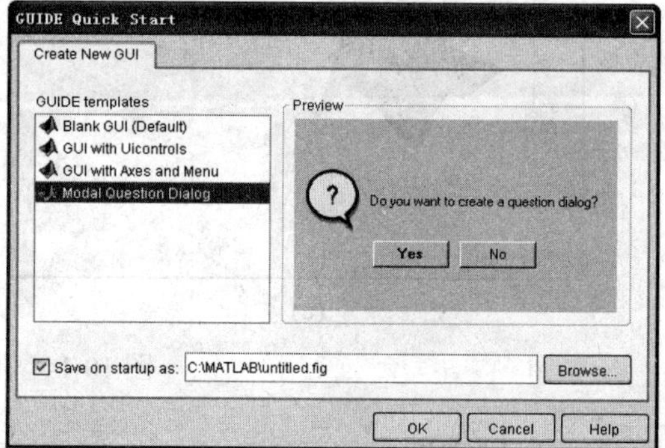

(d) 带有询问对话框的模板

图 10-15　新建 GUI 时的 4 个选项

用户可以保存该 GUI 模板，选中左下角的复选框，并键入保存位置及名称。如果用户不选择保存，则在第一次运行该 GUI 时系统将提示保存。设置完成后，确定进入 GUI 编辑。此时系统打开两个窗口，界面编辑窗口和程序编辑窗口。

注意：

如果不保存该 GUI，则只有界面窗口。

10.2.2　向 GUI 中添加控件

向 GUI 中添加控件包括添加、设置控件属性、设置控件显示文本等。

1. 添加

选择适当的控件，将其放置在 GUI 中。可以通过下面步骤完成。

(1) 单击左侧控件面板中的对象，并将其拖动到编辑区的目标位置。

(2) 选择左侧面板中的一个对象，之后鼠标会变成“+”字形状。在右侧的编辑区选择放置位置：通过单击选择放置区域的左上角，或者通过鼠标拖放选择放置区域，即在区域左上角按下鼠标，至区域右下角释放鼠标。

2. 设置控件标志

通过设置控件的标签，为每个控件指定一个标志。控件创建时系统会为其指定一个标志，在保存前修改该标志为具有实际意义的字符串，该字符串应能反应该控件的基本信息。控件标志用于 M 文件中识别控件。另外，同一个 GUI 中控件的标志应互不相同。

通过 View 菜单打开属性管理器(Property Inspector)，或者在控件上右击，在右键快捷菜单中选择 Property Inspector 命令也可以打开属性管理器。在 GUI 编辑器中选择需要修改的控件，在属性管理器中修改其标签，如图 10-16 所示。

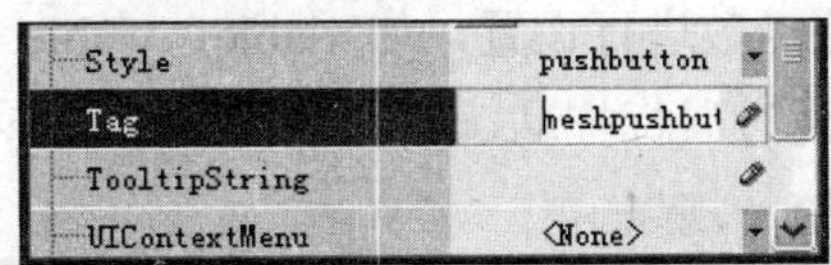

图 10-16　通过属性管理器修改空间的属性

3. 设置控件显示文本

多数控件具有标签、列表或显示文本用以和其他控件区分。设置控件的显示文本可以通过设置该控件的属性完成。打开属性编辑器，选择需要编辑的控件，或者双击激活属性编辑器，编辑该控件的属性。下面介绍不同类型控件的显示文本。

- Push Button、Toggle Button、Radio Button、Check Box：这些控件具有标签，可以通过其 String 属性修改其显示文本，如图 10-17 所示。
- Pop-Up Menu：弹出菜单具有多个显示文本，在设置时单击 String 后面的按钮，弹出编辑器。在编辑器中输入需要显示的字符串，每行一个。完成后单击 OK 按钮，如图 10-18 所示。

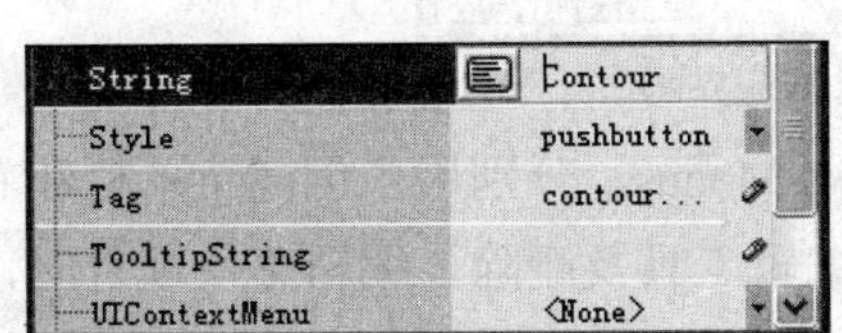

图 10-17　修改空间的 String 属性

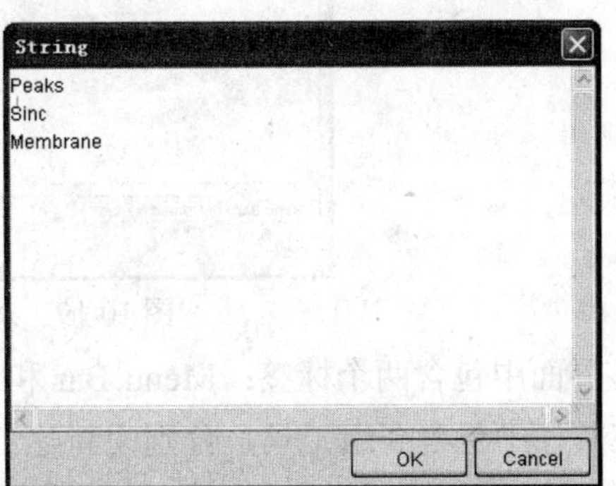

图 10-18　设置弹出式菜单的显示文本

- Edit Text：文本编辑框用于向用户提供输入和修改文本的界面。程序设计时可以选择初始文本。文本编辑框中文本设置与弹出菜单基本相同。需要注意的是，文本编辑框通常只接受一行文本。如果需要显示或接受多行文本，则须设置属性中的 Max 和 Min，使其差值大于 1。
- Static Text：当静态文本只有一行时，可以通过 String 后面的输入框直接输入，当文本有多行时，激活编辑器进行设置。
- List Box：列表框用于向用户显示一个或多个项目。在 String 编辑框中输入要显示的列表，单击 OK 按钮。当列表框不足以显示其中的项目时，可以通过 ListBoxTop 属性设置优先显示的项。
- Panel、Button Group：面板和按钮组用于将其他控件分组。面板和按钮组可以有标题。在其属性 String 中输入目标文本即可。另外，标题可以显示在面板的任何位置，可以通过 TitlePosition 的值设置标题的位置。默认情况下，标题位于顶部。
- Slider、Axes、ActiveX Control：MATLAB 中没有为这些控件提供文本显示，不过用户可以通过静态文本为这些控件设置标题或说明。对于图形坐标系(Axes)，用户还可以通过图形标注函数进行设置，如 xlable、ylable 等。

添加控件后，用户可以通过鼠标拖动、属性编辑器等改变控件的位置，或者通过工具栏中的对齐工具对控件进行统一规划。

10.2.3　创建菜单

MATLAB 中可以创建两种菜单：菜单栏和右键菜单。两种菜单都可以通过菜单编辑器创建。在 GUIDE 窗口中，选择 Tools 菜单中的 Menu Editor 命令激活菜单编辑器，或者选择工具栏中的菜单编辑器图标。菜单编辑器的界面如图 10-19 所示。

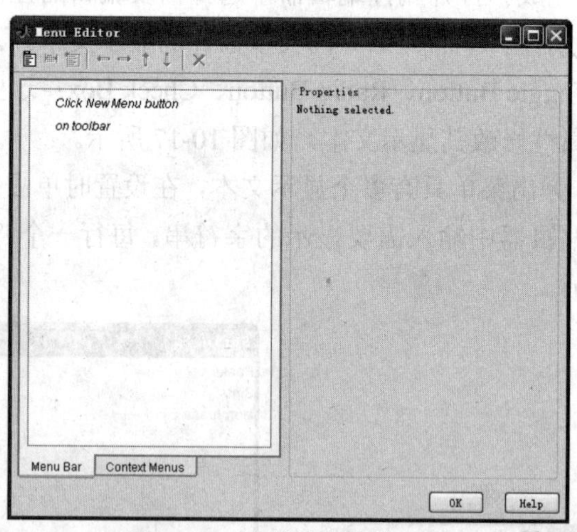

图 10-19　菜单编辑器的界面

该界面中包含两个标签：Menu Bar 和 Context Menus，分别用于创建菜单栏和右键菜单。工具栏中包含 3 组工具，分别为新建工具、编辑工具及删除。编辑菜单项目时，右侧显示该项目的属性。

1. 创建菜单栏

选择菜单栏标签，此时工具栏中的新建菜单栏选项为激活状态，而新建右键菜单选项为灰色。单击 New Menu 按钮，新建菜单。新建后单击菜单名，窗口右侧显示该菜单的属性，可以对其进行编辑，如图 10-20 所示。

在右侧属性编辑器中设置菜单项的属性。其中 Label 为该菜单项的显示文本，Tag 为该项的标签，必须是唯一的，用于在代码中识别该项。

创建菜单栏后向其中添加项目的菜单。单击工具栏中的 New Menu Item 图标新建项目，如图 10-21 所示。

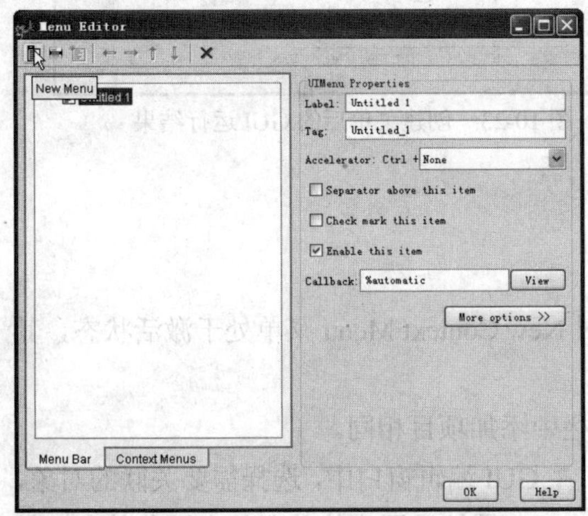

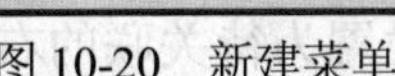
图 10-20　新建菜单

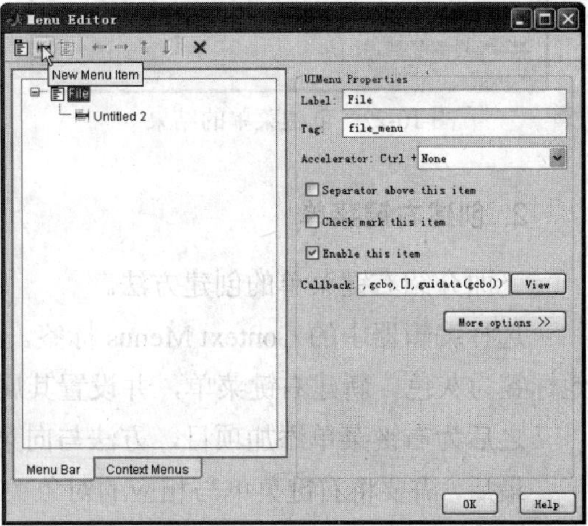

图 10-21　向菜单中添加项目

新建后通过属性编辑器编辑该项目。在属性编辑器中，还有一些其他的选项这些选项的意义如下。

- Accelerator：设置键盘快捷键。键盘快捷键用于快速访问不包含子菜单的菜单项。在 Ctrl+后面的输入框中选择字母，当同时按下 Ctrl 和该字母时，则访问该菜单项。需要注意的是，如果该快捷键和系统其他快捷键冲突，则该快捷键可能失效。
- Separator above this item：在该项目上画以横线，与其他项目分开。
- Check mark this item：选中该选项后，在第一次访问该项目后会在该项目后进行标记。
- Enable this item：选中该复选框，则在第一次打开菜单时该项目可用。如果取消该选项，则在第一次打开菜单时，该项目显示为灰色。
- Callback：用于设置该菜单项的响应函数，可以采用系统默认值。单击右面的 View 按钮则在 M 文件编辑器中显示该函数。
- More options：用于打开属性编辑器，可以对该项目进行更多编辑。

通过上面的方法，可以创建更多的菜单，也可以创建层叠菜单。创建后的结果如图 10-22 所示。

其中 Paste 为层叠菜单项。再次运行该 GUI，得到的结果如图 10-23 所示。其中已经添加了菜单栏。

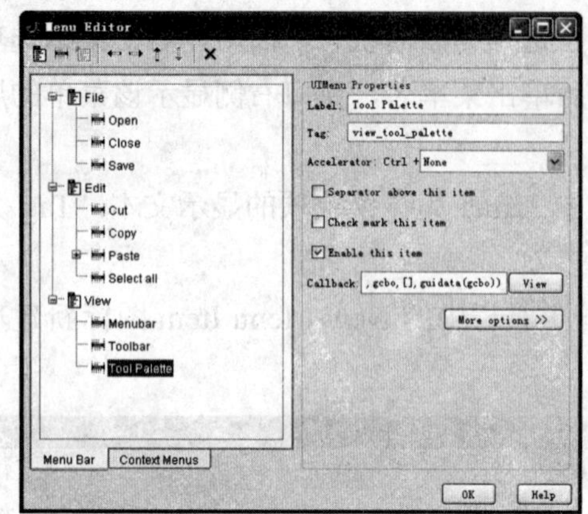

图 10-22　创建菜单的结果

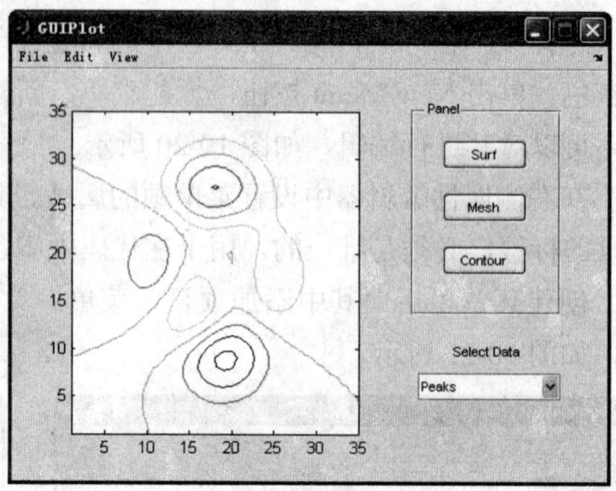

图 10-23　创建菜单后的 GUI 运行结果

2. 创建右键菜单

下面介绍右键菜单的创建方法。

选择编辑器中的 Context Menus 标签。此时 New Context Menu 菜单处于激活状态，其他标签为灰色。新建右键菜单，并设置其属性。

之后为右键菜单添加项目，方法与向菜单栏中添加项目相同。

最后，需要将右键菜单与相应的对象关联。在 GUI 编辑窗口中，选择需要关联的对象，打开属性编辑器，编辑其属性。将其 UIContextMenu 属性设置为待关联的右键菜单名，如图 10-24 所示。

设置完成后，再次运行该 GUI。在图形中右击，得到的结果如图 10-25 所示。

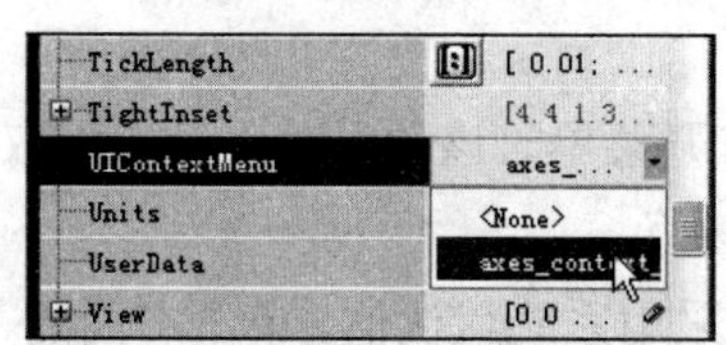

图 10-24　关联右键菜单及相应对象

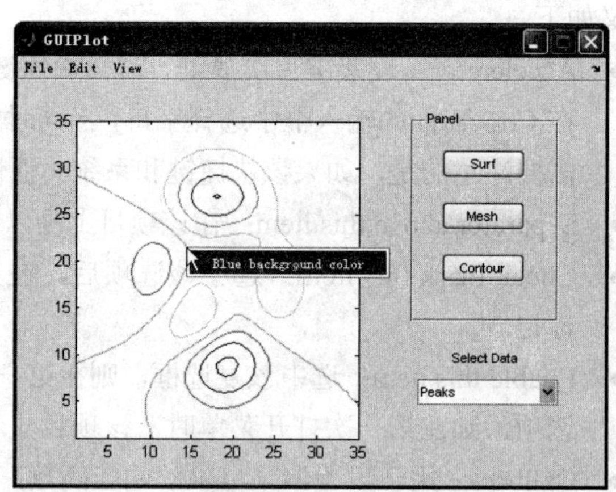

图 10-25　添加右键菜单后的 GUI

10.3　编写 GUI 代码

前面几节介绍了创建 GUI 界面的过程。在创建 GUI 界面后，需要为界面中的控件编写响应函数，这些函数决定当事件发生时的具体操作。

10.3.1　GUI 文件

通常情况下，一个 GUI 包含两个文件：FIG 文件和 M 文件。

- FIG 文件的扩展名为.fig，是一种 MATLAB 文件，其中包含 GUI 的布局及 GUI 中包含的所有控件的相关信息。FIG 文件为二进制文件，只能通过 GUI 向导进行修改。
- M 文件扩展名为.m，其中包含 GUI 的初始代码及相关响应函数的模板。用户需要在该文件中添加响应函数的具体内容。

M 文件通常包含一个与文件同名的主函数，各个控件对应的响应函数，这些响应函数为主函数的子函数。其内容如表 10-1 所示。

表 10-1　GUI 对应 M 文件应包含的内容

内　　容	描　　述
注释	程序注释。当在命令行调用 help 时显示
初始化代码	GUI 向导的初始任务
Opening 函数	在用户访问 GUI 之前进行初始化任务
Output 函数	在控制权由 Opening 函数向命令行转移过程中向命令行返回输出结果
响应函数	这些函数决定控件操作的结果。GUI 为事件驱动的程序，当事件发生时，系统调用相应的函数进行执行

通常情况下，在保存 GUI 时，向导会自动向 M 文件中添加响应函数。另外，用户也可以向 M 文件中添加其他的响应函数。通过向导，用户可以用下面两种方式向 M 文件中添加响应函数。

(1) 右击，在右键菜单的 View callbacks 命令中选择需要添加的响应函数类型，向导自动将其添加到 M 文件中，并在文本编辑器中打开该函数，用户可以对其进行编辑。如果该函数已经存在，则打开该函数。

(2) 在 View 菜单中，选择 View callbacks 命令中需要添加的响应函数类型。

10.3.2　响应函数

1. 响应函数的定义及类型

响应函数与特定的 GUI 对象关联，或与 GUI 图形关联。当事件发生时，MATLAB 调用该事件所激发的响应函数。

GUI 图形及各种类型的控件有不同的响应函数类型。每个控件可以拥有的响应函数定义为该控件的属性。例如，一个按钮可以拥有 5 种响应函数属性：ButtonDownFcn、Callback、CreateFcn、DeleteFcn 和 KeyPressFcn。用户可以同时为每个属性创建响应函数。GUI 图形本身也可以拥有特定类型的响应函数。

每一种类型的响应函数都有其触发机制或者事件，MATLAB 中的响应函数属性、对应的触发事件及可以应用的控件如表 10-2 所示。

表 10-2　MATLAB 中的响应函数属性、对应的触发事件及可以应用的控件

响应函数属性	触 发 事 件	可 用 控 件
ButtonDownFcn	用户在其对应控件 5 个像素范围内按下鼠标	坐标系、图形、按钮组、面板、用户接口控件
Callback	控制操作，用户按下按钮或选中一个菜单项	右键菜单、菜单、用户接口　控件
CloseRequestFcn	关闭图形时执行	图形
CreateFcn	创建控件时初始化控件，初始化后显示该控件	坐标系、图形、按钮组、右键菜单、菜单、面板、用户接口控件
DeleteFcn	在控件图形关闭前清除该对象	坐标系、图形、按钮组、右键菜单、菜单、面板、用户接口控件
KeyPressFcn	用户按下控件或图形对应的键盘	图形、用户接口控件
ResizeFcn	用户改变面板、按钮组或图形的大小，这些控件的 Resize 属性须处于 On 状态	按钮组、面板、图形
SelectionChangeFcn	用户在一个按钮组内部选择不同的按钮，或改变开关按钮的状态	按钮组
WindowButtonDownFcn	在图形窗口内部按下鼠标	图形
WindowButtonMotionFcn	在图形窗口内部移动鼠标	图形
WindowButtonUpFcn	松开鼠标按钮	图形

2. 将响应函数与控件关联

一个 GUI 中包含多个控件，GUIDE 中提供了一种方法，用于指定每个控件所对应的响应函数。

GUIDE 通过每个控件的响应属性将控件与对应的响应函数相关联。在默认情况下，GUIDE 将每个控件的最常用的响应属性设置为%automatic，如图 10-26 所示。如每个按钮有 5 个响应属性：ButtonDownFcn、Callback、CreateFcn、DeleteFcn 和 KeyPressFcn，GUIDE 将其 Callback 属性设置为%automatic。用户可以通过属性编辑器将其他响应属性设置为%automatic。

当再次保存 GUI 时，GUIDE 将%automatic 替换为响应函数的名称，该函数的名称由该控件 Tag 属性及响应函数的名称组成，如图 10-27 所示。其中 two_axes 是该 GUI 的名称，同时是该 GUI 主调函数的名称。其他参数为 plot_button_Callback 函数的输入参数，其意义如下所示。

- gcbo：用于返回响应对象的句柄。
- []：用于存放事件数据。
- guidata(gcbo)：返回该 GUI 的句柄结构体。

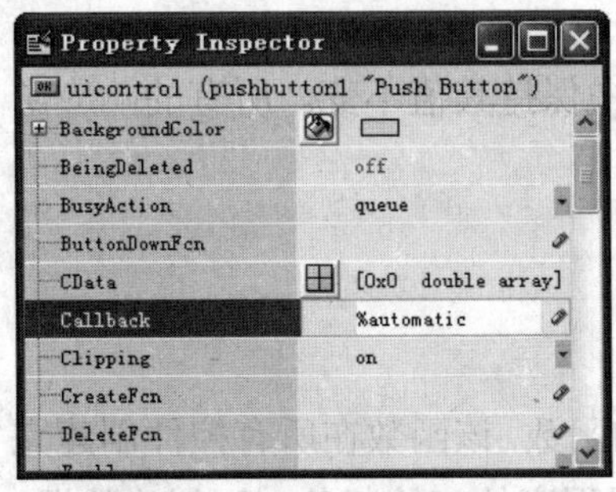

图 10-26　最常用的响应属性为%automatic

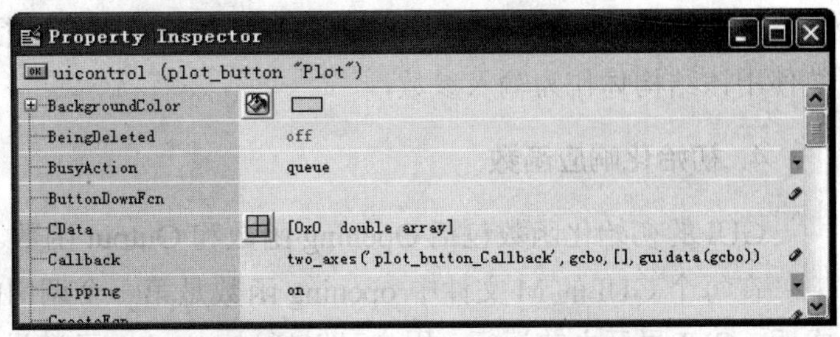

图 10-27　自动生成的响应函数的名称

3. 响应函数的语法与参数

MATLAB 中对响应函数的语法和参数有一些约定，在 GUI 向导创建响应函数并写入 M 文件时便遵守这些约定。如下面为按钮的响应函数模板：

```
% --- Executes on button press in pushbutton1.
function pushbutton1_Callback(hObject, eventdata, handles) %#ok
% hObject      handle to pushbutton1 (see GCBO)
% eventdata    reserved - to be defined in a future version of MATLAB
% handles      structure with handles and user data (see GUIDATA)
```

该模板中第一行注释说明该函数的触发事件，第二行为函数定义行，接下来的注释用于对输入参数进行说明。用户可以在下面输入函数的其他内容。

GUI 向导创建函数模板时，函数的名称为：控件标签(Tag 属性)+下划线+函数属性。如上面的模板中，控件标签为 pushbutton1，响应函数的属性为 Callback，因此函数名为 pushbutton1_Callback。

在添加控件后第一次保存 GUI 时，向导向 M 文件中添加相应的响应函数，函数名由当前 Tag 属性的当前值确定。因此，如果需要改变 Tag 属性的默认值，请在保存 GUI 前进行。

响应函数包含以下几个参数。

- hObject：对象句柄，如触发该函数的控件的句柄。
- eventdata：保留参数。
- handles：为一个结构体，包含图形中所有对象的句柄，如：

```
handles =
          figure1: 160.0011
            edit1: 9.0020
         uipanel1: 8.0017
```

```
     popupmenu1: 7.0018
    pushbutton1: 161.0011
         output: 160.0011
```

其中包含了文本编辑框、面板、弹出菜单和按钮。

GUI 向导创建 handles 结构体，并且在整个程序运行中保持其值不变。所有的响应函数使用该结构体作为输入参数，

4. 初始化响应函数

GUI 的初始化函数包括 Opening 函数和 Output 函数。

在每个 GUI 的 M 文件中 opening 函数是第一个调用的函数。该函数在所有控件创建完成后，GUI 显示之前运行。用户可以通过 opening 函数设置程序的初始任务，如创建数据、读入数据等。

通常 opening 函数的名称为“M 文件名+ _OpeningFcn”，如下面的初始模板：

```
% --- Executes just before mygui is made visible.
function mygui_OpeningFcn(hObject, eventdata, handles, varargin)
% This function has no output args, see OutputFcn.
% hObject     handle to figure
% eventdata   reserved - to be defined in a future version of MATLAB
% handles     structure with handles and user data (see GUIDATA)
% varargin    command line arguments to mygui (see VARARGIN)

% Choose default command line output for mygui
handles.output = hObject;

% Update handles structure
guidata(hObject, handles);

% UIWAIT makes mygui wait for user response (see UIRESUME)
% uiwait(handles.mygui);
```

其中，文件名为 mygui，函数名为 mygui_OpeningFcn。该函数包含 4 个参数，第 4 个参数 varargin 允许用户通过命令行向 opening 函数传递参数。opening 函数将这些参数添加到结构体 handles 中，供响应函数调用。

该函数中包含 3 行语句，如下所示。

- handles.output = hObject：向结构体 handles 中添加新元素 output，并将其值赋为输入参数 hObject，即 GUI 的句柄。该句柄供 output 函数调用。
- guidata(hObject,handles)：保存 handles。用户必须通过 guidata 保存结构体 handles 的任何改变。
- uiwait(handles.mygui)：在初始情况下，该语句并不执行。该语句用于中断 GUI 执行等待用户反应或 GUI 被删除。如果需要该语句运行，删除前面的“%”即可。

output 函数用于向命令行返回 GUI 运行过程中产生的输出结果。该函数在 opening 函数返回控制权和控制权返回至命令行之间运行。因此，输出参数必须在 opening 函数中生成，或者在 opening 函数中调用 uiwait 函数中断 output 的执行，等待其他响应函数生成输出参数。

output 函数的函数名为“M 文件名+ _OutputFcn”，如下面的初始模板：

```
% --- Outputs from this function are returned to the command line.
function varargout = mygui_OutputFcn(hObject, eventdata,...handles)
% varargout   cell array for returning output args (see VARARGOUT);
% hObject     handle to figure
% eventdata   reserved - to be defined in a future version of MATLAB
% handles     structure with handles and user data (see GUIDATA)

% Get default command line output from handles structure
varargout{1} = handles.output;
```

该函数的函数名为 mygui_OutputFcn。output 函数有一个输出参数 varargout。在默认情况下，output 函数将 handles.output 的值赋予 varargout，因此 output 的默认输出为 GUI 的句柄。用户可以通过改变 handles.output 的值改变函数输出结果。

10.3.3　控件编程

本节通过实例介绍控件编程的基本方法。

例 10-1　按钮编程。

本例中的按钮实现关闭该图形窗口的功能，在关闭的同时显示“Goodbye”。该函数的代码如下：

```
function pushbutton1_Callback(hObject, eventdata, handles)
display Goodbye
delete(handles.figure1);
```

例 10-2　开关按钮。

在调用开关按钮时需要获取该开关的状态，当该按钮按下时其 Value 属性为 Max，处于松开状态时其 Value 的值为 Min。开关按钮的响应函数通常具有下面的格式：

```
function togglebutton1_Callback(hObject, eventdata, handles)
button_state = get(hObject,'Value');
if button_state == get(hObject,'Max')
     % 当按下按钮时执行的操作
     ...
elseif button_state == get(hObject,'Min')
     % 当松开按钮时执行的操作
     ...
end
```

10.3.4 通过 GUIDE 创建 GUI 实例

在本章的开始已经介绍了一个简单的 GUI 的例子，本节再介绍通过 GUIDE 创建 GUI 的另外一个例子。

例 10-3 本例 GUI 的功能为在一个界面中绘制两个图形，$x=\sin(2\pi f_1 t)+\sin(2\pi f_2 t)$ 的图像及其快速傅立叶(FFT)的图像。其中参数 f_1、f_2 和 t 的值由界面输入。该 GUI 的界面图形如图 10-28 所示。

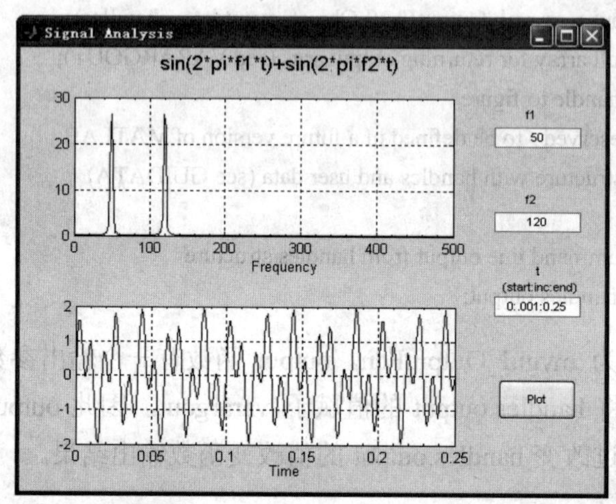

图 10-28　待创建 GUI 的界面

该 GUI 中需要解决的问题有以下两项：

(1) 控制绘图命令的目标坐标系；

(2) 通过文本编辑器输入 MATLAB 表达式的参数。

下面开始创建该 GUI，步骤如下。

(1) 创建 GUI 界面

打开 GUIDE，新建 GUI，保存为 two_axes。向其中添加控件并设置这些控件的属性。

设置 f_1 的 Tag 属性为 f1_input，初始值为 50；f_2 的 Tag 属性为 f2_input，初始值为 120；t 的 Tag 属性为 t_input，初始值为 0:.001:0.25。这些初始值为打开该 GUI 时的默认值。

由于该 GUI 中包含两个图形，在绘制图形时必须指定坐标系。为实现这一功能，可以使用 handles 结构体，该结构体中包含 GUI 中所有控件的句柄。该结构体中的域名为控件的 Tag 属性值。在本 GUI 中，设置绘制函数时域的坐标系的句柄为 time_axes，绘制频域图形的坐标系为 frequency_axes，如图 10-29 所示。

设置后，在响应函数中，可以通过 handles.frequency_axes 实现对该坐标系的调用。

设置控件完成后，设置 GUI 的属性。在 Tools 菜单中选择 GUIoptions 命令，弹出窗口如图 10-30 所示。在其中设置 Resize behavior 为 Proportional，Command-line accessibility 为 Callback。设置 Resize behavior 为 Proportional，允许用户改变该 GUI 的大小，并且改变窗口大小时，GUI 中的控件大小按照比例同时改变。设置 Command-line accessibility 为 Callback，允许响应函数调用句柄，因此可以在响应函数中向坐标系中绘制图形。

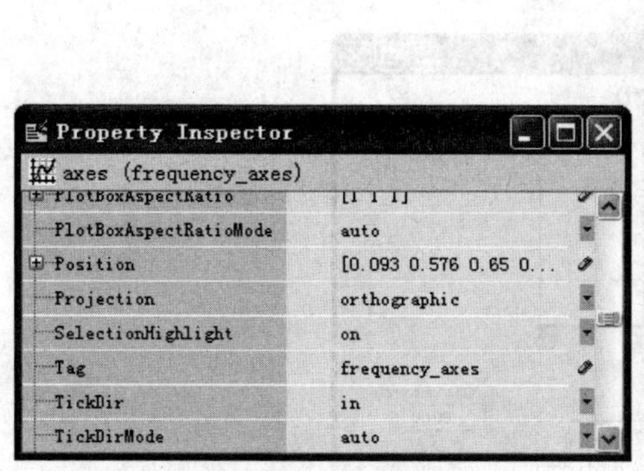

图 10-29　设置坐标系的 Tag 属性

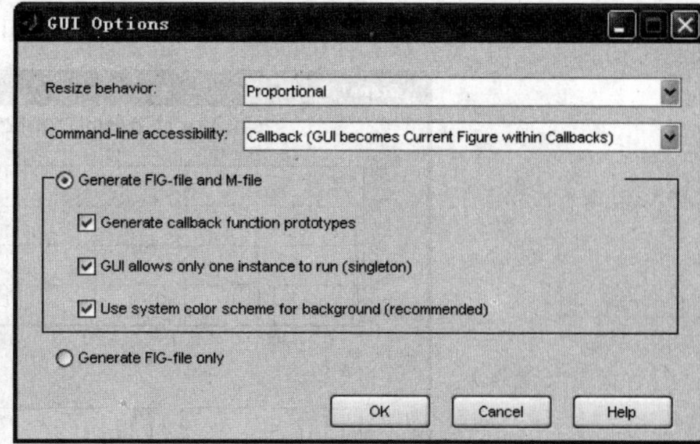

图 10-30　设置 GUI 属性

(2) 编写响应函数代码

该 GUI 需要从界面中读入参数，利用读入的参数计算函数的快速傅立叶变换，之后绘制图形。需要的响应函数只有一个，即按钮的响应函数。该函数的内容为：

```
function plot_button_Callback(hObject, eventdata, handles)
% hObject      handle to plot_button (see GCBO)
% eventdata    reserved - to be defined in a future version of MATLAB
% handles      structure with handles and user data (see GUIDATA)

% Get user input from GUI
f1 = str2double(get(handles.f1_input,'String'));
f2 = str2double(get(handles.f2_input,'String'));
t = eval(get(handles.t_input,'String'));

% Calculate data
x = sin(2*pi*f1*t) + sin(2*pi*f2*t);
y = fft(x,512);
m = y.*conj(y)/512;
f = 1000*(0:256)/512;

% Create frequency plot
axes(handles.frequency_axes) % Select the proper axes
plot(f,m(1:257))


set(handles.frequency_axes,'XMinorTick','on')
grid on

% Create time plot
axes(handles.time_axes) % Select the proper axes
plot(t,x)
set(handles.time_axes,'XMinorTick','on')
grid on
```

代码完成后保存，运行该 GUI，得到的结果如图 10-31 所示。

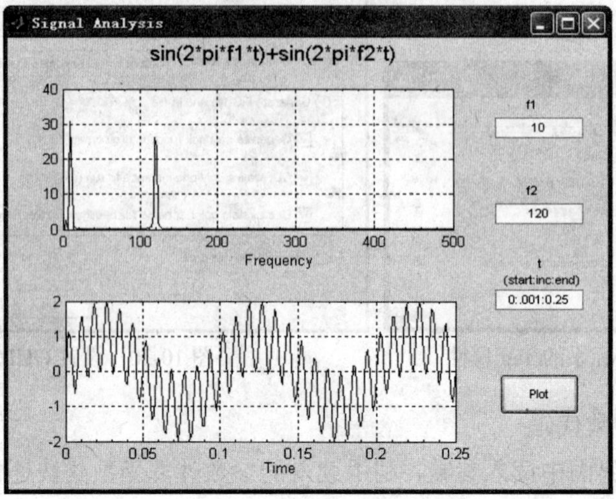

图 10-31　运行 GUI 的结果

10.4　通过程序创建 GUI

除通过 GUI 向导创建 GUI 外，还可以通过程序创建 GUI，MATLAB 提供了一些函数用于创建 GUI，这些函数可以辅助用户创建 GUI。

10.4.1　用于创建 GUI 的函数

1. 预定义对话框

MATLAB 中提供了一系列函数用于预定义对话框，用于预定义对话框的函数如表 10-3 所示。

表 10-3　MATLAB 中用于预定义对话框的函数

函　数	功　能
dialog	创建并打开对话框
errordlg	创建并打开错误提示对话框
helpdlg	创建并打开帮助对话框
inputdlg	创建并打开输入对话框
listdlg	创建并打开列表选择对话框
msgbox	创建并打开消息对话框
pagesetupdlg	打开页面设置对话框
printdlg	打开打印对话框
questdlg	打开问询对话框

(续表)

函　　数	功　　能
uigetdir	打开查找目录标准对话框
uigetfile	打开查找文件标准对话框
uigetpref	打开支持优先级的提问对话框
uiopen	打开选择文件对话框，其中包含文件类型选择
uiputfile	打开文件保存标准对话框
uisave	打开保存工作区变量标准对话框
uisetcolor	打开指定对象颜色标准对话框
uisetfont	打开设置对象的字体风格标准对话框
waitbar	打开进度条
warndlg	打开警告对话框

2. 创建对象

MATLAB 中用于创建对象的函数如表 10-4 所示。

表 10-4　MATLAB 中用于创建对象的函数

函　　数	功　　能
axes	创建坐标系
uibuttongroup	创建按钮组，用于管理单选按钮和开关按钮
uicontextmenu	创建右键菜单
uicontrol	创建用户接口控制对象
uimenu	创建图形窗口中的菜单
uipanel	创建面板
uipushtool	创建工具栏按钮
uitoggletool	创建工具栏开关按钮
uitoolbar	创建工具栏

3. ActiveX 控件

MATLAB 中用于创建 ActiveX 控件的函数如表 10-5 所示。

表 10-5　MATLAB 中用于创建 ActiveX 控件的函数

函　　数	功　　能
actxcontrol	图形窗口中的 ActiveX 控件
actxcontrollist	显示当前窗口中已经安装的所有 ActiveX 控件

(续表)

函　　数	功　　能
actxcontrolselect	显示创建 ActiveX 控件的图形界面
actxserver	创建 COM 自动服务器

4. 使用应用程序的数据

MATLAB 中用于获取应用程序数据的函数如表 10-6 所示。

表 10-6　MATLAB 中获取应用程序数据的函数

函　　数	功　　能
getappdata	获取应用程序定义的数据的值
guidata	存储或获取 GUI 数据
isappdata	判断是否为应用程序定义的数据
rmappdata	删除应用程序定义的数据
setappdata	设置应用程序定义的数据

5. 用户接口输入

MATLAB 中的用户接口输入函数如表 10-7 所示。

表 10-7　MATLAB 中用户接口输入函数

函　　数	功　　能
waitfor	停止运行，直到条件满足时继续执行程序
waitforbuttonpress	停止运行，直到按下键盘或单击鼠标时继续运行
ginput	获取鼠标或者光标输入

6. 优先权控制函数

MATLAB 中的优先权控制函数如表 10-8 所示。

表 10-8　MATLAB 优先权控制函数

函　　数	功　　能
addpref	添加优先权(Preference)
getpref	获取优先权
ispref	判断优先权是否存在
rmpref	删除优先权
setpref	设置优先权

(续表)

函　数	功　能
uigetpref	打开对话框，查找优先权
uisetpref	管理用于 uigetpref 的优先权

7. 应用函数

MATLAB 中的应用函数如表 10-9 所示。

表 10-9　应用函数

函　数	功　能
align	排列 GUI 控件和轴
findall	搜索所有的对象
findfigs	搜索图形超出屏幕的部分
findobj	定位满足指定属性的图形对象
gcbf	返回当前运行的响应函数所对应对象所在图形的句柄
gcbo	返回当前运行的响应函数所对应对象的句柄
guihandles	创建句柄结构体
inspect	打开属性监测器
movegui	将 GUI 移动到屏幕上的指定位置
openfig	打开 GUI，若已经打开则令其处于活动状态
selectmoveresize	选中、移动、重置大小或者复制坐标系或图形控件
textwrap	返回对指定控件的字符串矩阵
uiresume	重新开始执行通过 uiwait 暂停的程序
uistack	重新堆栈对象
uiwait	中断程序执行，通过 uiresume 恢复执行

10.4.2　程序创建 GUI 示例

本节通过程序创建 GUI 的实例，帮助读者进一步掌握程序创建 GUI 的过程及方法。

1. 需要实现的功能及需要包含的控件

本节要创建的 GUI 其功能为在坐标系内绘制用户选定的数据，包含的控件包括以下几种。

- 坐标系。
- 弹出菜单：包含 5 个绘图选项。
- 按钮：更新坐标系中的内容。
- 菜单栏：包含 File 菜单。该菜单中包含 3 个选项，即 Open、Print 和 Close。

● 工具栏：包含两个按钮，即 Open 和 Print。

打开该 GUI 时，在坐标系中显示 5 组随机数。用户可以通过弹出菜单选择绘制其他图形，选择后单击 Update 按钮更新图形。

该 GUI 的最终界面如图 10-32 所示。

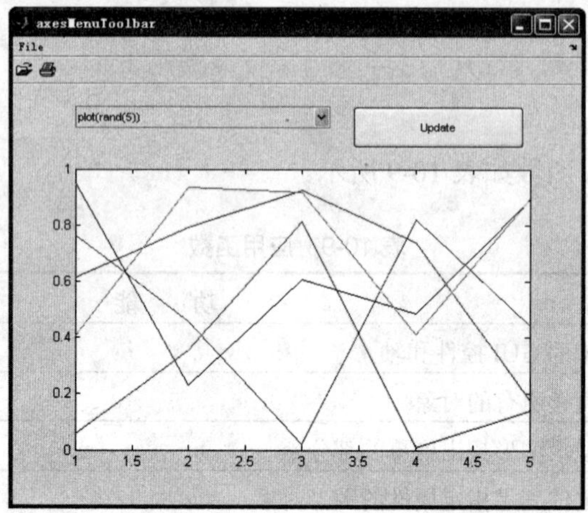

图 10-32　待创建 GUI 的最终界面

2. 需要使用的技术

在该 GUI 创建的过程中，需要应用的技术包括以下几种。

● 当打开 GUI 时，向其传递输入参数。

● GUI 返回时，得到其输出参数。

● 处理异常变化。

● 跨平台运行该 GUI。

● 创建菜单。

● 创建工具栏。

● 大小改变功能。

3. 创建 GUI

定义两个变量：mOutputArgs 和 mPlotTypes。

mOutputArgs 为单元数组，其内容为输出值。在后面的程序将为其定义默认值。mOutputArgs 的定义语句为：

```
mOutputArgs = {};   % Variable for storing output whenGUIreturns
```

mPlotTypes 是一个 5×2 单元数组，其元素为将要在坐标系中绘制的数据。第一列为字符串，显示在弹出菜单中；第二列为匿名函数句柄，是待绘制的函数。

其定义语句如下：

```
mPlotTypes = {...          % Example plot types shown by this GUI
              'plot(rand(5))',        @(a)plot(a,rand(5));
```

```
'plot(sin(1:0.01:25))', @(a)plot(a,sin(1:0.01:25));
'bar(1:.5:10)',          @(a)bar(a,1:.5:10);
'plot(membrane)',        @(a)plot(a,membrane);
'surf(peaks)',           @(a)surf(a,peaks)};
```

mPlotTypes 的初始化语句写于函数的开始部分，这样后面的所有响应函数都可以使用该变量的值。

4. 创建 GUI 界面和控件

在初始化数据后，开始创建 GUI 的主界面及其控件。

(1) 创建主界面

创建主界面的代码如下：

```
hMainFigure = figure(...       % The mainGUIfigure
                'MenuBar','none', ...
                'Toolbar','none', ...
                'HandleVisibility','callback', ...
                'Color', get(0,...
                        'defaultuicontrolbackgroundcolor'));
```

这段函数中的代码的意义分别如下所示。

- Figure：创建 GUI 图形窗口。
- 'MenuBar','none', ...：隐藏该图形原有的菜单栏。
- Toolbar','none', ..：隐藏该图形原有的工具栏。
- 'HandleVisibility','callback', ..：设置该图形只能通过响应函数调用，并且阻止通过命令行向该窗口中写入内容或者删除该窗口。
- 'Color', get(0, ... 'defaultuicontrolbackgroundcolor'))：定义图形的背景色，该语句定义图形的背景与 GUI 控件的默认颜色相同，如按钮的颜色。由于不同的系统会有不同的默认设置，因此，该语句保证 GUI 的背景色与控件的颜色匹配。

(2) 创建坐标系

创建坐标系的代码如下：

```
hPlotAxes = axes(...       % Axes for plotting the selected plot
            'Parent', hMainFigure, ...
            'Units', 'normalized', ...
            'HandleVisibility','callback', ...
            'Position',[0.11 0.13 0.80 0.67]);
```

其中代码的功能如下所示。

- axes：创建坐标系。
- 'Parent', hMainFigure：设置该坐标系为 hMainFigure 所指图形(主界面)的子图形。
- 'Units', 'normalized'：该属性保证当改变 GUI 的尺寸时，坐标系同时变化。

- 'Position',[0.11 0.13 0.80 0.67]：定义坐标系的位置及大小。

(3) 创建弹出菜单

创建弹出菜单的代码如下：

```
hPlotsPopupmenu = uicontrol(... % List of available types of plot
                    'Parent', hMainFigure, ...
                    'Units','normalized',...
                    'Position',[0.11 0.85 0.45 0.1],...
                    'HandleVisibility','callback', ...
                    'String',mPlotTypes(:,1),...
                    'Style','popupmenu');
```

代码中语句的含义如下所示。

- uicontrol：创建弹出菜单。uicontrol 可以用于创建各种菜单，属性'Style'的值设置为'popupmenu' 用于创建弹出菜单。
- 'String',mPlotTypes(:,1)：'String'用于设置菜单中显示的内容，这里显示变量 mPlotTypes 中的内容。

(4) Update 按钮

创建 Update 按钮的代码如下：

```
hUpdateButton = uicontrol(... % Button for updating selected plot
                    'Parent', hMainFigure, ...
                    'Units','normalized',...
                    'HandleVisibility','callback', ...
                    'Position',[0.6 0.85 0.3 0.1],...
                    'String','Update',...
                    'Callback', @hUpdateButtonCallback);
```

代码中语句的含义如下所示。

- uicontrol：该函数用于创建各种 GUI 控件，创建控件的类型通过属性'Style'确定，其默认值为创建按钮，因此这里不需要再次设置。
- 'String','Update'：设置按钮的显示文字为 Update。
- 'Callback', @hUpdateButtonCallback：设置该按钮的响应函数为 hUpdateButton Callback。

(5) File 菜单

创建 File 菜单需要首先创建菜单，再依次创建菜单中的项目，代码如下：

```
hFileMenu      =    uimenu(...          % File menu
                        'Parent',hMainFigure,...
                        'HandleVisibility','callback', ...
                        'Label','File');
hOpenMenuitem   =    uimenu(...         % Open menu item
                        'Parent',hFileMenu,...
```

```
                          'Label','Open',...
                          'HandleVisibility','callback', ...
                          'Callback', @hOpenMenuitemCallback);
hPrintMenuitem   =   uimenu(...        % Print menu item
                          'Parent',hFileMenu,...
                          'Label','Print',...
                          'HandleVisibility','callback', ...
                          'Callback', @hPrintMenuitemCallback);
hCloseMenuitem   =   uimenu(...        % Close menu item
                          'Parent',hFileMenu,...
                          'Label','Close',...
                          'Separator','on',...
                          'HandleVisibility','callback', ...
                          'Callback', @hCloseMenuitemCallback');
```

代码中语句的含义如下所示。

- Uimenu：该函数用于创建菜单。创建主菜单时设置其属性'Parent'为 GUI 主窗口 hMainFigure，创建菜单项时该属性设置为 hFileMenu。
- 'Label'：用于设置菜单的标题。

(6) 工具栏

创建工具栏与创建菜单相同，需要首先创建工具栏，然后依次创建其中的工具代码如下：

```
hToolbar = uitoolbar(...      % Toolbar for Open and Print buttons
                    'Parent',hMainFigure, ...
                    'HandleVisibility','callback');
hOpenPushtool   =   uipushtool(...     % Open toolbar button
                    'Parent',hToolbar,...
                    'TooltipString','Open File',...
                    'CData',iconRead(fullfile(matlabroot,...
                        'toolbox\matlab\icons\opendoc.mat')),...
                    'HandleVisibility','callback', ...
                    'ClickedCallback', @hOpenMenuitemCallback);
hPrintPushtool = uipushtool(...     % Print toolbar button
                    'Parent',hToolbar,...
                    'TooltipString','Print Figure',...
                    'CData',iconRead(fullfile(matlabroot,...
                        'toolbox\matlab\icons\printdoc.mat')),...
                    'HandleVisibility','callback', ...
                    'ClickedCallback', @hPrintMenuitemCallback);
```

代码中的函数及参数的意义如下所示。

- Uitoolbar：在主窗口中创建工具栏。
- Uipushtool：创建工具栏中项目。

- TooltipString：该属性用于设置当鼠标移动到该图标时显示的提示文本。
- CData：用于指定显示于该按钮的图像。
- ClickedCallback：用于指定当用于单击该工具时执行的操作。

5. 初始化 GUI

创建打开该 GUI 时显示的图形，并且定义输出参数值。代码如下：

```
% Update the plot with the initial plot type
localUpdatePlot();
% Define default output and return it if it is requested by users
mOutputArgs{1} = hMainFigure;
if nargout>0
    [varargout{1:nargout}] = mOutputArgs{:};
End
```

localUpdatePlot()函数用于在坐标系中绘制选定的数据。后面的语句设置默认输出为该 GUI 的句柄。

6. 定义响应函数

该 GUI 中共有 6 个控件由响应函数控制，但是由于工具栏 Open 工具和 File 菜单中的 Open 选项共用一个响应函数，工具 Print 和菜单项 Print 共用一个响应函数，因此共需要定义 4 个响应函数。

(1) Update 按钮的响应函数

Update 按钮的响应函数为 hUpdateButtonCallback，该函数的定义如下：

```
function hUpdateButtonCallback(hObject, eventdata)
  % Callback function run when the Update button is pressed
      localUpdatePlot();
  end
```

其中 localUpdatePlot 为一个辅助函数。

(2) Open 项的响应函数

Open 菜单项和工具栏 Open 的响应函数为 hOpenMenuitemCallback，该函数的定义为：

```
function hOpenMenuitemCallback(hObject, eventdata)
% Callback function run when the Open menu item is selected
    file = uigetfile('*.m');
    if ~isequal(file, 0)
        open(file);
    end
end
```

该函数首先调用 uigetfile 打开文件查找标准对话框，如果 uigetfile 返回值为有效文件名，则调用 open 函数打开。

(3) Print 菜单项的响应函数

Print 菜单项的响应函数为 hPrintMenuitemCallback，该函数的定义为：

```
function hPrintMenuitemCallback(hObject, eventdata)
% Callback function run when the Print menu item is selected
    printdlg(hMainFigure);
end
```

该函数调用 printdlg 打开打印对话框。

(4) Close 菜单项的响应函数

Close 菜单项用于关闭该 GUI 窗口，其响应函数为 hCloseMenuitemCallback，该函数的定义如下：

```
function hCloseMenuitemCallback(hObject, eventdata)
% Callback function run when the Close menu item is selected
    selection = ...
        questdlg(['Close ' get(hMainFigure,'Name') '?'],...
                 ['Close ' get(hMainFigure,'Name') '...'],...
                 'Yes','No','Yes');
    if strcmp(selection,'No')
        return;
    end

    delete(hMainFigure);
end
```

该函数首先调用 questdlg 函数打开询问对话框，如果用户选择 No，则取消操作；如果用户选择 Yes，则关闭该窗口。

除上述响应函数外，还用到了一个辅助函数 localUpdatePlot，该函数的定义如下：

```
function localUpdatePlot
% Helper function for plotting the selected plot type
    mPlotTypes{get(hPlotsPopupmenu, 'Value'), 2}(hPlotAxes);
end
```

该函数用于利用选中的绘图类型进行绘图。

7. 该 GUI 的完整 M 文件

```
function varargout = axesMenuToolbar(varargin)
% AXESMENUTOOLBAR Example for creating GUIs with menus, toolbar, and plots
%        AXESMENUTOOLBAR is an exampleGUIfor demonstrating how to creating
%        GUIs using nested functions. It shows how to generate different
%        plots and how to add menus and toolbar to the GUIs.
```

```
%     Copyright 1984-2007 The MathWorks, Inc.

% Declare non-UI data so that they can be used in any functions in this GUI
% file, including functions triggered by creating theGUIlayout below
mOutputArgs      = {};          % Variable for storing output whenGUIreturns
mPlotTypes       = {...         % Example plot types shown by this GUI
                   'plot(rand(5))',                @(a)plot(a, rand(5));
                   'plot(sin(1:0.01:25))',         @(a)plot(a, sin(1:0.01:25));
                   'bar(1:.5:10)',                 @(a)bar(a,1:.5:10);
                   'plot(membrane)',               @(a)plot(a, membrane);
                   'surf(peaks)',                  @(a)surf(a, peaks)};

% Declare and create all the UI objects in thisGUIhere so that they can
% be used in any functions
hMainFigure     =    figure(...          % the mainGUIfigure
                         'MenuBar','none', ...
                         'Toolbar','none', ...
                         'HandleVisibility','callback', ...
                         'Name', mfilename, ...
                         'NumberTitle','off', ...
                         'Color', get(0, 'defaultuicontrolbackgroundcolor'));
hPlotAxes       =    axes(...             % the axes for plotting the selected plot
                         'Parent', hMainFigure, ...
                         'Units', 'normalized', ...
                         'HandleVisibility','callback', ...
                         'Position',[0.11 0.13 0.80 0.67]);
hPlotsPopupmenu=    uicontrol(...        % list of available types of plot
                         'Parent', hMainFigure, ...
                         'Units','normalized',...
                         'Position',[0.11 0.85 0.45 0.1],...
                         'HandleVisibility','callback', ...
                         'String',mPlotTypes(:,1),...
                         'Style','popupmenu');
hUpdateButton   =    uicontrol(...    % Button for updating selected plot
                         'Parent', hMainFigure, ...
                         'Units','normalized',...
                         'HandleVisibility','callback', ...
                         'Position',[0.6 0.85 0.3 0.1],...
                         'String','Update',...
                         'Callback', @hUpdateButtonCallback);
hFileMenu       =    uimenu(...           % File menu
                         'Parent',hMainFigure,...
                         'HandleVisibility','callback', ...
                         'Label','File');
hOpenMenuitem   =    uimenu(...           % Open menu item
                         'Parent',hFileMenu,...
```

```
                              'Label','Open',...
                              'HandleVisibility','callback', ...
                              'Callback', @hOpenMenuitemCallback);
hPrintMenuitem   =   uimenu(...          % Print menu item
                              'Parent',hFileMenu,...
                              'Label','Print',...
                              'HandleVisibility','callback', ...
                              'Callback', @hPrintMenuitemCallback);
hCloseMenuitem   =   uimenu(...          % Close menu item
                              'Parent',hFileMenu,...
                              'Label','Close',...
                              'Separator','on',...
                              'HandleVisibility','callback', ...
                              'Callback', @hCloseMenuitemCallback');
hToolbar         =   uitoolbar(...       % Toolbar for Open and Print buttons
                              'Parent',hMainFigure, ...
                              'HandleVisibility','callback');
hOpenPushtool    =   uipushtool(...      % Open toolbar button
                              'Parent',hToolbar,...
                              'TooltipString','Open File',...
                              'CData',iconRead(fullfile(matlabroot, '/toolbox/matlab/icons/opendoc.mat')),...
                              'HandleVisibility','callback', ...
                              'ClickedCallback', @hOpenMenuitemCallback);
hPrintPushtool =     uipushtool(...      % Print toolbar button
                              'Parent',hToolbar,...
                              'TooltipString','Print Figure',...
                              'CData',iconRead(fullfile(matlabroot, '/toolbox/matlab/icons/printdoc.mat')),...
                              'HandleVisibility','callback', ...
                              'ClickedCallback', @hPrintMenuitemCallback);

% Update the plot with the initial plot type
localUpdatePlot();

% Define default output and return it if it is requested by users
mOutputArgs{1} = hMainFigure;
if nargout>0
    [varargout{1:nargout}] = mOutputArgs{:};
end

    %------------------------------------------------------------------------
    function hUpdateButtonCallback(hObject, eventdata)
    % Callback function run when the update button is pressed
        localUpdatePlot();
    end

    %------------------------------------------------------------------------
```

```
function hOpenMenuitemCallback(hObject, eventdata)
% Callback function run when the Open menu item is selected
    file = uigetfile('*.fig');
    if ~isequal(file, 0)
        open(file);
    end
end

%-----------------------------------------------------------------------
function hPrintMenuitemCallback(hObject, eventdata)
% Callback function run when the Print menu item is selected
    printdlg(hMainFigure);
end

%-----------------------------------------------------------------------
function hCloseMenuitemCallback(hObject, eventdata)
% Callback function run when the Close menu item is selected
    selection = questdlg(['Close ' get(hMainFigure,'Name') '?'],...
                         ['Close ' get(hMainFigure,'Name') '...'],...
                         'Yes','No','Yes');
    if strcmp(selection,'No')
        return;
    end

    delete(hMainFigure);
end

%-----------------------------------------------------------------------
function localUpdatePlot
% Helper function for ploting the selected plot type
    mPlotTypes{get(hPlotsPopupmenu, 'Value'), 2}(hPlotAxes);
end

end % end of axesMenuToolbar
```

10.5 习　　题

1. 简述在 MATLAB 中创建图形用户接口(GUI)的步骤。
2. 简述 GUI 控件的种类及各自的功能。
3. 什么是 callbackfunction？其作用是什么？
4. 创建一个 GUI，使用一个弹出式控件选择 GUI 的背景颜色。
5. 创建一个 GUI，绘制抛物线 $y = ax^2 + bx + c$ 的图像，其中参数 a、b、c 及绘图范围等由界面文本编辑框输入。

第11章 Simulink的建模与仿真

Simulink 是 The Mathworks 公司于 1990 年推出的产品，是用于 MATLAB 下建立系统框图和仿真的环境。该环境刚推出时的名字叫做 Simulab，由于其名字很类似于当时一个很著名的语言——Simula 语言，所以次年更名为 Simulink。从名字上看，立即就能看出该程序的两层含义："simu"一词表明它是用于计算机仿真；而"Link"一词表示它能进行系统连接，即把一系列的功能模块连接起来，构成复杂的系统模型。也正是因为这两方面的功能和特色，使它成为仿真领域首选的计算机环境。

早在 Simulink 出现之前，仿真一个给定的连续系统是很复杂的事情，当时的 MATLAB 虽然支持一些较为简单的常微分方程求解，但是只用语句的方式建立起一个完整系统的状态方程是很困难的，所以需要借助像 ACSL 等仿真语言工具。当时采用这样的语言建立模型需要很多的手工编程，很不直观，对复杂的问题来说出错是在所难免，而且由于过多的手工编程，浪费的时间较多，很不经济。所以 Simulink 一出现，即成为主要的仿真工具。

本章内容重点是向读者初步介绍 Simulink 中的建模方法和基本功能模块，首先是介绍 Simulink 建模的基本操作和基本流程，然后介绍 Simulink 的各功能模块和常见 Simulink 模型，最后介绍 S 函数，并通过实例建模以使读者对 Simulink 有进一步的认识。

本章学习目标

- ☑ 掌握 Simulink 模型的建立方法
- ☑ 熟悉 Simulink 模块库
- ☑ 熟悉常见 Simulink 模型
- ☑ 了解 S 函数的设计和调用

11.1 Simulink 简介

在 MATLAB 命令窗口中输入 simulink，或在工具栏中单击 simulink 按钮，就可启动 Simulink。Simulink 库浏览器(Simulink Library Browser)窗口随即打开如图 11-1 所示。Simulink 模块就在"库"中。在图 11-1 中的 Simulink 标题下显示了这些库。根据计算机上所安装的何种 Mathworks 产品，用户就可能会在这个窗口中看到另外一些选项，如 Control System Toolbox(控制系统工具箱)和 Stateflow。这些选项提供了额外的 Simulink 模块，通过单击这些选项左边的加号就可以显示它们。在给定某个模块名称的情况下，找到它的最佳方法就是：在 Simulink 库浏览器顶部的查找(Find)窗格中输入其名称。当按下回车键之后，Simulink 将帮助用户找到这个模块的位置，并且在 Find 窗格下面的窗格之中显现出对这个模块的简短说明。

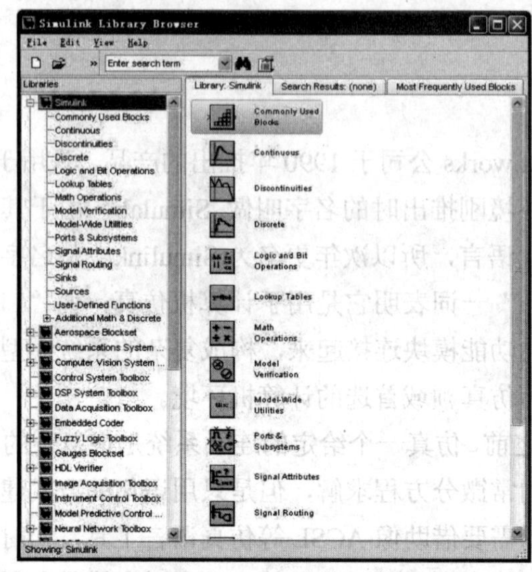

图 11-1　Simulink 库浏览器

要建立一个新的模型，可以单击工具栏上的新建按钮，也可以选择 File | New 命令。这个操作打开了一个新的 Untitled 窗口，之后就可以在其中创建模型。要从库浏览器中选择一个模块，则可以双击合适的库，然后那个库中的模块列表将显现出来。

单击模块名称或者图标，并同时按下鼠标按钮，就可以将这个模块拖到新的模型窗口之中，然后再释放鼠标按钮。

注意：

当在库浏览器中单击模块名称时，浏览器会在其顶部显现出对这个模块函数的简短说明。用户可以通过右击那个模块的名称或者图标，并且同时从下拉菜单中选中 Help 选项来访问那个模块的帮助文件。

Simulink 模型文件的扩展名为.mdl。使用模型窗口中的 File 菜单可打开、关闭和保存模型文件。要打印模型的模块图，则可以选中 File 菜单上的 Print 菜单项。使用 Edit 菜单可复制、剪切和粘贴模块。用户还可以使用鼠标来完成这些操作。例如，要删除一个模块，则可以单击选中它，并同时按下 Delete 键。

11.2　Simulink 模块库

熟悉 Simulink 的仿真模块库是熟练建立模型的基础，只有充分熟悉这些模块库才能正确和快速地建立系统仿真模型。Simulink 模块库包含大部分常用的建立系统框图的模块，下面简要介绍模块库的各部分。

11.2.1　连续模块(Continuous)

在 Simulink 基本模块中选择 Continuous 后，单击便可看到如图 11-2 所示的连续模块。该模块组的主要子模块如下所示。

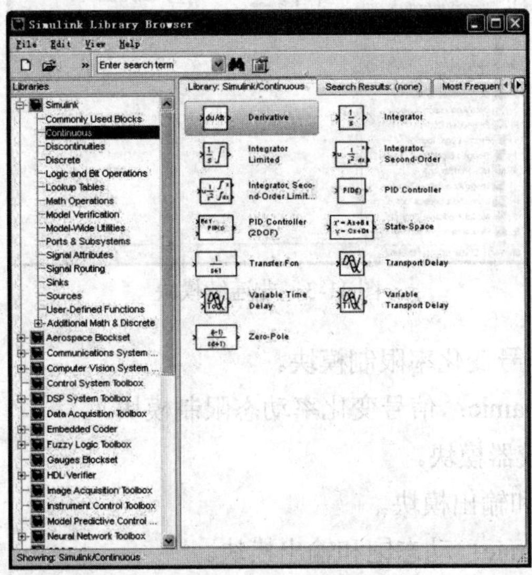

图 11-2　连续模块

(1) Derivative：输入信号微分。
(2) Integrator：输入信号积分。
(3) State-Space：状态空间系统模型。
(4) Transfer-Fcn：传递函数模型。
(5) Transport Delay：输入信号固定延时模块。
(6) Variable Time Delay：输入信号可变延时模块。
(7) Variable Transport Delay：输入信号可变延时。
(8) Zero-Pole：零极点模型。

11.2.2　非连续模块(Discontinuous)

非连续模块组包含的模块如图 11-3 所示。该模块组主要包括以下子模块。

(1) Backlash：间隙非线性模块。
(2) Coulomb&Viscous Friction：库仑和黏度摩擦非线性模块。
(3) Dead Zone：死区非线性模块。
(4) Dead Zone Dynamic：动态死区非线性模块。
(5) Hit Crossing：冲击非线性模块。
(6) Quantizer：量化非线性模块。

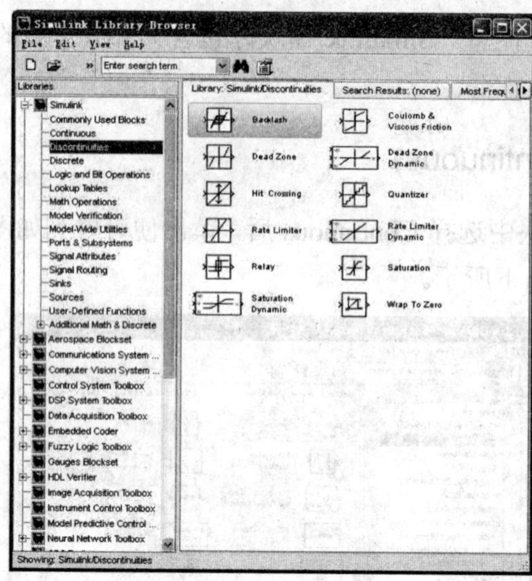

图 11-3　非连续模块

(7) Rate Limiter：信号变化率限制模块。

(8) Rate Limiter Dynamic：信号变化率动态限制模块。

(9) Relay：滞环比较器模块。

(10) Saturation：饱和输出模块。

(11) Saturation Dynamic：动态饱和输出模块。

(12) Warp To Zero：阈值过限清零。

11.2.3　离散模块(Discrete)

离散模块组包含的模块如图 11-4 所示。该模块组主要包括以下子模块。

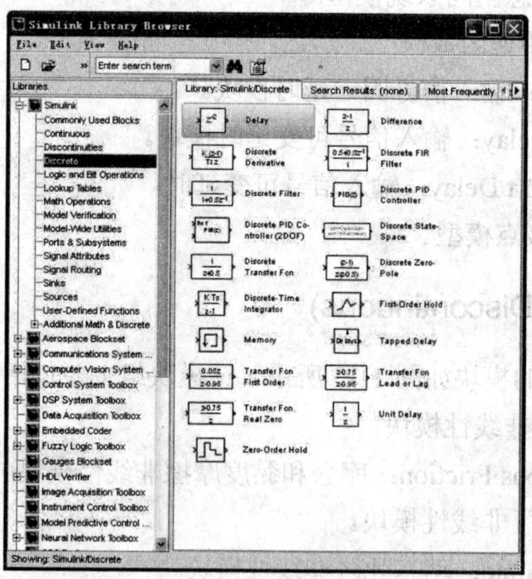

图 11-4　离散模块

(1) Difference：差分环节模块。

(2) Discrete Derivative：离散微分环节模块。

(3) Discrete Filter：离散滤波器模块。

(4) Discrete State-Space：离散状态空间模块。

(6) Discrete Zero-Pole：零极点形式的离散传递函数模块。

(7) Discrete-Time Integrator：离散时间积分器。

(8) First-Order Hold：一阶保持器。

(9) Memory：输出本模块上一步的输入值。

(10) Tapped Delay：延迟模块。

(11) Transfer Fcn First Order：离散一阶传递函数。

(12) Transfer Fcn Lead or Lag：离散传递函数。

(13) Transfer Fcn Real Zero：离散零点传递函数。

(14) Unit Delay：单位采样周期的延时模块。

(15) Zero-Order Hold：零阶保持器。

11.2.4　逻辑和位操作模块(Logic and Bit Operations)

在 simulink 基本模块中选择 Logic and Bit Operations 后，便可看到如图 11-5 所示的各种子模块。该模块组主要包括以下子模块。

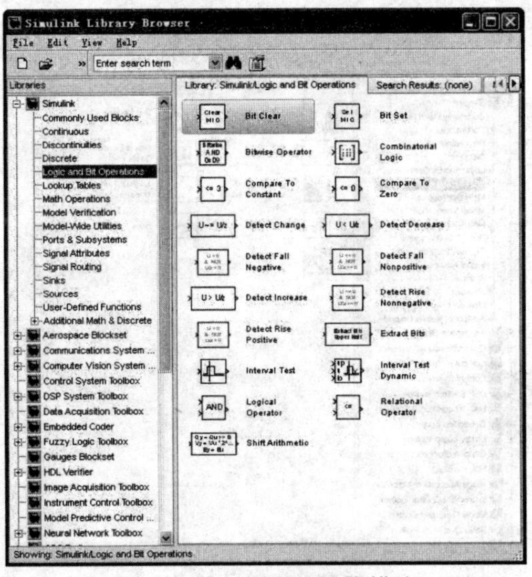

图 11-5　逻辑和位操作模块

(1) Bit clear：位清零。

(2) Bit Set：置位。

(3) Bitwise Operator：逐位操作。

(4) Combinatorial Logic：组合逻辑。

(5) Compare To Constant：与常量比较。

(6) CompareTo Zero：与零比较。

(7) Detect Change：检测突变。

(8) Detect Decrease：检测递减。

(9) Detect Fall Negative：检测负下降沿。

(10) Detect Fall Nonpositive：检测非负下降沿。

(11) Detect Increase：检测递增。

(12) Detect Rise Nonnegative：检测非负上升沿。

(13) Detect Rise Positive：检测正上升沿。

(14) Extract Bits：提取位。

(15) Interval Test：检测开区间。

(16) Interval Test Dynamic：动态检测开区间。

(17) Logical Operator：逻辑操作符。

(18) Relational Operator：关系操作符。

(19) Shift Arithmetic：移位运算。

11.2.5　查表模块(Lookup Table)

在 simulink 基本模块中选择 Lookup Table 后，便可看到如图 11-6 所示的各种子模块。该模块组主要包括以下子模块。

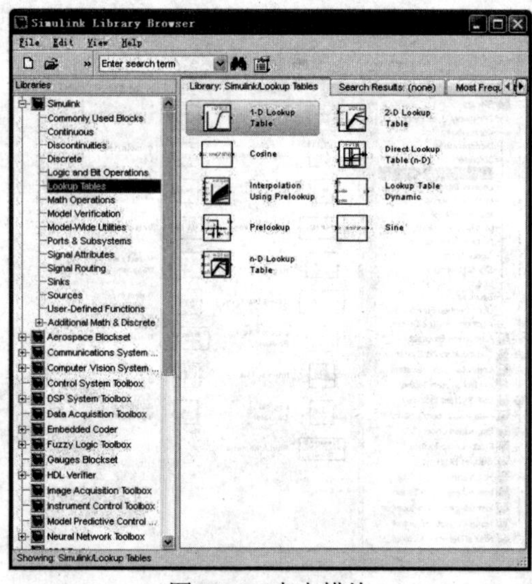

图 11-6　查表模块

(1) 1-D Lookup Table：信号查询表。

(2) 2-D Lookup Table：二维信号输入查询表。

(3) Cosine：余弦函数查询。

(4) Direct Lookup Table(n-D)：*n* 个输入信号的查询表。

(5) Interpolation using PreLookup：*n* 个输入信号的预插值。

(6) Lookup Table Dynamic：动态查询表。

(7) PreLookup：预查询所以搜索。

(8) Sine：正弦函数查询表。

(9) n-D Lookup Table：*n* 维信号输入查询表。

11.2.6 数学模块(Math Operations)

在 simulink 基本模块中选择 Math Operations 后，便可看到如图 11-7 所示的各种子模块。该模块组主要包括以下子模块。

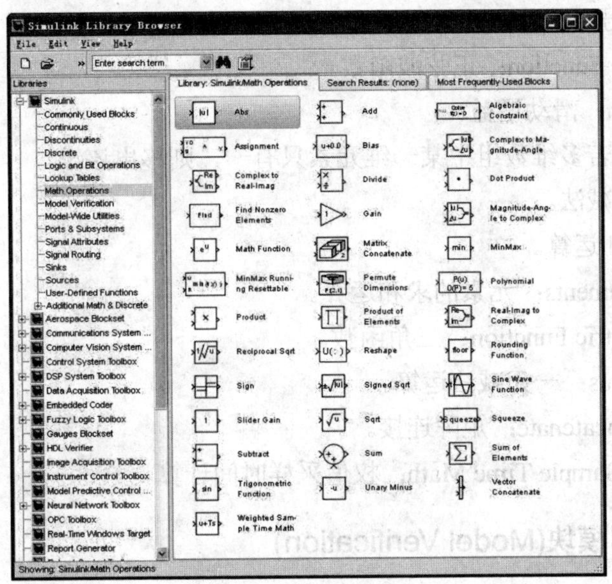

图 11-7 数学模块

(1) Abs：绝对值。

(2) Add：加法。

(3) Algebraic Constraint：代数约束。

(4) Assignment：赋值。

(5) Bias：偏重。

(6) Complex to Magnitude-Angle：复数转化为幅值和相角形式。

(7) Complex to Real-Imag：复数转化为实部和虚部形式。

(8) Divide：除法。

(9) Dot Product：点乘。

(10) Gain：增益运算。

(11) Magnitude-Angle to Complex：输入幅值和相角形式合成复数。

(12) Math Function：常用数学函数。

(13) Matrix Concatenate：矩阵级联。

(14) MinMax：最值运算。

(15) MinMax Running Resettable：最大最小值运算。

(16) Permute Dimensions：按照指定顺序改变数组维数。

(17) Polynomial：多项式。

(18) Product：乘法运算。

(19) Product of Elements：元素乘法运算。

(20) Real-Imag to Complex：输入实部和虚部形式合成复数。

(21) Reshape：取整运算。

(22) Rounding Function：舍入函数。

(23) Sign：符号函数。

(24) Sine Wave Function：正弦波函数。

(25) Slider Gain：滑动增益。

(26) Squeeze：若多维数组中某一维元素只有一，则移出该维。

(27) Subtract：减法。

(28) Sum：求和运算。

(29) Sum of Elements：元素的求和运算。

(30) Trigonometric Function：三角函数。

(31) Unary Minus：一元减法运算。

(32) Vector Concatenate：矩阵连接。

(33) Weighted Sample Time Math：权值采样时间计算。

11.2.7　模型检测模块(Model Verification)

在 simulink 基本模块中选择 Model Verification 后，便可看到如图 11-8 所示的各种子模块。该模块组主要包括以下子模块。

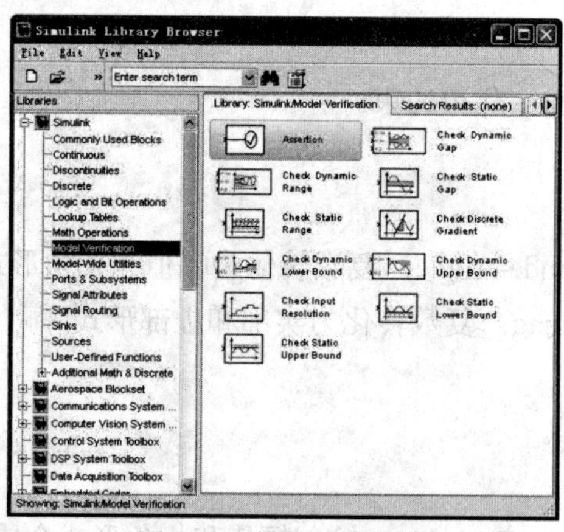

图 11-8　模型检测模块

(1) Assertion：确定操作。

(2) Check Dynamic Gap：检查动态偏差。

(3) Check Dynamic Range：检查动态范围。

(4) Check Static Gap：检查静态偏差。

(5) Check Static Range：检查静态范围。

(6) Check Discrete Gradient：检查离散梯度。

(7) Check Dynamic Lower Bound：检查动态下限。

(8) Check Dynamic Upper Bound：检查动态上限。

(9) Check Input Resolution：检查输入精度。

(10) Check Static Lower Bound：检查静态下限。

(11) Check Static Upper Bound：检查静态上限。

11.2.8 模型扩充模块(Model-Wide Utilities)

在 simulink 基本模块中选择 Model-Wide Utilities 后，便可看到如图 11-9 所示的各种子模块。该模块组主要包括以下子模块。

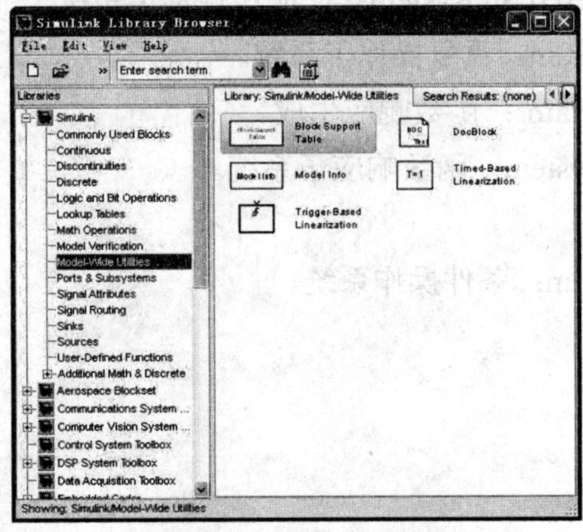

图 11-9 模型扩充模块

(1) Block Support Table：模块支持表。

(2) DocBolck：文档模块。

(3) Model Info：模型信息。

(4) Timed-Based Linearization：基于时间的线形分析。

(5) Trigger-Based Linearization：触发线形分析。

11.2.9 端口和子系统模块(Ports & Subsystems)

在 simulink 基本模块中选择 Port & Subsystems 后，便可看到如图 11-10 所示的各个子模块。该模块组主要包括以下子模块。

(1) Atomic Subsystem：单元子系统。

(2) CodeReuseSubsystem：代码重用子系统。

(3) Configurable Subsystem：结构子系统。

(4) Enable：使能。

(5) Enabled Subsystem：使能子系统。

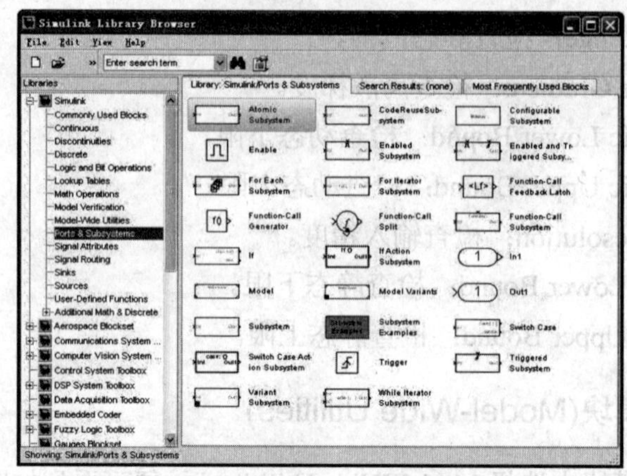

图 11-10　端口和子系统模块

(6) Enabled and Triggered Subsystem：使能和触发子系统。

(7) For Iterator Subsystem：重复操作子系统。

(8) Function-call Generator：函数响应生成。

(9) Function-call Subsystem：函数响应子系统。

(10) If：条件操作。

(11) If Action Subsystem：条件操作系统。

(12) In1：输入端口。

(13) Model：模型。

(14) Out1：输出端口。

(15) Subsystem：子系统。

(16) Subsystem Examples：子系统样例。

(17) Switch Case：事件转换。

(18) Switch Case Action Subsystem：事件转换操作子系统。

(19) Trigger：触发操作。

(20) Triggered Subsystem：触发子系统。

(21) While Iterator Subsystem：重复子系统。

11.2.10　信号属性模块(Signal Attributes)

在 simulink 基本模块中选择 Signal Attributes 后，便可看到如图 11-11 所示的各种子模块。该模块组主要包括以下子模块。

(1) Bus to Vector：多路信号转化向量。

(2) Data Type Conversion：数据类型转换。

(3) Data Type Conversion Inherited：继承数据类型转换。

(4) Data Type Duplicate：数据类型复制。

(5) Data Type Propagation：数据类型继承。

(6) Data Type Propagation Examples：数据类型继承样例。

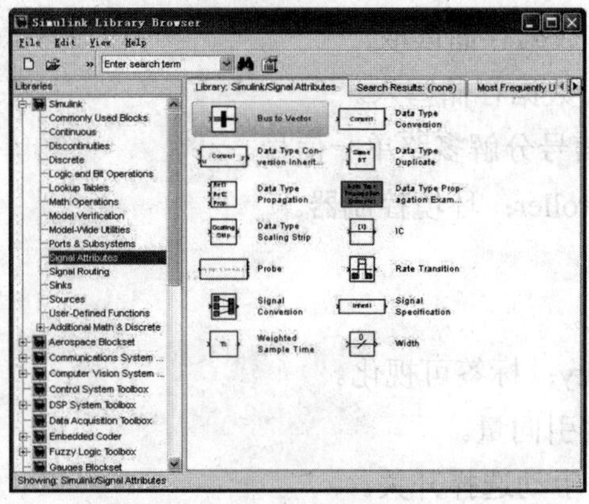

图 11-11　信号属性模块

(7) Data Type Scaling Strip：数据类型缩放。

(8) IC：信号输入属性。

(9) Probe：信号探针。

(10) Rate Transition：比率变换。

(11) Signal Conversion：信号转换。

(12) Signal Specification：信号说明。

(13) Weighted Sample Time：权重采样时间。

(14) Width：信号宽度。

11.2.11　信号线路模块(Signal Routing)

在 simulink 基本模块中选择 Signal Routing 后，便可看到如图 11-12 所示的各种子模块。该模块组主要包括以下子模块。

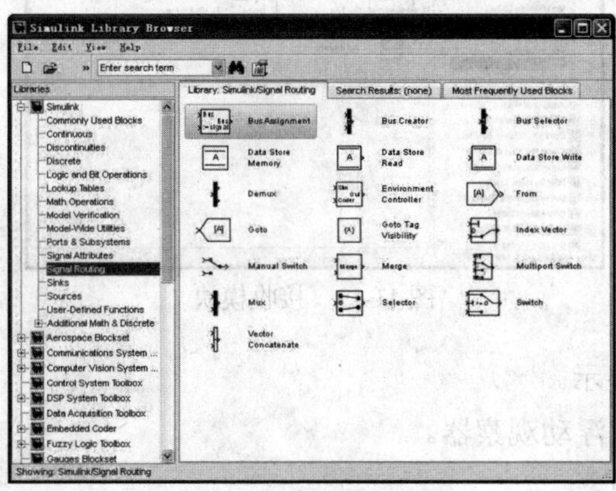

图 11-12　信号路线模块

(1) Bus Assignment：总线分配。

(2) Bus Creator：总线生成。

(3) Bus Selector：总线选择。

(4) Data Store Memory：数据存储。

(5) Data Store Read：数据存储读取。

(6) Data Store Write：数据存储写入。

(7) Demux：将复合信号分解多路单一信号。

(8) Environment Controller：环境控制器。

(9) From：信号来源。

(10) Goto：信号去向。

(11) Goto Tag Visibility：标签可视化。

(12) Index Vector：索引向量。

(13) Manual Switch：手动选择开关。

(14) Merge：信号合并。

(15) Multiport Switch：多端口开关。

(16) Mux：将多路单一信号合并为复合信号。

(17) Selector：信号选择。

(18) Switch：开关选择。

11.2.12　接收模块(Sinks)

在 simulink 基本模块中选择 Sinks 后，便可看到如图 11-13 所示的各种子模块。该模块组主要包括以下子模块。

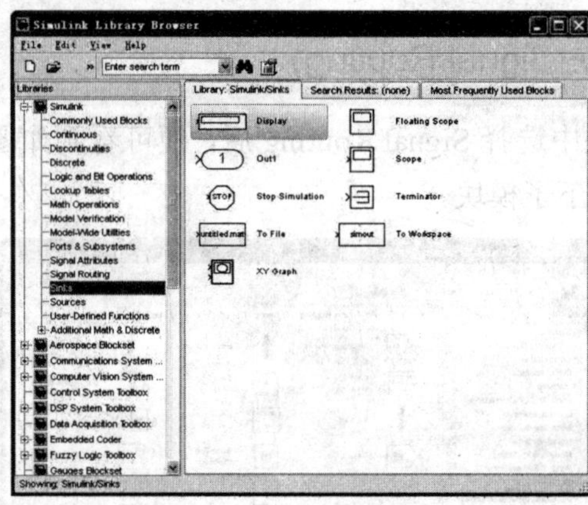

图 11-13　接收模块

(1) Display：数字显示。

(2) Floating Scope：浮动观察器。

(3) Out1：输出端口。

(4) Scope：示波器。

(5) Stop Simulation：仿真停止。

(6) Terminator：信号终结端。

(7) To File：将数据写入文件保存。

(8) To Workspace：将数据写入工作区。

(9) XY Graph：显示二维图形。

11.2.13　输入模块(Sources)

在 simulink 基本模块中选择 Sources 后，便可看到如图 11-14 所示的各种子模块。该模块组主要包括以下子模块。

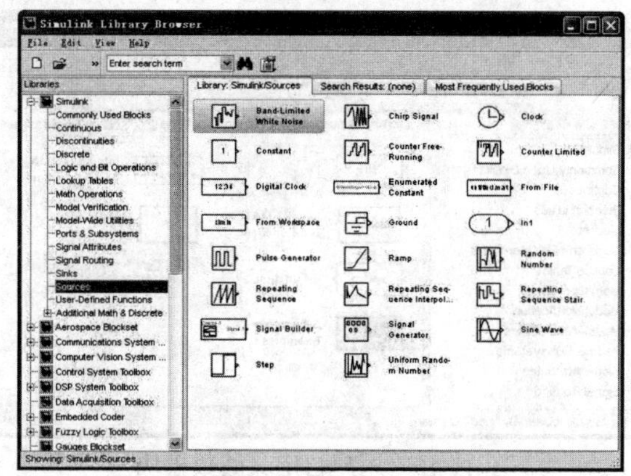

图 11-14　输入模块

(1) Band-Limited White Noise：限带白噪声。

(2) Chirp Signal：频率递增正弦波。

(3) Clock：仿真时间。

(4) Constant：常数。

(5) Counter Free-Running：无限计数器。

(6) Counter Limited：有限计数器。

(7) Digital Clock：在规定的采样间隔产生仿真时间。

(8) From File：来源为数据文件。

(9) From Workspace：来源为 MATLAB 的工作区。

(10) Ground：接地端。

(11) In1：输入信号。

(12) Pulse Generator：脉冲发生器。

(13) Ramp：斜坡信号。

(14) Random Number：产生正态分布的随机数。

(15) Repeating Sequence：产生规律性重复信号。

(16) Repeating Sequence Interpolated：重复序列内插值。

(17) Repeating Sequence Stair：重复阶梯序列。

(18) Signal Builder：创建信号。

(19) Signal Generator：信号发生器。

(20) Sine Wave：正弦信号。

(21) Step：阶跃信号。

(22) Uniform Random Number：一致随机数。

11.2.14　用户自定义函数模块(User-Defined Functions)

在 simulink 基本模块中选择 User-Defined Functions 后，便可看到如图 11-15 所示的各种子模块。该模块组主要包括以下子模块。

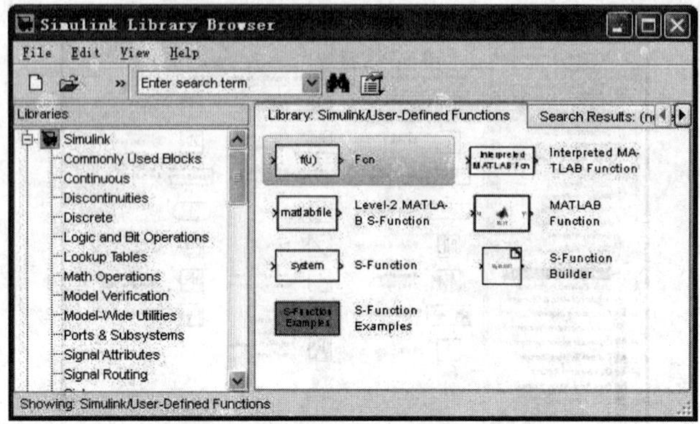

图 11-15　用户自定义函数模块

(1) Fcn：用户自定义函数。

(2) Interpreted MATLAB Function：嵌入 MATLAB 函数。

(3) Level-2 MATLAB S-Function：M 文件的 S 函数。

(4) MATLAB Function：现有函数。

(5) S-Function：调用 S 函数。

(6) S-Function Builder：建立 S 函数。

(7) S-Function Examples：S 函数例子。

11.3　Simulink 基本仿真建模

11.3.1　仿真框图

通过构建一个显示了所要求解问题单元的框图，用户可以来开发 Simulink 模型。这类框图被称为仿真框图或者模块框图。考虑方程 $\dot{y}=10f(t)$。可以用符号将它的解表示为：

$$y(t)=\int 10\mathrm{f}(\mathrm{t})\,\mathrm{dt}$$

使用中间变量 x，就可以将上式看作两个步骤 $x(t)=10f(t)$和 $y(t)=\int x(t)\,\mathrm{d}t$。

用户可以通过仿真框图以图形表示这个解，如图 11-16(a)中所示。箭头代表变量 y、x 和 f。模块则代表因果过程。因此，包含有数字 10 的模块代表着过程 $x(t)=10f(t)$，其中，$f(t)$是因(输入)；$x(t)$代表果(输出)。这类模块被称为是一个乘法器或者增益模块。

包含有积分号$\int$的模块代表积分过程 $y(t)=\int x(t)\,\mathrm{d}t$。其中，$x(t)$是因(输入)；$y(t)$代表果(输

出)。这类模块被称为积分器模块。

仿真框图中所使用的表示法和符号有一些变化。图 11-16(b)中显示了一个变化。其中，框图并不是使用方框代表乘法过程，而是使用一个类似于代表电子放大器的三角形以替代此过程，因此其名称为增益模块。

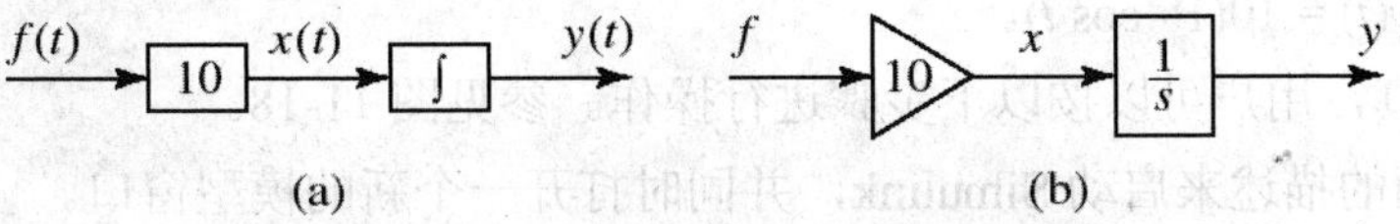

(a)　　　　(b)

图 11-16　$\dot{y}=10f(t)$的仿真框图

此外，运算符符号 1/s 已经替换了积分器模块中的积分符号，这个符号 1/s 是从用于拉普拉斯变换(请参见 7.6.2 节对这个变换的讨论)的表示法中所获得的。因此，用 $sy = 10f$ 代表方程 $\dot{y}=10f(t)$，于是，可以将解表示为：

$$y=\frac{10f}{s}$$

用户或者可以将解表示为两个方程 $x=10f$ 和 $y=\frac{1}{s}x$。

仿真框图中所使用的另一个单元是加法器。加法器(不管它的名称如何)用于对变量做求差以及求和运算。图 11-17(a)中显示了加法器符号的两个版本。在每一种情况下，这个符号都代表方程：$z=x-y$。

注意：

每个输入箭头都需要一个加号或者减号。

可以使用加法器符号代表方程 $\dot{y}=f(t)-10y$，并将其表示为：

$$y(t)=\int[f(t)-10y]\mathrm{d}t$$

或者表示为：

$$y=\frac{1}{s}(f-10y)$$

应该研究图 11-17(b)中所示的仿真框图，以证实其代表着上述方程。这个图形构成了研究求解方程的 Simulink 模型基础。

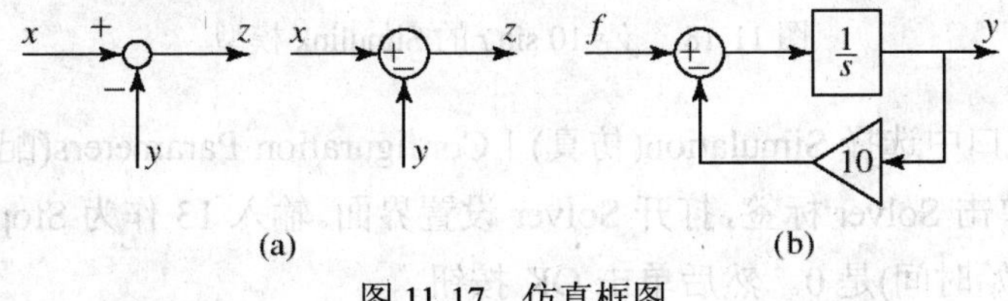

图 11-17　仿真框图

11.3.2　基本建模方法

下面，通过示例来学习 Simulink 的基本建模方法。

例 11-1　$\dot{y}=10\sin t$ 的 Simulink 解。

使用 Simulink 针对 0≤t≤13 时的情况求解以下的问题。

$$\dot{y}=10\sin t \qquad y(0)=0$$

精确解是 $y(t)=10(1-\cos t)$。

要构建仿真，用户可以按以下步骤进行操作。参见图 11-18。

(1) 按上面的描述来启动 Simulink，并同时打开一个新的模型窗口。

(2) 从 Sources(源)库中选中 Sine Wave(正弦波)模块，并将其释放到新的窗口之中。双击其以打开模块参数窗口，同时确认将 Amplitude(幅度)设置为 1，将 Frequency(频率)设置为 1，将 Phase(相位)设置为 0，而将 Sample time(采样时间)设置为 0。然后单击 OK 按钮。

(3) 从 Math Operations(数学运算)库中选中 Gain(增益)模块，并将其放置到新窗口之中。双击模块，并在模块参数窗口中将 Gain(增益)值设置为 10。然后单击 OK 按钮。

注意：

值 10 随后出现在三角形之中。要令这个数字更加显著，可以单击这个模块，并同时拖动三角形的一角以扩大这个模块，这样可使所有文字都得以看清。

(4) 从 Continuous(连续系统)库中选中 Integrator(积分器)模块，并将其放置到新窗口之中。双击它以打开模块参数窗口，并将初始条件设置为 0(这是因为 $y(0)=0$)。然后再单击 OK 按钮。

(5) 从 Sinks(系统输出)库中选中 Scope(信号显示器)模块，并且将其放置到新窗口之中。

(6) 一旦已经如图 11-18 所示的那样放置完这些模块，用户就可以将每个模块上的输入端口连接到前一个模块上的输出端口。要完成这个工作，可以将指针移动到一个输入端口或者一个输出端口，这时，指针将变成为一个十字架。按下鼠标按钮，再将指针拖到另一个模块上的某一个端口处。当释放鼠标按钮时，Simulink 将用一个指向输入端口的箭头连接它们。此时的模型如图 11-18 所示。

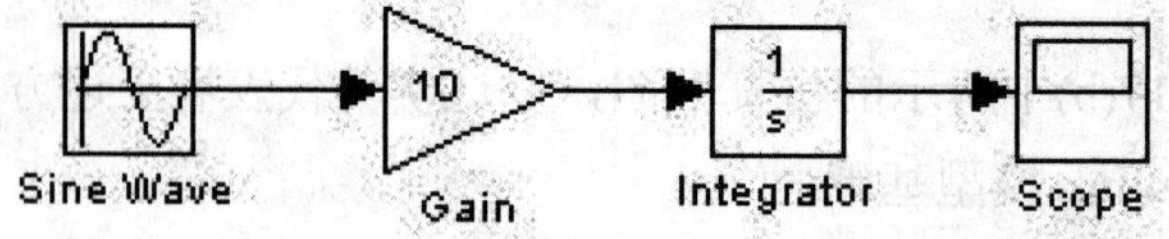

图 11-18　$\dot{y}=10\sin t$ 的 Simulink 模型

(7) 在模型窗口中选择 Simulation(仿真) | Configuration Parameters(配置参数)命令，在弹出的对话框中单击 Solver 标签，打开 Solver 设置界面。输入 13 作为 Stop time(停止时间)。确认 Start time(开始时间)是 0。然后单击 OK 按钮。

(8) 在模型窗口中选择 Simulation | Start 命令以运行这个仿真。同时，用户还可以通过单击工具栏上的 Start 图标(这是一个黑色三角形)来启动这个仿真。

(9) 当仿真结束时，用户将听到铃声响了一下。然后双击 Scope 模块，在弹出的 Scope 对话框中单击 Autoscale 图标以启用自动缩放。用户就应该可以看到一条幅度为 10 且周期为 2π 的振荡曲线。Scope 模块中的自变量是时间 t；模块的输入是因变量 y。这就完成了仿真。将 Scope 对话框关闭。

在模型窗口中选择 Simulation | Configuration Parameters 命令，在弹出的对话框中单击 Solver 标签，在 Slover 设置界面的 Slover 下拉列表中可选择 ODE 解算程序来进行使用。其默认的解算程序是 ode45 函数。

要让 Simulink 自动地连接两个模块，则可以选中源模块，并按下 Ctrl 键，再使用左键单击目标模块。Simulink 还提供了简单的方法以连接多个模块和线条，请参见帮助以了解有关信息。

注意：

(1) 当用户双击模块时，模块中会打开一个 Block Parameters(模块参数)的窗口。这个窗口中包含有多个选项，选项的数量和特性取决于模块的特定类型。通常，除了用户明确指出的要修改参数之外，模块就只使用这些参数的默认值。用户总是可以通过单击 Block Parameters(模块参数)窗口内部的 Help 按钮以获得更多的信息。

(2) 当用户单击 Apply 按钮时，任何修改都会立即生效，同时，窗口仍然是打开状态。如果用户单击 OK 按钮，那么修改生效，但是窗口会关闭。

(3) 大部分模块都有默认的标记。用户可以通过单击文本来做一些修改，这样就可以编辑与一个模块相关联的文本。用户通过在模型窗口中选择 File | Save 命令，将 Simulink 模型保存为一个.mdl 文件。保存完成后，用户就可以在稍后重新加载这个模型文件。用户还可以通过在模型窗口中选择 File | Print 命令来打印这个框图。

Scope 模块对于解的检验很有用，但是，如果用户希望获得一个做了标记和打印好的图形，那么就可以使用 To Workspace(到工作空间)模块，这将在例 11-2 中加以介绍。

例 11-2　输出到 MATLAB 工作空间之中。

现在来说明如何将仿真结果输出到 MATLAB 工作空间之中。在那里，用户可以使用任何一个 MATLAB 函数来绘制它们的图形或者对它们进行分析。

按图 11-19 所示修改例 11-1 中所构建的 Simulink 模型。

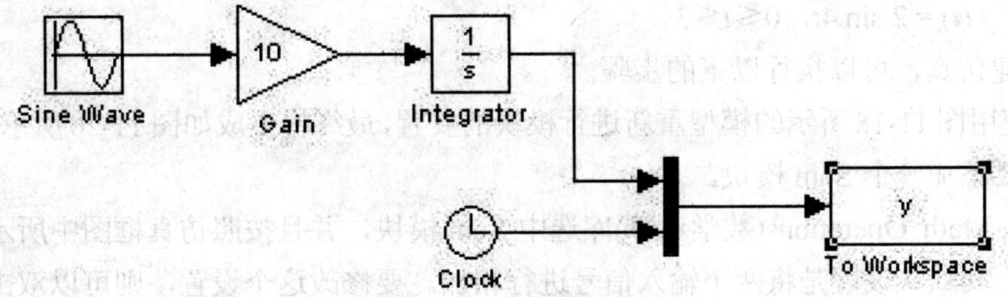

图 11-19　使用 Clock 和 To Workspace 模块的 Simulink 模型

(1) 删除连接 Scope 模块的箭头：单击它并且按下 Delete 键。并使用相同的方式删除 Scope 模块。

(2) 从 Sinks 库中选中 To Workspace 模块，再从 Sources 库中选中 Clock(时钟)模块，

然后将它们放置到模型窗口之中。

(3) 从 Signal Routing 库中选中 Mux 模块，并将它放置到模型窗口之中，双击它，将输入的数量设置为 2。然后单击 OK 按钮(名称 Mux 是多路复用器 multiplexer 的缩写，它是用于传输一个多路信号的电气设备)。

(4) 将 Mux 模块上面的那个输入端口连接到 Integrator 模块的输出端口，再使用相同方法将 Mux 模块下面的那个输入端口连接到 Clock 模块的输出端口。然后，将 Mux 模块的输出端口与 To Workspace 模块的输入端口连接起来。

(5) 双击 To Workspace 模块就可以指定任何所想要的变量名称作为输出(默认的输出是 simout)。将它的名称改为 y。输出变量 y 的行数与仿真时间步数一样多，而列数则与模块的输入数量一样多。仿真中的第二列将是时间，这是因为用户已经将 Clock 连接到了 Mux 的第二个输入端口。将保存格式指定为 Array。其他参数使用默认的值，这些值应该分别是：最大行数(Limit data Points to last)为 inf，Decimation 为 1，采样时间(Sample time)为-1。单击 OK 按钮。

(6) 在运行完仿真之后，就可以从命令窗口使用 MATLAB 绘图命令绘制 y(或者通常为 simout)的列。要绘制 $y(t)$的图形，可以在 MATLAB 命令窗口中输入：

```
>>plot(y(:,2),y(:,1)),xlabel('t'),ylabel('y')
```

当用户正在使用 To Workspace 模块时，可以对 Simulink 进行配置，使其将时间变量 tout 自动地放入 MATLAB 工作空间之中。这可使用 Simulation(仿真)菜单上的 Configuration Parameters 以下的 Data I/O 标签得以实现。另一种方法则是使用 Clock 模块将变量 tout 放入工作空间之中。Clock 模块有一个参数：Decimation。如果将这个参数设置为 1，那么 Clock 模块将在每个时间步输出时间；如果将其设置为 10，那么这个模块将是以每 10 个时间步输出时间；以此类推。

例 11-3　$\dot{y}=-10y+f(t)$的 Simulink 模型。

构建一个 Simulink 模型来求解以下方程：

$$\dot{y}=-10y+f(t) \qquad y(0)=1$$

其中，$f(t)=2\sin 4t$，$0\leqslant t\leqslant 3$。

要构建仿真，可以执行以下的步骤。

(1) 使用图 11-18 所示的模型重新进行模块的安置，最终将生成如图 11-20 所示的图形。仿真只需要添加一个 Sum 模块。

(2) 从 Math Operations(数学运算)库选中 Sum 模块，并且按照仿真框图中所示的那样进行放置。其默认设置是将两个输入信号进行相加。要修改这个设置，则可以双击这个模块，并且在 List of Signs 文本框中输入|+-。符号的顺序是从顶部开始的逆时针方向。符号“|”是一个分隔符，用在这里以指出顶部端口为空。

(3) 要翻转 Gain 模块的方向，则可以右击这个模块，从弹出菜单中选择 Format | Flip Block 命令。

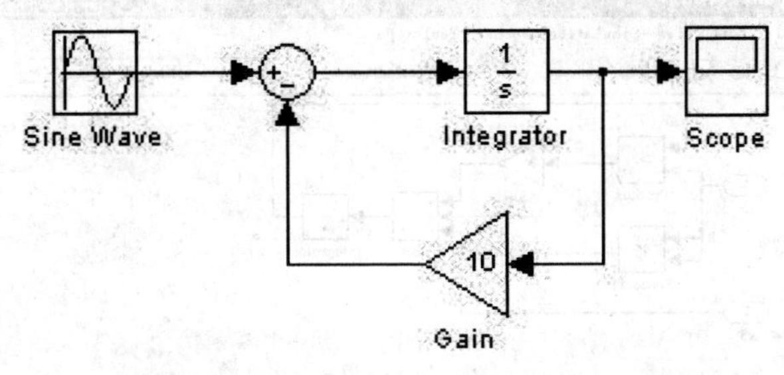

图 11-20　$\dot{y} = -10y + f(t)$的 Simulink 模型

(4) 当用户将 Sum 模块的负输入端口连接到 Gain 模块的输出端口时，Simulink 将尝试绘制最短的线条。若要获得如图 11-20 中所示的更为标准的外观，则可以首先从 Sum 模块的输入端口垂直向下延长线条。释放鼠标按钮，然后再单击线条的末端，就可以将它连接到 Gain 模块之上。仿真结果将是一条具有直角的线条。使用相同的方法可以将 Gain 模块的输入连接到连接了 Integrator 模块和 Scope 模块的箭头。出现的小圆点用于指示已经成功地连接了线条。这个点被称为取出点，这是因为它取出箭头所代表变量(这里是变量 y)的值，并且让另一个模块可以使用那个值。

(5) 在模型窗口中选择 Simulation | Configuration Parameters 命令，并将 Stop time 设置为 3。然后单击 OK 按钮。

(6) 运行这个仿真，并且观察 Scope 中的结果。

11.3.3　Simulink 基本仿真建模实例

现有如下微分-代数混合方程：

$$\begin{cases} \dot{x}_1 = 3x_1x_2 + x_2^2 + x_3 \\ \dot{x}_2 = x_1 + x_2x_3 + 3 \\ \dot{x}_3 = x_1x_2 + x_2x_3 \end{cases}$$

初始条件为 x_1= -20, x_2=3, x_3=0.5，根据以上方程构造出 Simulink 模型，其中积分器 Integrator、Integrator1、Integrator2 的初始值设定分别是 2、3、0.5。

对于这种微分方程，最重要的是要得出 x_1、x_2、x_3。而因为方程里有这 3 个未知数的微分，所以需要用 Integrator 模块来将 $\dot{x}_1$ 转化为 x_1，然后将 x_1x_2 通过 product 模块相乘，然后再通过 Gain 模块乘以 3，加上 x_2^2、x_3，就得到了 $\dot{x}_1$。因此方程 $\dot{x}_1 = 3x_1x_2 + x_2^2 + x_3$ 在 simulink 中可以通过图 11-21 所示来进行搭建。

图 11-21 中 x_2、x_3 都是通过简单的输入模块来代替的。完整的方程结构图如图 11-22 所示。构建完方程结构图后，选择 Simulation | Configuration Parameters 命令，设置相应的仿真参数，本例中将仿真时间设为 10 s，Solver 选择的是 ode45。然后将该模型文件保存，接着单击运行(Start Simulation)。仿真结果如图 11-23 所示。

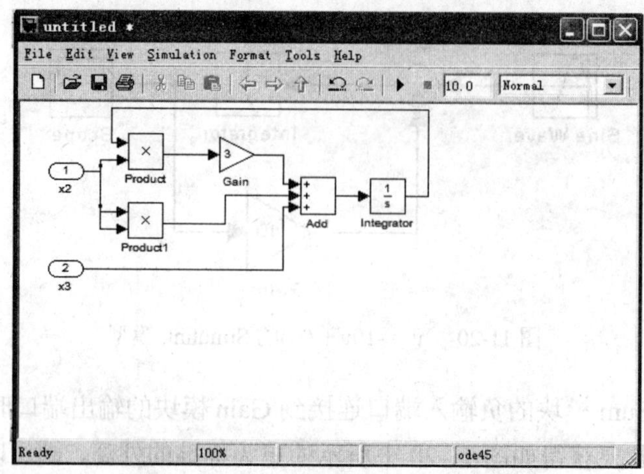

图 11-21　$\dot{x}_1 = 3x_1x_2 + x_2^2 + x_3$ 的结构图

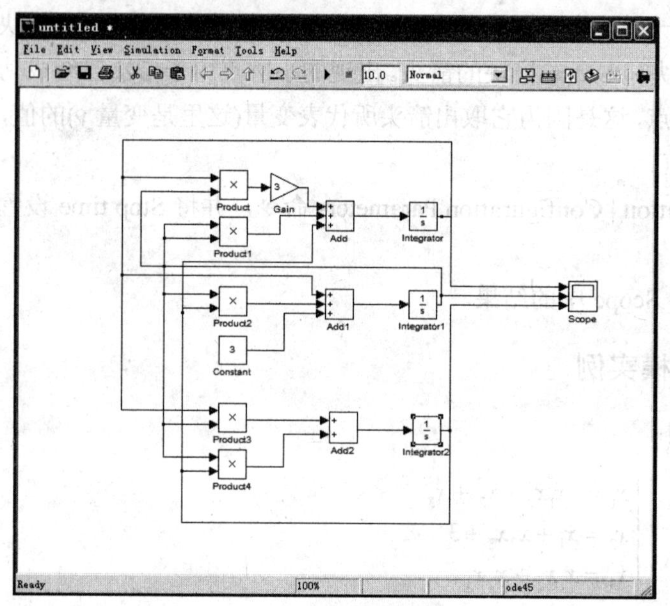

图 11-22　仿真模型图

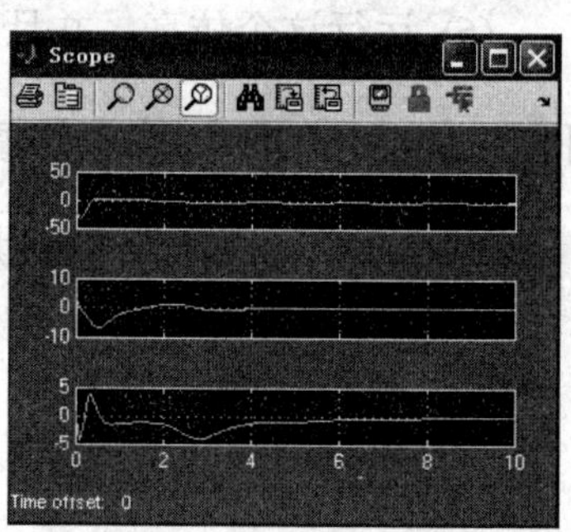

图 11-23　仿真结果

图 11-23 中得到的 3 条曲线分别是 x_1，x_2 和 x_3 的解。

11.4　常见 Simulink 模型

11.4.1　线性状态-变量模型

状态-变量模型(其不像传递-函数模型)可以有多个输入和多个输出。Simulink 中有代表线性状态-变量模型 $\dot{x} = Ax+Bu$、$y = Cx+Du$ 的 State-Space(状态-空间)模块。矢量 u 代表输入；矢量 y 代表输出。因此，当用户要将输入连接到 State-Space 模块时，务必小心地以正确的顺序对它们进行连接。当用户将模块的输出连接到另一个模块时也要务必小心。例 11-4

说明了如何来进行操作。

例 11-4　两个质量块系统的 Simulink 模型。

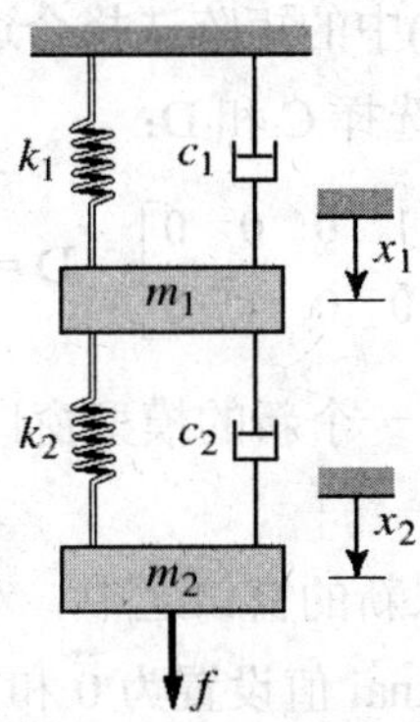

图 11-24　有两个质量块的振动系统

考虑图 11-24 中所示的两个质量块的系统。假设参数值是 $m_1=5$、$m_2=3$、$c_1=4$、$c_2=8$、$k_1=1$ 和 $k_2=4$。运动方程是：

$$5\ddot{x}_1+12\dot{x}_1+5x_1-8\dot{x}_2-4x_2=0$$
$$3\ddot{x}_2+8\dot{x}_2+4x_2-8\dot{x}_1-4x_1=f(t)$$

可以使用状态-变量形式将这些方程表示为：

$$\dot{z}_1=z_2\qquad \dot{z}_2=\frac{1}{5}(-5z_1-12z_2+4z_3+8z_4)$$

$$\dot{z}_3=z_4\qquad \dot{z}_4=\frac{1}{3}[4z_1+8z_2-4z_3-8z_4+f(t)]$$

使用矢量-矩阵形式，这些方程就是：

$$\dot{\mathrm{z}}=\mathrm{A}\mathrm{z}+\mathrm{B}f(t)$$

其中：

$$\mathrm{A}=\begin{bmatrix}0 & 1 & 0 & 0\\ -1 & -\frac{12}{5} & \frac{4}{5} & \frac{8}{5}\\ 0 & 0 & 0 & 1\\ \frac{4}{3} & \frac{8}{3} & -\frac{4}{3} & -\frac{8}{3}\end{bmatrix}$$

$$\mathrm{B}=\begin{bmatrix}0\\ 0\\ 0\\ \frac{1}{3}\end{bmatrix}$$

$$\mathrm{z}=\begin{bmatrix}z_1\\ z_2\\ z_3\\ z_4\end{bmatrix}=\begin{bmatrix}x_1\\ \dot{x}_1\\ x_2\\ \dot{x}_2\end{bmatrix}$$

研究一个 Simulink 模型以绘制变量 x_1 和 x_2 的单位阶跃响应，初始条件为 $x_1(0)=0.2$、$\dot{x}_1(0)=0$、$x_2(0)=0.5$、$\dot{x}_2(0)=0$。

首先，为输出方程 $y = Cz + Bf(t)$ 中的矩阵选择合适的值。由于用户希望绘制 x_1 和 x_2(其是 z_1 和 z_2)的图形，所以按如下方式选择 C 和 D：

$$C = \begin{bmatrix} 1 & 0 & 0 & 0 \\ 0 & 0 & 1 & 0 \end{bmatrix} \quad D = \begin{bmatrix} 0 \\ 0 \end{bmatrix}$$

要创建这个仿真，首先就要获得一个新的模型窗口。然后，按如下步骤创建如图 11-25 所示的模型。

(1) 选中 Step 模块，并将其放入新的窗口之中。双击其以获得模块参数窗口，同时，将 Step time 设置为 0；将 Initial 和 Final 值设置为 0 和 1；将 Sample time 设置为 0。然后单击 OK 按钮。Step time 是阶跃输入的开始时间。

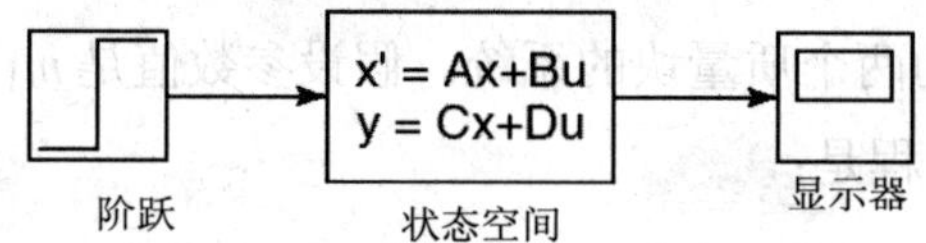

图 11-25　包含 State-Space 模块和 Step 模块的 Simulink 模型

(2) 选中 State-Space 模块，并将其放置到新窗口之中。双击它，同时，输入[0, 1, 0,0; -1, -12/5, 4/5, 8/5; 0, 0, 0, 1; 4/3, 8/3, -4/3, -8/3]作为 A 的值；输入[0; 0; 0; 1/3]作为 B 的值；输入[1, 0, 0, 0; 0, 0, 1, 0]作为 C 的值；而输入[0; 0]作为 D 的值。然后，再输入[0.2; 0; 0.5; 0]作为初始条件，并单击 OK 按钮。

注意：

矩阵 B 的维数告诉 Simulink 只有一个输入。而矩阵 C 和 D 的维数则告诉 Simulink 有两个输出。

(3) 选中并且放置 Scope 模块。

(4) 一旦已经放置好这些模块，就可以将每个模块上的输入端口连接到图中所示前一个模块上的输出端口。

(5) 用不同的 Stop time 值进行实验，直到 Scope 显示已经达到稳态响应为止。对这个应用来说，满意的 Stop time 值为 25 秒。Scope 中还将出现 x_1 和 x_2 的图形。

11.4.2　分段线性模型

不像线性模型，大部分的非线性微分方程都没有闭式解可以使用，因此，用户必须通过数值法求解这类方程。如果一个微分方程中的因变量或者其导数出现在超越函数之中或者对它们进行求幂，那么就可以将这个方程认为非线性常微分方程。例如，以下方程就是非线性方程：

$$y\ddot{y} + 5\dot{y} + y = 0 \qquad \dot{y} + \sin y = 0 \qquad \dot{y} + \sqrt{y} = 0$$

尽管分段线性模型似乎是线性模型，但它实际上却是非线性模型。它们由满足特定条件时才能生效的线性模型组成。在这些线性模型之间来回进行改变的效果使得整个模型非线性化。这类模型的一个示例是：系在一根弹簧上的质量块，其在一个具有库仑摩擦力的水平面上进行滑动。这个模型是：

$$m\ddot{x} + kx = f(t) - \mu mg \qquad \text{如果 } \dot{x} \geqslant 0$$

$$m\ddot{x} + kx = f(t) + \mu mg \qquad \text{如果 } \dot{x} < 0$$

也可以将这两个线性方程表示为一个非线性方程：

$$\mathrm{m}\ddot{x} + \mathrm{kx} = \mathrm{f}(\mathrm{t}) - \mu \mathrm{mg}\,\mathrm{sign}(\dot{x})$$

其中，$\mathrm{sign}(\dot{x}) = \begin{cases} +1 & \text{如果}\dot{x} \geq 0 \\ -1 & \text{如果}\dot{x} < 0 \end{cases}$

编写包含了分段线性函数解模型的程序很是冗长乏味。但是，Simulink 中有内置模块来表示许多常见的函数，如库仑摩擦力。因此，Simulink 对于这类应用特别有用。这样的一个模块是 Discontinuities 库中的 Saturation(饱和)模块。这个模块实现了图 11-26 中所示的饱和函数。

例 11-5　由火箭推进的雪橇 Simulink 模型。

在图 11-27 中，将轨道上一个由火箭进行推进的雪橇表示为一个具有作用力 f(其代表火箭推力)的质量 m。火箭推力最初是水平施加的，但是，发动机在点燃时偶然发生了转动，并且其以一个 $\ddot{\theta}=\pi/50$ rad/s 的角加速度进行旋转。如果 $v(0) = 0$，计算雪橇在 $0 \leqslant t \leqslant 6$ 时的速度 v。火箭推力是 4000 N，而雪橇质量则是 450 kg。雪橇的运动方程是：

$$450\dot{v} = 4000 \cos \theta(t)$$

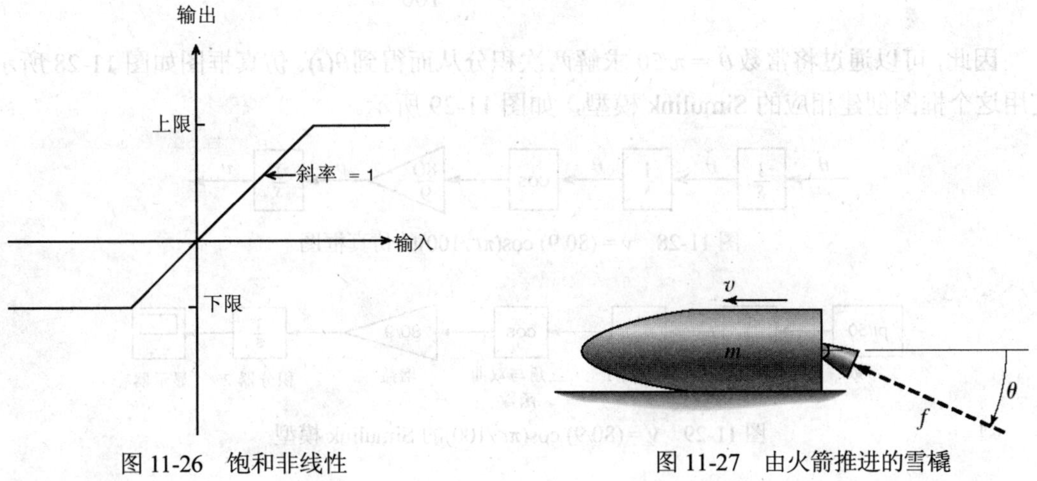

图 11-26　饱和非线性　　　　图 11-27　由火箭推进的雪橇

要得到$\theta(t)$，注意：

$$\dot{\theta} = \int_0^t \ddot{\theta}\, \mathrm{d}t = \frac{\pi}{50} t$$

以及

$$\theta = \int_0^t \ddot{\theta}\,\mathrm{d}t = \int_0^t \frac{\pi}{50} t\mathrm{d}t = \frac{\pi}{100} t^2$$

因此，运动方程变为：

$$450\dot{v} = 4000\cos\left(\frac{\pi}{100}t^2\right)$$

或者

$$\dot{v} = \frac{80}{9}\cos\left(\frac{\pi}{100}t^2\right)$$

正式的解为：

$$v(t) = \frac{80}{9}\int_0^t \cos\left(\frac{\pi}{100}t^2\right)\mathrm{d}t$$

遗憾的是，这个积分(其被称为菲涅耳余弦积分)并没有可用的闭式解，此例将使用 Simulink 来获得解。

(1) 建立一个 Simulink 模型以求解这个问题，其中，$0 \leqslant t \leqslant 10$ s；

(2) 现在，假设发动机角度被机械制动装置限制为 60°，这就是 60π/180 rad。

建立一个 Simulink 模型以求解这个问题。其步骤如下。

(1) 有多种方法可以创建输入函数$\theta = (\pi/100)t^2$。这里，可以注意到$\ddot{\theta} = \pi/50$ rad/s，以及

$$\dot{\theta} = \int_0^t \ddot{\theta}\mathrm{d}t$$

和

$$\theta = \int_0^t \dot{\theta}\mathrm{d}t = \frac{\pi}{100}t^2$$

因此，可以通过将常数$\ddot{\theta} = \pi/50$求解两次积分从而得到$\theta(t)$。仿真框图如图 11-28 所示。使用这个框图创建相应的 Simulink 模型，如图 11-29 所示。

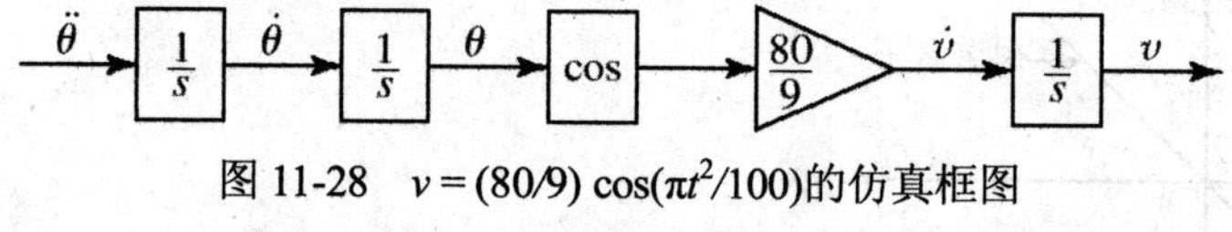

图 11-28　$v = (80/9)\cos(\pi t^2/100)$的仿真框图

图 11-29　$v = (80/9)\cos(\pi t^2/100)$的 Simulink 模型

这个模型中有两个新的模块，Constant(常数)模块在 Sources 库之中。在将其放置到窗口中之后，双击它，并在它的 Constant Value 窗口中输入 pi/50。

Trigonometric(三角与双曲函数)模块在 Math Operations(数学运算)库之中。在将其放置到窗口中之后，双击它，并在它的 Function 窗口中选中 cos。

将 Stop time 设置为 10，运行这个仿真，并检验 Scope 中的结果。

(2) 按如下方式修改图 11-29 中的模型，从而得到了图 11-30 所示的模型。本例中，使用 Discontinuities 库中的 Saturation(饱和)模块将θ的范围限制为 60π/180 rad。在按图 11-30 所示的那样进行模块放置，之后双击它，并在其 Upper Limit(上限)窗口中输入 60*pi/180。然后，再在它的 Lower Limit(下限)窗口中输入 0。

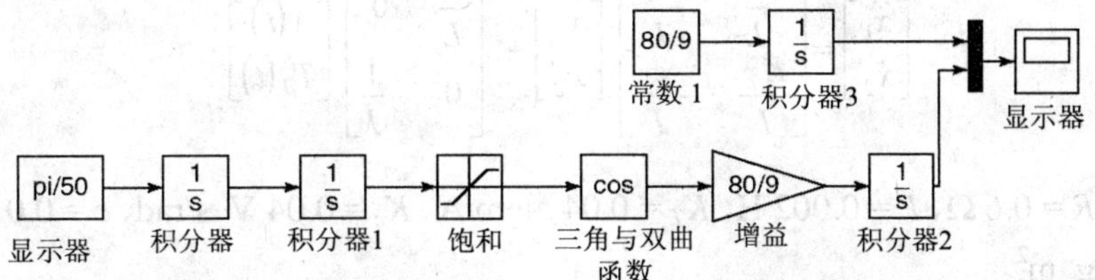

图 11-30 $v=(80/9)\cos(\pi t^2/100)$的 Simulink 模型，其中有一个 Saturation 模块

输入并且连接图中所示的其余单元，同时运行这个仿真。上面的 Constant 模块和 Integrator 模块用于产生当发动机角度θ 为 0 时的解，其用于检验用户的结果($\theta = 0$ 的运动方程是$\dot{v} = 80/9$，这将给出了 $v(t) = 80t/9$)。

如果用户喜欢，那么就可以用 To Workspace 模块替代 Scope 模块，添加一个 Clock 模块，并且将 Mux 模块的输入数量修改为 3 个(通过双击其以实现之)。然后，就可以在 MATLAB 中绘制结果的图形，所产生的图形如图 11-31 所示。

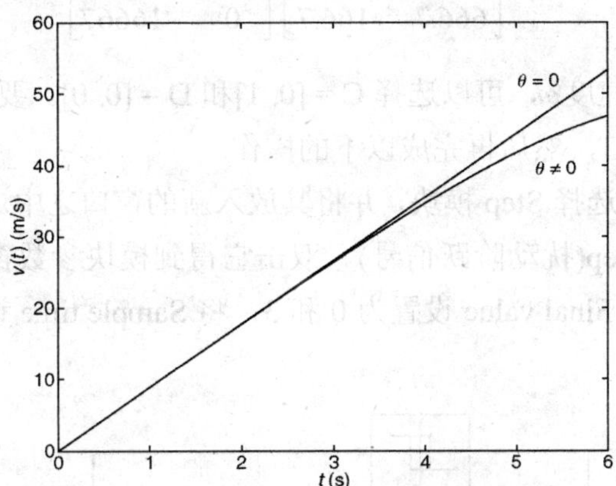

图 11-31 $\theta = 0$ 和$\theta \neq 0$ 情况下的雪橇速度响应

例 11-6 一个由继电器控制的马达模型。

下面是一个电枢控制的直流马达模型。参见图 11-32。模型为：

$$L\frac{\mathrm{d}i}{\mathrm{d}t} = -Ri - K_e\omega + v(t)$$

$$I\frac{\mathrm{d}\omega}{\mathrm{d}t} = K_T i - c\omega - T_d(t)$$

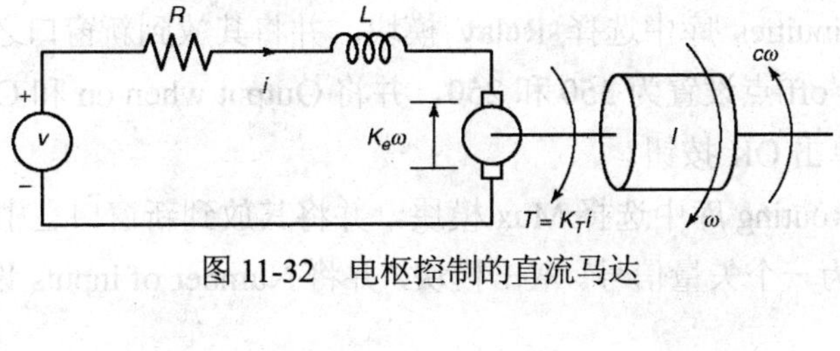

图 11-32 电枢控制的直流马达

这里，模型现在包含有一个作用于马达转轴的扭矩 $T_d(t)$，这可能是由于一些不受欢迎的原因所引起的，例如，库仑摩擦力或者阵风。控制系统工程师称其为“扰动”。可以将这些方程写为如下所示的矩阵形式，其中，$x_1 = i$ 和 $x_2 = \omega$。

$$\begin{bmatrix}\dot{x}_1\\ \dot{x}_2\end{bmatrix}=\begin{bmatrix}-\frac{R}{L} & -\frac{K_e}{L}\\ \frac{K_T}{I} & -\frac{c}{I}\end{bmatrix}\begin{bmatrix}x_1\\ x_2\end{bmatrix}+\begin{bmatrix}\frac{1}{L} & 0\\ 0 & -\frac{1}{I}\end{bmatrix}\begin{bmatrix}v(t)\\ T_d(t)\end{bmatrix}$$

使用值：$R = 0.6\ \Omega$、$L = 0.002$ H、$K_T = 0.04$ N· m/A、$K_e = 0.04$ V· s/rad、$c = 0.01$ N·m· s/rad 和 $I = 6\times10^{-5}$kg ·m^2。

假设用户有一个用于测量马达速度的传感器，并且使用传感器信号来触发继电器，以便外施电压 $v(t)$在 0 和 100 V 之间进行转换，从而将马达速度保持在 250 和 350 rad/s 之间。这对应于继电器逻辑，其中有 $SwOff = 250$、$SwOn = 350$、$Off = 100$ 和 $On = 0$。如果扰动扭矩是一个从 $t = 0.05$ s 时开始、并从 0 增加到 3 N· m 的阶跃函数，那么研究在这个机制下的工作情况。假设系统从静止开始，$\omega(0) = 0$ 和 $i(0) = 0$。

对于给定的参数值：

$$\mathbf{A}=\begin{bmatrix}-300 & -20\\ 666.7 & -166.7\end{bmatrix}\begin{bmatrix}500 & 0\\ 0 & -16667\end{bmatrix}$$

要检验作为输出的速度ω，可以选择 C = [0, 1]和 D = [0, 0]。要创建这个仿真，首先就要得到一个新的模型窗口，然后再完成以下的操作。

(1) 从 Sources 库中选择 Step 模块，并将其放入新的窗口之中。如图 11-33 所示，再将其标记为 Disturbance Step(扰动阶跃信号)。双击它得到模块参数窗口，并将 Step time 设置为 0.05；将 Initial and Final value 设置为 0 和 3；将 Sample time 设置为 0。然后单击 OK 按钮。

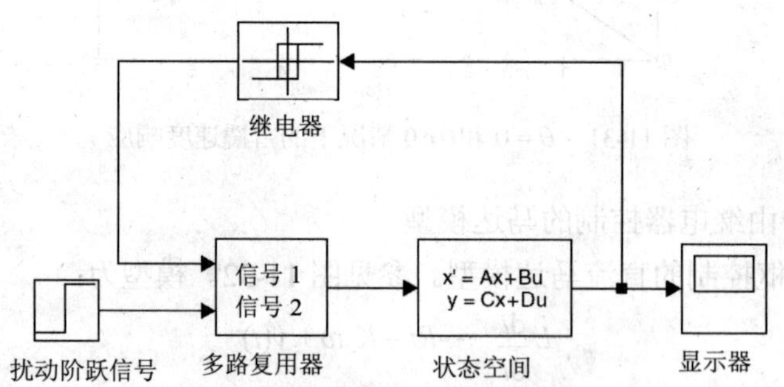

图 11-33　一个继电器控制的马达的 Simulink 模型

(2) 从 Discontinuities 库中选择 Relay 模块，并将其放到新窗口之中。双击模块，将 Switch-on 和 Switch-off 点设置为 350 和 250，并将 Output when on 和 Output when off 设置为 0 和 100。然后单击 OK 按钮。

(3) 从 Signal Routing 库中选择 Mux 模块，并将其放到新窗口之中。Mux 模块将两个或者多个信号合并为一个矢量信号。双击模块，并将 Number of inputs 设置为 2；将 Display

option 设置为信号。再单击 OK 按钮。然后单击模型窗口中的 Mux 图标，同时拖动图标的一角以扩大方框，并使所有的文本都可见。

(4) 从 Continuous 库中选择 State-Space 模块，并将其放到新窗口之中。双击模块，同时输入[-300, -20; 666.7, -166.7]作为 A 值；输入[500, 0; 0,-16667]作为 B 值；输入[0, 1]作为 C 值；输入[0, 0]作为 D 值。然后，再输入[0; 0]作为初始条件。单击 OK 按钮。

注意：

矩阵 B 的维数告诉 Simulink 有两个输入。矩阵 C 和 D 的维数则告诉 Simulink 只有一个输出。

(5) 从 Sinks 库中选择 Scope 模块，并将其放到新窗口之中。

(6) 一旦已经放置好模块，就将每个模块上的输入端口连接到图中所示的前一个模块上的输出端口。同时，将 Mux 模块上面的端口(其对应于第一个输入：$v(t)$)连接到 Relay 模块的输出，并将 Mux 模块下面的端口(其对应于第二个输入：$T_d(t)$)连接到 Disturbance Step 模块的输出，这很重要。

(7) 将 Stop time 设置为 0.1(这只是要估计用于看到完全响应所需要的总时长)，运行这个仿真程序，并且检验$\omega(t)$在 Scope 中的图形。用户将看到类似图 11-34 中所示的图形。如果用户希望检验电流 $i(t)$，那么就将矩阵 C 修改为[1, 0]，并且再次运行这个仿真。

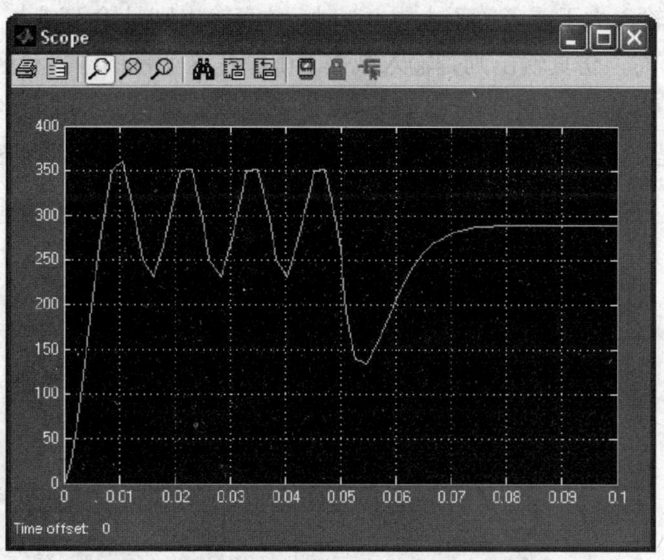

图 11-34　继电器控制的马达速度响应 Scope 显示

结果显示：在扰动扭矩开始起作用之前，继电器逻辑控制机制将速度维持在 250 和 350 的预期界限之内。当外施电压为 0 时，速度会因为后向电动势和黏滞性阻尼而减小，所以速度会进行振荡。当扰动扭矩开始起作用时，速度下降到低于 250，这是因为外施电压在那个时候为 0。而速度一旦低于 250，继电控制器就会将电压转换到 100，但由于马达扭矩现在必须对抗扰动，所以速度增加需要花费更长的时间。

注意：

速度将变为恒定值且不再振荡。这是因为有 $v = 100$，系统要达到一个稳态条件：马达扭矩等于扰动扭矩和黏滞性阻尼扭矩之和。因此，加速度为 0。

这个仿真的一个实际应用是：确定速度低于 250 这个界限的时间有多长。仿真显示这个时间值大约是 0.013 s。仿真的其他应用包括：得到速度振荡的时间(大约 0.013 s)以及继电控制器可以容忍的扰动扭矩最大值(大约为 3.7 N· m)。

11.4.3　传递-函数模型

一个质量块-弹簧-阻尼器系统的运动方程是：

$$m\ddot{y} + c\dot{y} + ky = f(t) \tag{11-1}$$

由于含有 Control System 工具箱，Simulink 可以接受传递-函数形式和状态-变量形式的系统说明。如果质量块-弹簧系统受到一个正弦形的强迫外力函数 $f(t)$，那么就很容易使用迄今为止所给出的 MATLAB 命令以求解和绘制响应 $y(t)$的图形。但是，假设作用力 $f(t)$是通过给一个具有死区非线性的液压活塞施加一个正弦波形输入电压而产生。这意味着：活塞在输入电压超过某个幅度之后才产生一个力，因此，系统模型是分段线性函数。

一个特殊的死区非线性图如图 11-35 所示。当输入(图中的自变量)在-0.5 和 0.5 之间时，仿真输出为 0。当输入大于或者等于上限 0.5 时，仿真输出则是输入减去上限。当输入小于或者等于下限-0.5 时，仿真输出则是输入减去下限。在这个示例中，死区关于 0 对称，但是，在实际应用中却未必如此。在 MATLAB 之中，对具有死区的非线性仿真进行编程有点冗长乏味，但是，在 Simulink 之中却较容易实现。以下示例则说明了实现的方法。

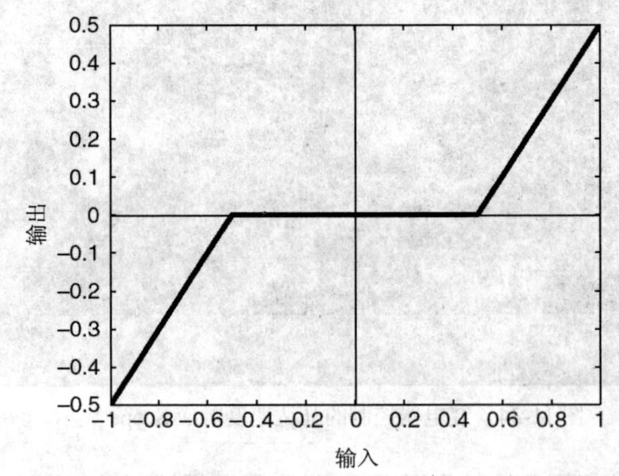

图 11-35　死区非线性

例 11-7　死区响应。

使用参数值 m = 1、c = 2 和 k = 4 以创建并运行一个质量块-弹簧-阻尼器模型的 Simulink 仿真。强迫函数是函数 f (t) = sin 1.4t。系统具有图 11-35 中所示的死区非线性。

要创建仿真，步骤如下。

(1) 启动 Simulink，并且如同以前所描述的那样，打开一个新的模型窗口。

(2) 从 Sources 库中选择 Sine Wave 模块，并将其放到新的窗口之中。双击模块，并且将 Amplitude 设置为 1；将 Frequency 设置为 1.4；将 Phase 设置为 0；而将 Sample time 设置为 0。然后单击 OK 按钮。

(3) 从 Discontinuities 库中选择 Dead Zone 模块，并将其放到新的窗口之中。双击模块，并且将 Start of dead zone 设置为-0.5；将 End of dead zone 设置为 0.5。然后单击 OK 按钮。

(4) 从 Continuous 库中选择 Transfer Fcn 模块，并将其放到新的窗口之中。双击模块，并且将 Numerator 设置为[1]；将 Denominator 设置为[1, 2, 4]。然后单击 OK 按钮。

(5) 从 Sinks 库中选择 Scope 模块，并将其放入新的窗口之中。

(6) 一旦已经放置好模块，就将每个模块上的输入端口连接到图中所示前一个模块上的输出端口。此时，用户的模型就应该如同图 11-36 所示的那样。

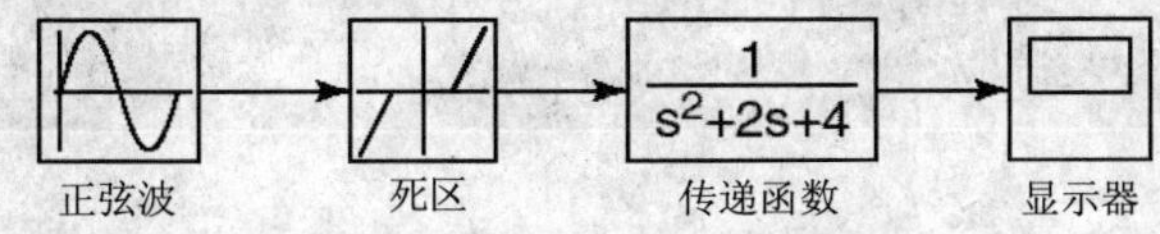

图 11-36　死区响应的 Simulink 模型

(7) 单击 Simulation 菜单，然后单击 Configuration Parameters 菜单项。单击 Solver 标签，同时输入 10 作为 Stop time 的值。确认 Start time 为 0。最后单击 OK 按钮。

(8) 通过单击 Simulation 菜单，然后再单击 Start 菜单项，从而运行这个仿真。用户应该在 Scope 显示器中看到一条振荡曲线。

在同一张图上绘制 Transfer Fcn 模块的输入和输出相对于时间的图形，这很有用。按以下步骤进行操作就可以达到这一目的。

(1) 删除 Scope 模块连接到 Transfer Fcn 模块的箭头。通过单击箭头线条，然后再按下 Delete 键以实现该操作。

(2) 从 Signal Routing 库中选择 Mux 模块，并将其放入窗口之中。双击模块，并且将 Number of inputs 设置为 2。再单击 OK 按钮。

(3) 将 Mux 模块上面的输入端口连接到 Transfer Fcn 模块的输出端口。然后，再使用同一方法将 Mux 模块下面的输入端口连接到来自 Dead Zone 模块的输出端口的箭头。记住，要以输入端口开始。Simulink 将自动地检测箭头并进行连接。此时，用户的模型看起来就应该类似图 11-37 所示的那个模型。

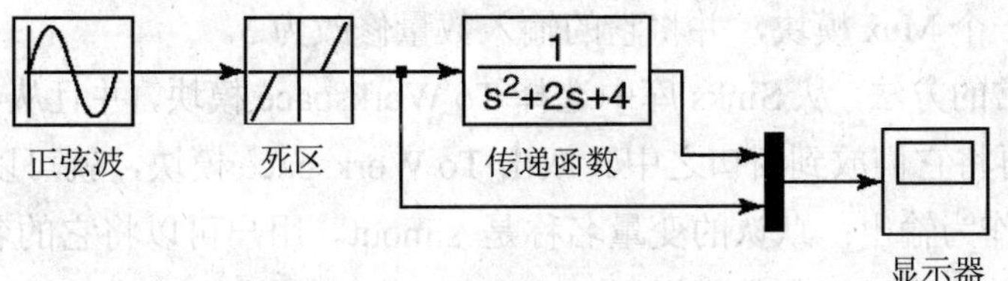

图 11-37　修改死区模型，使其包含了一个 Mux 模块

(4) 将 Stop time 设置为 10，如同以前一样运行仿真，仿真中可弹出 Scope 显示器。用户就应该看到图 11-38 所示的图形。这个图形显示了死区对正弦波的影响。

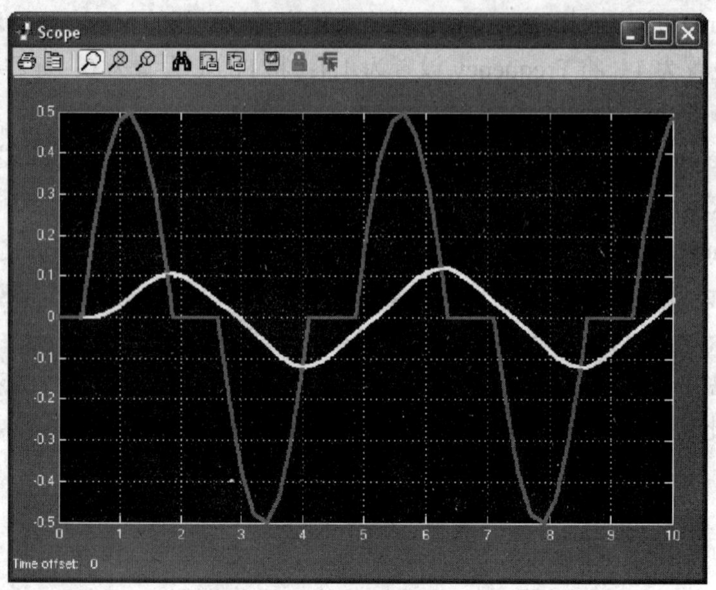

图 11-38　死区模型的响应

用户可以通过使用 To Workspace 模块，从而将仿真结果带入 MATLAB 工作空间。例如，假设用户希望通过比较有死区的系统响应和无死区的系统响应来检验死区的影响。那么就可以使用图 11-39 中所示的模型来完成这个工作。要创建这个模型，请先完成以下的步骤。

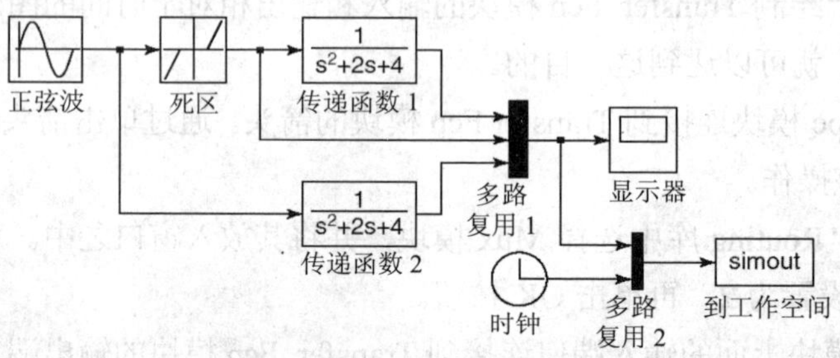

图 11-39　修改死区模型将变量输出到 MATLAB 工作空间

(1) 复制 Transfer Fcn 模块：右键单击它，同时按下鼠标按钮，并将模块副本拖到一个新的位置。然后再释放按钮。并以相同的方法复制 Mux 模块。

(2) 双击第一个 Mux 模块，并将它的输入数量修改为 3。

(3) 使用通常的方法，从 Sinks 库中选择 To Workspace 模块，并且从 Sources 库中选择 Clock 框，然后再将它们放到窗口之中。双击 To Workspace 模块，就可以指定所想要的任何一个变量名称作为输出：默认的变量名称是 simout。用户可以将它的名称改为 y。输出变量 y 的行数将与仿真时间步数一样多，而列数则将和到模块的输入数量一样多。这个仿真中的第四列将是时间，这是因为用户已经将 Clock 模块连接到了第二个 Mux 模块。将

Save format 指定为矩阵。其他参数则使用默认的值(这些值应该分别是 Maximum number of rows 为 inf；Decimation 为 1；而 Sample time 为-1)。最后单击 OK 按钮。

(4) 按图 11-39 中所示的那样进行模块连接，并运行这个仿真。

(5) 用户可以使用 MATLAB 绘图命令从命令窗口绘制 y 的列图形。例如，要绘制两个系统的响应以及 Dead Zone 模块中输出相对于时间的图形，可以输入以下代码：

```
>>plot(y(:,4),y(:,1),y(:,4),y(:,2),y(:,4),y(:,3))
```

11.4.4　非线性状态-变量模型

MATLAB 中无法将非线性模型写成传递-函数形式或者状态-变量形式 $\dot{x} = Ax + Bu$。但是，却可以使用 Simulink 对它们进行仿真。以下示例则说明了如何进行仿真。

例 11-8　一个非线性钟摆的模型。

如果图 11-40 中所示的钟摆在枢轴中具有粘滞性摩擦力，并且其在枢轴处有一个作用力矩 $M(t)$，那么它就具有以下形式的非线性运动方程：

$$I\ddot{\theta} + c\dot{\theta} + mgL\sin\theta = M(t)$$

其中，I 是枢轴处的质量惯性矩。针对以下情况为这个系统建立一个 Simulink 模型：I=4、mgL=10、c=0.8，同时 $M(t)$是一个幅度为 3 而频率为 0.5 Hz 的方波。假设初始条件是：$\theta(0) = \pi/4$ rad 和 $\dot{\theta}(0) = 0$。

要使用 Simulink 仿真这个模型，首先要定义一组变量，其将允许用户将方程重新写为两个一阶方程。因此，令 $\omega = \dot{\theta}$。那么就可以将模型写为：

$$\dot{\theta} = \omega$$

$$\dot{\omega} = \frac{1}{I}[-c\omega - mgL\sin\theta + M(t)] = 0.25[-0.8\omega - 10\sin\theta + M(t)]$$

每个方程的两边同时对时间求积分，则可以得到：

$$\theta = \int \omega \mathrm{d}t$$

$$\omega = 0.25\int[-0.8\omega - 10\sin\theta + M(t)]\mathrm{d}t$$

本书将引入 4 个新的模块以创建这个仿真，从而获得一个新的模型窗口，并且在其中执行以下步骤。

(1) 从 Continuous 库中选择 Integrator 模块，并将其放入新的窗口之中，同时将它的标签修改为 Integrator 1，如图 11-41 中所示。用户可以通过单击文本并执行修改来编辑与一个模块相关的文本。双击这个模块以得到模块参数窗口，同时将初始条件设置为 0(这是初始条件 $\dot{\theta}(0) = 0$)。然后单击 OK 按钮。

(2) 复制 Integrator 模块到图 11-41 中所示的位置，并将它的标记修改为 Integrator 2。通过在模块参数窗口中输入 pi/4，从而将它的初始条件设置为 $\pi/4$。这就是初始条件 $\theta(0) = \pi/4$。

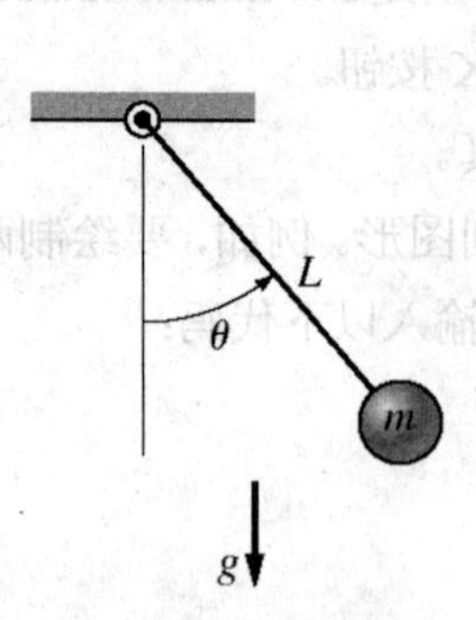

图 11-40　一个钟摆

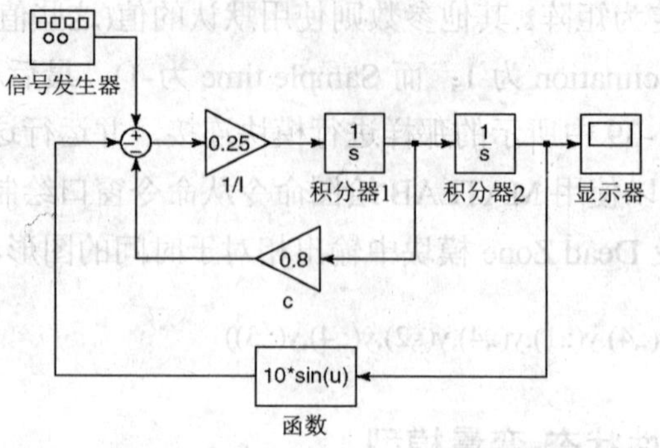

图 11-41 非线性钟摆动态特性的 Simulink 模型

(3) 从 Math Operations 库中选择 Gain 模块，并将其放入新的窗口之中，双击模块，并将增益值设置为 0.25。单击 OK 按钮。同时将它的标记修改为 1/*I*。然后单击这个模块，并拖动模块的一角以扩大方框，这使得所有文本都将可见。

(4) 复制 Gain 模块框，并将它的标记修改为 c，同时按图 11-41 所示的那样放置模块。双击模块，并将增益值设置为 0.8。单击 OK 按钮。要使这个方框从左向翻转成右向，则可以右击它，在右键快捷菜单中选择 Format | Flip 命令。

(5) 从 Sinks 库中选择 Scope 模块，并将其放置在窗口中。

(6) 对于 10 sinθ 项，则无法使用 Math 库中的 Trig function 模块，这是因为：此项必须用 10 乘以 sinθ。所以，本例中使用了用户自定义函数库中的 Fcn 模块(Fcn 代表着函数)。选中这个模块，并且按图 11-41 中所示那样进行放置。双击模块，并在表达式窗口中输入 10*sin(*u*)。这个模块使用变量 *u* 代表模块的输入。然后单击 OK 按钮，并同时翻转这个模块。

(7) 从 Math Operations 库中选择 Sum 模块，并将其放在窗口中。双击模块，并且将图标的形状选为圆形。在 List of Signs 窗口之中，输入+--。再单击 OK 按钮。

(8) 从 Sources 库中选择 Signal Generator 模块，并将其放入窗口之中。双击模块，将 Wave form(波形)选为方波；将 Amplitude(幅度)选为 3；将 Frequency(频率)选为 0.5；而将 Units(单位)选为 Hertz。然后单击 OK 按钮。

(9) 一旦已经放置完模块，就可以按图 11-41 中所示的那样连接箭头。

(10) 将 Stop time 设置为 10，运行这个仿真，并在 Scope 中检验θ(t)的图形。这样就完成了这个仿真。

11.4.5　子系统

图形界面(如 Simulink)的一个潜在缺点是：要仿真一个复杂的系统，框图可能会变得相当大，因此就会有些麻烦。但是，Simulink 中可以创建子系统模块，它们的作用类似于编程语言中的子程序。子系统模块实际上就是一个由单个模块所表示的 Simulink 程序。一旦创建了子系统模块，用户就可以在其他的 Simulink 程序中使用它。本书还在本节中介绍了其他的一些模块。

为了说明子系统模块，本书将使用一个简单的液压系统，这个模型基于工程师们都很熟悉的质量守恒定律。由于控制方程类似于其他的工程应用(如电路和设备)，所以，从这个示例中学习到的经验将允许用户在其他应用中使用 Simulink。

1. 液压系统

液压系统中所操作的流体是一种不可压缩的流体，如水或硅油(气压系统所使用的是可压缩流体，如空气)。考虑一个由流体密度为ρ的一箱流体所组成的液压系统，如图 11-42 所示。图中横截面所示的容器是一个圆柱体，其底面积为 A。一个流体源将流体以流速 $q_{mi}(t)$ 注入这个容器。这个容器中的流体总质量是 $m=\rho Ah$，而根据质量守恒定律，可以有：

$$\frac{\mathrm{d}m}{\mathrm{d}t}=\rho A\frac{\mathrm{d}h}{\mathrm{d}t}=q_{mi}-q_{mo} \tag{11-2}$$

其中，ρ和 A 是常数。

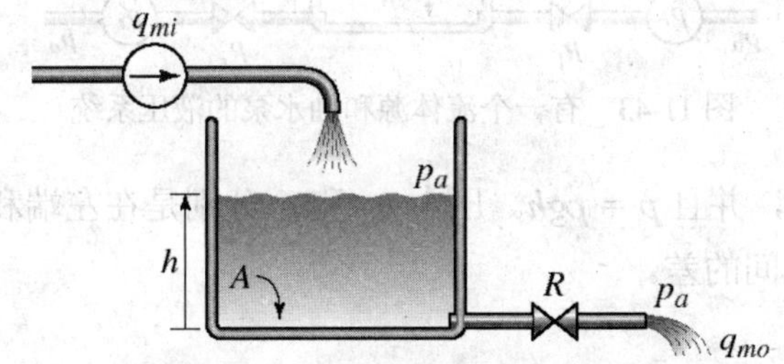

图 11-42　有一个流体源的液压系统

如果排水口是这样的一个管道：它受到大气压 p_a 开始放水、并且其给流水提供了与其端口上两端压力差成正比的阻力，那么排水口流速是：

$$q_{mo}=\frac{1}{R}\left[(\rho gh+p_a)-p_a\right]=\frac{\rho gh}{R}$$

其中，R 称为流体阻力。将这个表达式代入方程(11-2)，就可得到以下模型：

$$\rho A\frac{\mathrm{d}h}{\mathrm{d}t}=q_{mi}(t)-\frac{\rho g}{R}h \tag{11-3}$$

传递函数是：

$$\frac{H(s)}{Q_{mi}(s)}=\frac{1}{\rho As+\rho g/R}$$

另一方面，排水口可以是一个阀门或者是为流动提供的其他非线性阻力限制。在这类情况下，一个常见模型是带符号的平方根关系：

$$q_{mo}=\frac{1}{R}\,\mathrm{SSR}(\Delta p)$$

其中，q_{mo} 是排水口的质量流速；R 是阻力；Δp 是阻力两端的压力差，并且，

$$\mathrm{SSR}(\Delta p)=\begin{cases}\sqrt{\Delta \mathrm{p}} & 如果\Delta \mathrm{p}\geq 0\\ -\sqrt{\Delta \mathrm{p}} & 如果\Delta \mathrm{p}<0\end{cases}$$

注意：

可以在 MATLAB 中将 SSR(u)函数表示为 sgn(u)*sqrt(abs(u))。

考虑图 11-43 中所示的一个有些许差别的系统，这个系统中有一个流体源 q 和两个分别在压力 p_l 和 p_r 时供给流体的抽水泵。假设阻力是非线性函数，并且其服从带符号的平方根关系。那么，这个系统的模型就如下所示：

$$\rho A\frac{\mathrm{d}h}{\mathrm{d}t}=q+\frac{1}{R_l}\mathrm{SSR}(p_l-p)-\frac{1}{R_r}\mathrm{SSR}(p-p_r)$$

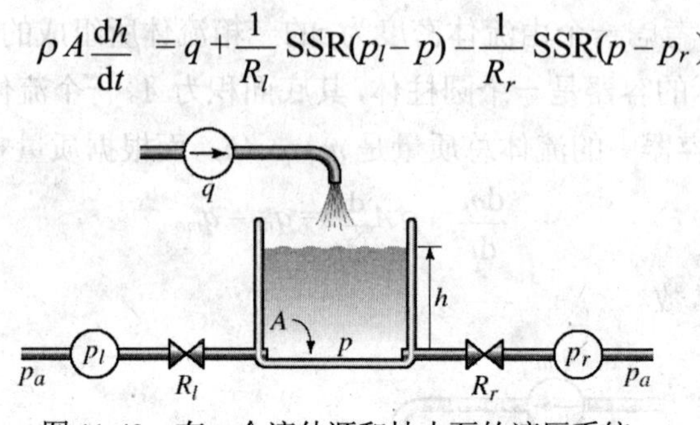

图 11-43　有一个流体源和抽水泵的液压系统

其中，A 是底面积，并且 $p=\rho gh$。压力 p_l 和 p_r 分别是在左端和右端处的表压。表压是绝对压强和大气压之间的差。

注意：

由于使用了表压，所以在模型中抵消了大气压 p_a。

本书将使用这个应用来介绍以下的 Simulink 单元：

- Subsystem(子系统)模块。
- Input and Output Ports(输入和输出端口)。

用户可以使用以下两种方法之一来建立一个子系统模块：通过从工具库中将 Subsystem 模块拖到模型窗口之中；或者首先建立一个 Simulink 模型，然后再将其“封装”在一个有界框之中。本书将举例说明后一种方法。

本书将为图 11-43 所示的液压系统建立一个子系统模块。首先，构建图 11-44 所示的 Simulink 模型。椭圆形的模块是 Input and Output Ports(In 1 和 Out 1)，其可以在 Ports and Subsystems(端口和子系统)库中找到。

注意：

在给 4 个 Gain 模块中的每个模块输入增益时都要使用 MATLAB 变量和表达式。

在运行这个程序之前，用户将在 MATLAB 的命令窗中给这些变量进行赋值。使用模块中所示的表达式分别为 4 个 Gain 模块输入增益。用户还可以使用一个变量作为 Integrator 模块的初始条件，同时将这个变量命名为 h0。

SSR 模块是 Fcn 模块的示例，Fcn 模块在 User-Defined Funcitons(用户自定义的函数)库中。双击这个模块，然后再输入 MATLAB 表达式 sgn(u)*sqrt(abs(u))。

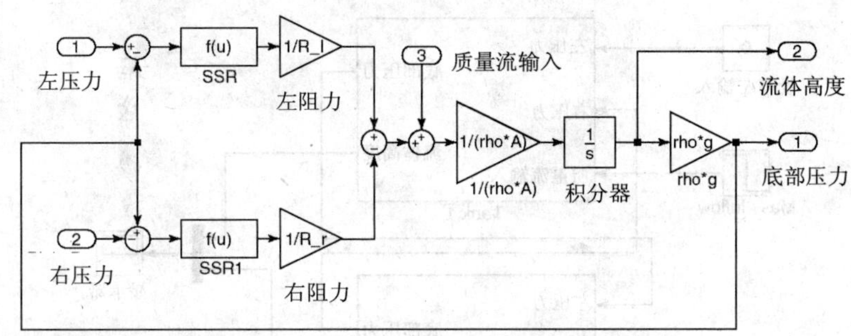

图 11-44　图 11-43 中所示系统的 Simulink 模型

注意:

Fcn 模块要求用户使用变量 u。Fcn 模块的输出必须是一个标量，这里的情况就是这样，同时，用户无法在 Fcn 模块中执行矩阵运算，但是，这里也并不需要执行矩阵运算(Fcn 模块的备选模块是 MATLAB Fcn 模块，本书将在 11.5 节中加以讨论)。保存这个模型，同时再给它起一个名称，如 Tank。

现在，在这个框图的周围建立一个“有界框”，实现的方法是：将鼠标指针放在左上角，同时按下鼠标按钮，再将放大框向右下角拖动以装入整个框图。然后，从 Edit 菜单选中 Create Subsystem 菜单项。然后，Simulink 将用一个输入和输出端口数与所需数量一样多的模块以替换这个框图，同时，MATLAB 将给它指定默认的名称。用户还可以调整这个模块的大小，以确保可以阅读标记。用户通过双击其以查看或者编辑子系统。结果如图 11-45 所示。

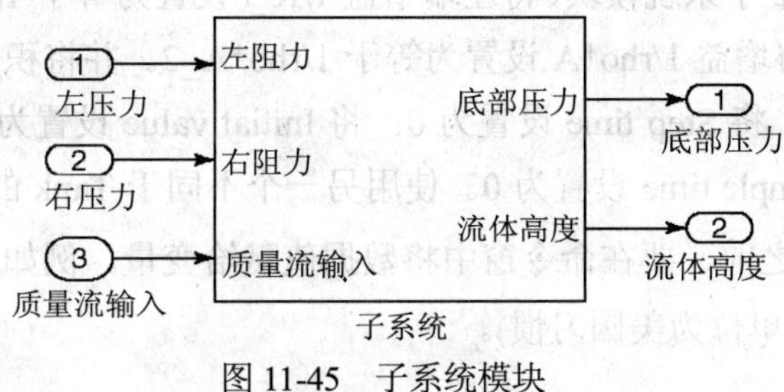

图 11-45　子系统模块

2. 连接子系统模块

现在，创建图 11-46 中所示系统的一个仿真，其中，质量流入速率 q 是一个阶跃函数。实现仿真方法是创建如图 11-47 所示的 Simulink 模型。正方形模块是 Sources 库中的 Constant 模块。这些模块给出了恒定的输入(这与阶跃函数输入有所不同)。

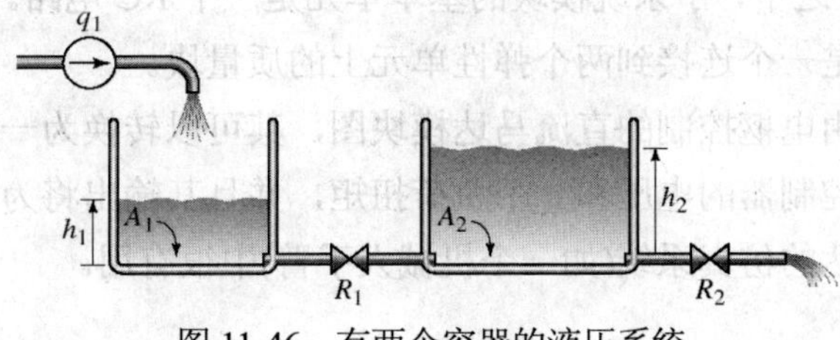

图 11-46　有两个容器的液压系统

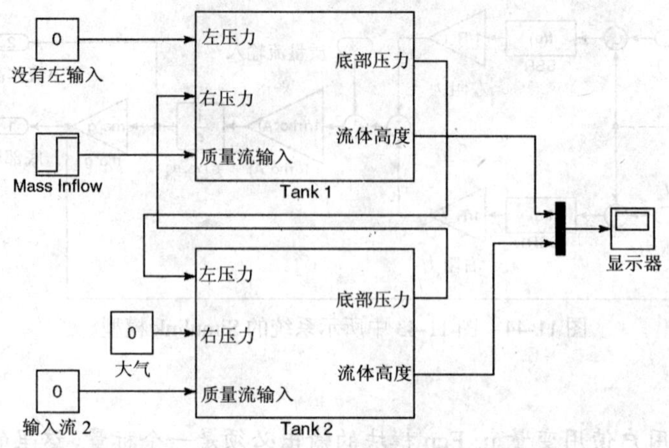

图 11-47　图 11-46 中所示系统的 Simulink 模型

两个较大的矩形模块是刚刚所创建的那一类子系统模块。要把它们插入到模型之中，首先就要打开 Tank 子系统模型，并从 Edit 菜单选中 Copy 菜单项，然后再分别将它两次粘贴到新的模型窗口之中。连接输入和输出端口，并按图 11-47 中所示的方式编辑标记。然后双击 Tank 1 子系统模块，将左端增益 1/R_l 设置为等于 0；将右端增益 1/R_r 设置为等于 1/R_1；将增益 1/rho*A 设置为等于 1/rho*A_1。同时，将积分器的初始条件设置为 h10。

注意：

将增益 1/R_l 设置为等于 0 等效于 R_l=∞，其代表了左端没有注水口。

然后，双击 Tank 2 子系统模块，将左端增益 1/R_l 设置为等于 1/R_1；将右端增益 1/R_r 设置为等于 1/R_2；将增益 1/rho*A 设置为等于 1/rho*A_2。并将积分器的初始条件设置为 h20。对于 Step 模块，将 Step time 设置为 0；将 Initial value 设置为 0；将 Final value 设置为变量 q_1；并将 Sample time 设置为 0。使用另一个不同于 Tank 的名称来保存这个模型。

在运行这个模型之前，要在命令窗中将数据值赋给变量。例如，用户可以在命令窗中为水量输入以下值(其单位为美国习惯)。

```
>>A_1 = 2;A_2 = 5;rho = 1.94;g = 32.2;
>>R_1 = 20;R_2 = 50;q_1 = 0.3;h10 = 1;h20 = 10;
```

在选择了一个仿真 Stop time 之后，用户就可以运行这个仿真。Scope 将显示高度 h_1 和 h_2 相对于时间的图形。

图 11-48、图 11-59 和图 11-50 中列举了一些很可能作为子系统模块应用的候选电气和机械系统。在图 11-48 之中，子系统模块的基本单元是一个 RC 电路。在图 11-49 之中，子系统模块的基本单元是一个连接到两个弹性单元上的质量块。

图 11-50 是一个由电枢控制的直流马达模块图，其可以转换为一个子系统模块。这个模块的输入是来自于控制器的电压和一个负荷扭矩，并且其输出将为马达速度。这样一个模块在包含有多个马达的仿真系统(如一个机械人手臂)中很有用。

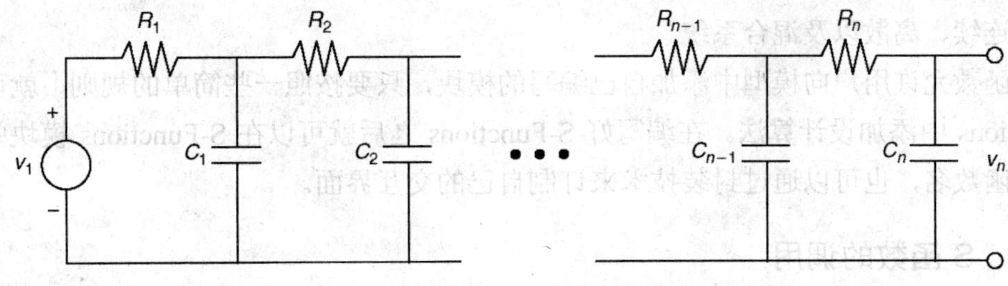

图 11-48　RC 环路网络

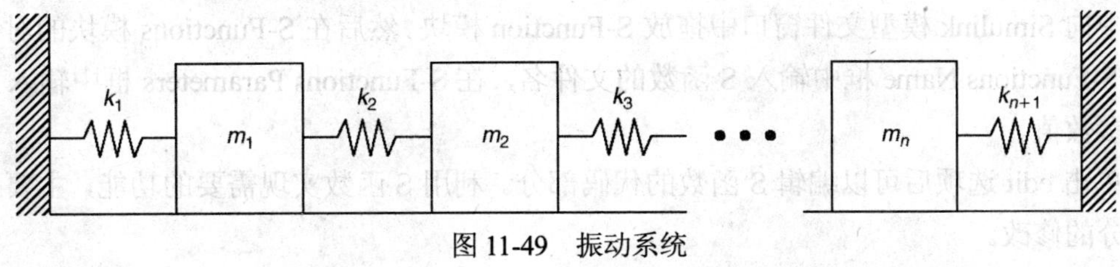

图 11-49　振动系统

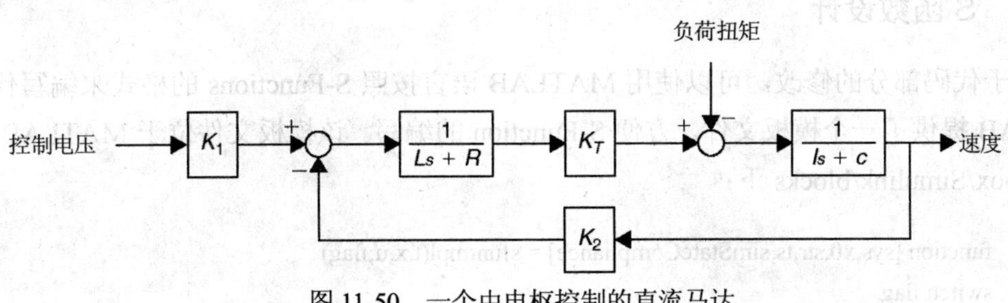

图 11-50　一个由电枢控制的直流马达

11.5　S 函数设计与应用

从前面的介绍中可以看到，Simulink 为用户提供了很多内置的基本库模块，通过这些模块的连接可以构成系统的模型。由于这些内置的基本库模块是有限的，所以很多情况下，尤其在特殊的应用中，需要用到一些特殊的模块，这些模块可以用基本模块构建，它们由基本模块扩展而来。

11.5.1　S 函数的介绍

S 函数就是 S-Functions，是 system-Functions 的缩写。当 MATLAB 所提供的模型不能完全满足用户要求时，就可以通过 S 函数提供给用户自己编写程序来满足自己要求模型的接口。S 函数可以用 MATLAB，C，C++，Ada 和 Fortran 编写。C，C++，Ada 和 Fortran 的 S-Functions 需要编译为 MEX 文件，就和其他 MEX 文件一样，Simulink 可以随时动态调用这些文件。

S 函数使用的是一种比较特殊的调用格式，可以和 Simulink 求解器交互式操作，这种交互式就是与 Simulink 求解器和内置固有模块交互式操作相同。S-Functions 功能非常全面，适用于连续、离散以及混合系统。

S 函数允许用户向模型中添加自己编写的模块，只要按照一些简单的规则，就可以在 S-Functions 中添加设计算法。在编写好 S-Functions 之后就可以在 S-Functions 模块中添加相应的函数名，也可以通过封装技术来订制自己的交互界面。

11.5.2 S 函数的调用

在 Simulink 中使用 S-Functions 的方法就是从 Simulink 中的 User-Defined Functions 模块库中向 Simulink 模型文件窗口中拖放 S-Function 模块。然后在 S-Functions 模块的对话框中的 S-Functions Name 框中输入 S 函数的文件名，在 S-Functions Parameters 框中输入 S 函数的参数值。

单击 edit 选项后可以编辑 S 函数的代码部分。利用 S 函数实现需要的功能，主要是代码部分的修改。

11.5.3 S 函数设计

对于代码部分的修改，可以使用 MATLAB 语言按照 S-Functions 的格式来编写代码。MATLAB 提供了一个模板文件，方便 S-Function 的编写。该模板文件位于 MATLAB 根目录 toolbox/Simulink/blocks 下：

```
function [sys,x0,str,ts,simStateCompliance] = sfuntmpl(t,x,u,flag)
switch flag,
  case 0,
    [sys,x0,str,ts,simStateCompliance]=mdlInitializeSizes;
  case 1,
    sys=mdlDerivatives(t,x,u);
  case 2,
    sys=mdlUpdate(t,x,u);
  case 3,
    sys=mdlOutputs(t,x,u);
  case 4,
    sys=mdlGetTimeOfNextVarHit(t,x,u);
  case 9,
    sys=mdlTerminate(t,x,u);
  otherwise
    DAStudio.error('Simulink:blocks:unhandledFlag', num2str(flag));
end
function [sys,x0,str,ts,simStateCompliance]=mdlInitializeSizes
sizes = simsizes;
sizes.NumContStates  = 0;
sizes.NumDiscStates  = 0;
sizes.NumOutputs     = 0;
sizes.NumInputs      = 0;
```

```
sizes.DirFeedthrough = 1;
sizes.NumSampleTimes = 1;
sys = simsizes(sizes);
x0   = [];
str = [];
ts   = [0 0];
simStateCompliance = 'UnknownSimState';
function sys=mdlDerivatives(t,x,u)
sys = [];
function sys=mdlUpdate(t,x,u)
sys = [];
function sys=mdlOutputs(t,x,u)
sys = [];
function sys=mdlGetTimeOfNextVarHit(t,x,u)
sampleTime = 1;
sys = t + sampleTime;
function sys=mdlTerminate(t,x,u)
sys = [];
```

该模板文件中，当 flag 等于不同值时，使用 switch 语句进行判别。其基本结构就是，当 flag 为不同值时，调用不同的 M 文件子函数。例如，Flag 的值为 2 时，调用的子函数为 sys=mdlUpdate(t,x,u)。模板文件也只是 Simulink 为方便用户而提供的一种参考格式，并非严格编写 S-Functions 的语法要求，在实际应用时，并不是只有模板文件这一种结构，也可以使用其他(如 if)语句来完成同样的功能，也可以根据需要去掉一些值，改变子函数的名称，以及直接把代码写在主函数中。

使用模板编写 S-Function，用户把函数名换成自己需要的函数名即可。如果需要更多的输入量，那么应该在输入参数的列表里增加所需要的参数。模板文件中的 t，x，u 和 flag 是 Simulink 在调用 S-functions 时自动传入的。而对于现有的输出参数，最好不作修改。用户所要做的工作就是用相应的代码去代替模板里各个子函数的代码，以实现实际需求。

M 文件 S-Functions 可用的子函数说明如下所示。

(1) mdlInitializeSizes：定义 S-Function 模块的基本特性，包括采样时间、连续或者离散状态的初始条件和 sizes 数组。

(2) mdlDerivatives：计算连续状态变量的微分方程。

(3) mdlUpdate：更新离散状态、采样时间和主时间同步的要求。

(4) mdlOutputs：计算 S-Function 的输出。

(5) mdlGetTimeOfNextVarHit：计算下一个采样时间点的绝对时间。

(6) mdlTerminate：结束仿真任务。

为了让 Simulink 识别一个 M 文件 S-Function，用户必须在 S 函数里提供有关 S 函数的说明信息，包括采样时间、连续或者离散状态个数的初始条件。这一部分主要是在 mdlInitializeSize 子函数里设置完成。

模板文件的子函数如下所示：

```
function [sys,x0,str,ts]=mdlInitializeSizes
sizes = simsizes;
sizes.NumContStates   = 0;
sizes.NumDiscStates   = 0;
sizes.NumOutputs      = 0;
sizes.NumInputs       = 0;
sizes.DirFeedthrough = 1;
sizes.NumSampleTimes = 1;
sys = simsizes(sizes);
x0  = [];
str = [];
ts  = [0 0];

function sys=mdlDerivatives(t,x,u)
sys = [];

function sys=mdlUpdate(t,x,u)
sys = [];

function sys=mdlOutputs(t,x,u)
sys = [];

function sys=mdlGetTimeOfNextVarHit(t,x,u)
sampleTime = 1;
sys = t + sampleTime;

function sys=mdlTerminate(t,x,u)
sys = [];
```

Sizes 数组是 S-function 函数信息的载体，它内部字段的意义如下。

(1) NumContStates：连续状态的个数(状态向量连续部分的宽度)。

(2) NumDiscStates：离散状态的个数(状态向量离散部分的宽度)。

(3) NumOutputs：输出变量的个数(输出向量的宽度)。

(4) NumInputs：输入变量的个数(输入向量的宽度)。

(5) DirFeedthrough：有无直接馈入。

(6) NumSampleTimes：采样时间个数。

S-function 默认的 4 个输入参数 t、x、u 和 flag，它们的次序不能变动，各自代表的意义如下。

- t：表示当前仿真时刻，是采用绝对计量的时间值，是从仿真开始模型运行时间的计量值。
- x：模块的状态向量，包括连续状态向量和离散状态向量。
- u：模块的输入向量。

- flag：执行不同操作的标记变量。

同时 S-Function 默认的 4 个返回参数为 sys、x0、str 和 ts，它们的次序也不能改变，代表的意义如下。

- sys：通用返回函数；
- x0：初始状态值，当 flag 的值为 0 时才有效；
- str：没有明确定义，是 Math Works 为将来应用所作的保留。
- ts：一个 m×2 矩阵，它的两列分别表示采样时间间隔和偏移。

11.6 习　题

1. 熟悉 Simulink 的模块库，掌握常用模块(Commonly used Blocks)。

2. 求解微分方程 $\begin{cases} \dot{x}_1 = 4x_1 + x_2^2 + x_2x_3 \\ \dot{x}_2 = 2x_1 + x_3^2 + 10 \\ x_1 + x_2 + x_3 = 8 \end{cases}$，初始条件 $x_1 = x_2 = x_3 = 0$。

3. 使用 S 函数实现 y=5*x+3，建立仿真模型并得出仿真结果。

4. 在水平角度 30°方向，以 100 m/s 的速度来投掷一个抛射物。建立一个 Simulink 模型以求解这个抛射物的运动方程，其中，x 和 y 分别是这个抛射物的水平和垂直位移。

$$\ddot{x} = 0 \qquad x(0) = 0 \qquad \dot{x}(0) = 100\cos 30^\circ$$
$$\ddot{y} = -g \qquad y(0) = 0 \qquad \dot{y}(0) = 100\sin 30^\circ$$

使用这个模型来绘制这条抛射物轨迹 y 相对于 x 的图形，其中，$0 \leqslant t \leqslant 10$ s。

5. 考虑图 11-51 中所示的系统。运动方程是：

$$m_1\ddot{x}_1 + (c_1 + c_2)\dot{x}_1 + (k_1 + k_2)x_1 - c_2\dot{x}_2 - k_2x_2 = 0$$
$$m_2\ddot{x}_2 + c_2\dot{x}_2 + k_2x_2 - c_2\dot{x}_1 - k_2x_1 = f(t)$$

假设 $m_1 = m_2 = 1, c_1 = 3, c_2 = 1, k_1 = 1$ 和 $k_2 = 4$。

(1) 开发这个系统的 Simulink模型。在开发系统模型的时候，考虑是使用模型的状态-变量表示法还是传递-函数表示法。

(2) 使用 Simulink 模型，针对以下输入绘制响应 $x_1(t)$的图形。其初始条件为 0。

$$f(t) = \begin{cases} t & 0 \le t \le 1 \\ 2-t & 1 < t < 2 \\ 0 & t \ge 2 \end{cases}$$

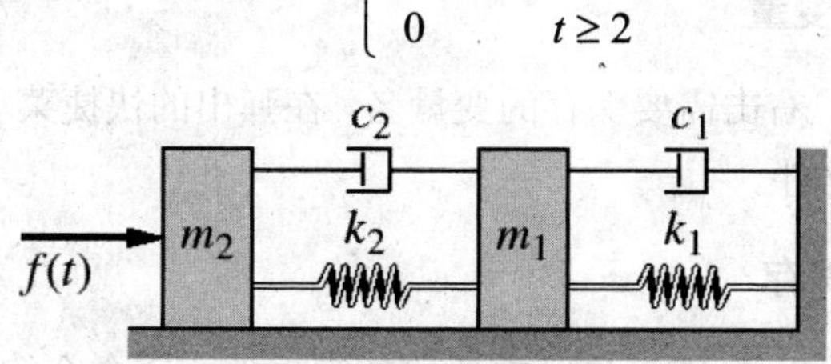

图 11-51　习题 5 系统图

第12章　文件和数据的导入与导出

在编写一个程序时，经常需要从外部读入数据，或者将程序运行的结果保存为文件。MATLAB 使用多种格式打开和保存数据。本章将介绍 MATLAB 中文件的读写和数据的导入导出。

本章学习目标

- ☑ 了解 MATLAB 的基本数据操作
- ☑ 掌握 MATLAB 中文本文件的读写方式
- ☑ 掌握 MATLAB 通过界面导入导出数据
- ☑ 了解 MATLAB 中的基本输入输出函数

12.1　数据基本操作

本节介绍基本的数据操作，包括工作区的保存、导入和文件打开。

12.1.1　文件的存储

MATLAB 支持工作区的保存。用户可以将工作区或工作区中的变量以文件的形式保存，以备在需要时再次导入。保存工作区可以通过菜单进行，也可以通过命令窗口进行。

1. 保存整个工作区

选择 File | Save Workspace As 命令，或者单击工作区浏览器工具栏中的 Save 按钮，可以将工作区中的变量保存为 MAT 文件。

2. 保存工作区中的变量

在工作区浏览器中，右击需要保存的变量名，在弹出的快捷菜单中选择 Save As 命令，将该变量保存为 MAT 文件。

3. 利用 save 命令保存

该命令可以保存工作区，或工作区中任何指定文件。该命令的调用格式如下。

- save：将工作区中的所有变量保存在当前工作区中的文件中，文件名为 matlab.mat，

MAT 文件可以通过 load 函数再次导入工作区，MAT 函数可以被不同的机器导入，甚至可以通过其他的程序调用。

- save('filename')：将工作区中的所有变量保存为文件，文件名由 filename 指定。如果 filename 中包含路径，则将文件保存在相应目录下，否则默认路径为当前路径。
- save('filename', 'var1', 'var2', ...)：保存指定的变量在 filename 指定的文件中。
- save('filename', '-struct', 's')：保存结构体 s 中全部域作为单独的变量。
- save('filename', '-struct', 's', 'f1', 'f2', ...)：保存结构体 s 中的指定变量。
- save('-regexp', expr1, expr2, ...)：通过正则表达式指定待保存的变量需满足的条件。
- save('..., 'format')：指定保存文件的格式，格式可以为 MAT 文件、ASCII 文件等。

12.1.2　数据导入

MATLAB 中导入数据通常由函数 load 实现，该函数的用法如下。

- load：如果 matlab.mat 文件存在，导入 matlab.mat 中的所有变量；如果不存在，则返回 error。
- load filename：将 filename 中的全部变量导入到工作区中。
- load filename X Y Z ...：将 filename 中的变量 X、Y、Z 等导入到工作区中，如果是 MAT 文件，在指定变量时可以使用通配符“*”。
- load filename -regexp expr1 expr2 ...：通过正则表达式指定需要导入的变量。
- load-ascii filename：无论输入文件名是否包含扩展名，将其以 ASCII 格式导入；如果指定的文件不是数字文本，则返回 error。
- load-mat filename：无论输入文件名是否包含扩展名，将其以 MAT 格式导入；如果指定的文件不是 MAT 文件，则返回 error。

例 12-1　将文件 matlab.map 中的变量导入到工作区中。

首先应用命令 whos-file 查看该文件中的内容：

```
>> whos-file matlab.mat
  Name              Size         Bytes      Class
  A                 2x3          48         double array
  I_q          415x552x3         687240     uint8 array
  ans               1x3          24         double array
  num_of_cluster    1x1          8          double array
Grand total is 687250 elements using 687320 bytes
```

将该文件中的变量导入到工作区中：

```
>> load matlab.mat
```

该命令执行后，可以在工作区浏览器中看见这些变量，如图 12-1 所示。

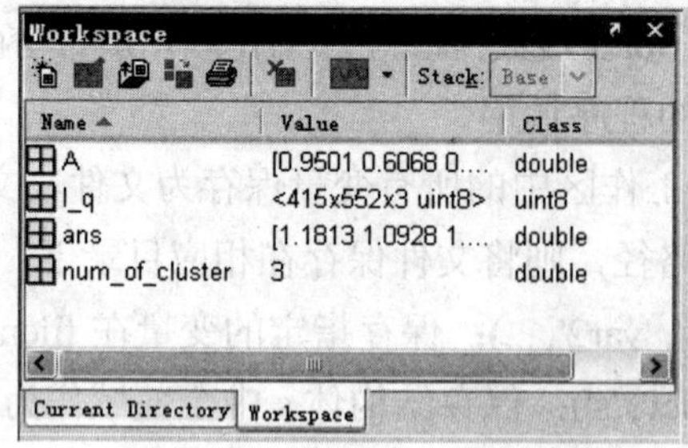

图 12-1　导入变量后的工作区视图

接下来用户可以访问这些变量。

```
>> num_of_cluster
num_of_cluster =
     3
```

MATLAB 中，另一个导入数据的常用函数为 importdata，该函数的用法如下。

- importdata('filename')：将 filename 中的数据导入到工作区中。
- A = importdata('filename')：将 filename 中的数据导入到工作区中，并保存为变量 A。
- importdata('filename','delimiter')：将 filename 中的数据导入到工作区中，以 delimiter 指定的符号作为分隔符。

例 12-2　从文件中导入数据。

```
>> imported_data = importdata('matlab.mat')
imported_data =
                   ans: [1.1813 1.0928 1.6534]
                     A: [2x3 double]
                   I_q: [415x552x3 uint8]
    num_of_cluster: 3
```

与 load 函数不同，importdata 将文件中的数据以结构体的方式导入到工作区中。

12.1.3　文件的打开

MATLAB 中可以使用 open 命令打开各种格式的文件，MATLAB 自动根据文件的扩展名选择相应的编辑器。

需要注意 open('filename.mat')和 load('filename.mat')的不同：前者将 filename.mat 以结构体的方式打开在工作区中，后者将文件中的变量导入到工作区中。如果需要访问其中的内容，需要以不同的方式进行。

例 12-3　open 与 load 的比较。

```
>> clear
>> A = magic(3);
>> B = rand(3);
>> save
```

```
Saving to: D:\Program Files\MATLAB\R2012a\bin\matlab.mat
>> clear
>> load('matlab.mat')
>> A
A =
     8     1     6
     3     5     7
     4     9     2
>> B
B =
    0.9501    0.4860    0.4565
    0.2311    0.8913    0.0185
    0.6068    0.7621    0.8214
>> clear
>> open('matlab.mat')
ans =
    A: [3x3 double]
    B: [3x3 double]
ans =
    A: [3x3 double]
    B: [3x3 double]
>> struc1=ans;
>> struc1.A
ans =
     8     1     6
     3     5     7
     4     9     2
>> struc1.B
ans =
    0.9501    0.4860    0.4565
    0.2311    0.8913    0.0185
    0.6068    0.7621    0.8214
```

12.2　文本文件的读写

在 12.1 节中介绍的函数和命令主要用于读写 MAT 文件，而在应用中，需要读写更多格式的文件，如文本文件、Word 文件、XML 文件、XLS 文件、图像文件和音视频文件等。本节介绍文本文件(TXT)的读写。其他文件的读写，用户可以参考 MATLAB 帮助文档。

MATLAB 中实现文本文件读写的函数如表 12-1 所示。

表 12-1　MATLAB 中的文本文件读写函数

函　数	功　能
csvread	读入以逗号分隔的数据
csvwrite	将数据写入文件，数据间以逗号分隔
dlmread	将以 ASCII 码分隔的数值数据读入到矩阵中
dlmwrite	将矩阵数据写入到文件中，以 ASCII 分隔
textread	从文本文件中读入数据，将结果分别保存
textscan	从文本文件中读入数据，将结果保存为单元数组

下面详细介绍这些函数。

1. csvread 和 csvwrite

csvread 函数的调用格式如下。

- M = csvread('filename')：将文件 filename 中的数据读入，并且保存为 M，filename 中只能包含数字，并且数字之间以逗号分隔。M 是一个数组，行数与 filename 的行数相同，列数为 filename 列的最大值，对于元素不足的行，以 0 补充。
- M = csvread('filename', row, col)：读取文件 filename 中的数据，起始行为 row，起始列为 col(需要注意的是，此时的行列从 0 开始)。
- M = csvread('filename', row, col, range)：读取文件 filename 中的数据，起始行为 row，起始列为 col，读取的数据由数组 range 指定。range 的格式为：[R1 C1 R2 C2]，其中，R1、C1 为读取区域左上角的行和列，R2、C2 为读取区域右下角的行和列。

csvwrite 函数的调用格式如下。

- csvwrite('filename',M)：将数组 M 中的数据保存为文件 filename，数据间以逗号分隔。
- csvwrite('filename',M,row,col)：将数组 M 中的指定数据保存在文件中，数据由参数 row 和 col 指定，保存 row 和 col 右下角的数据。
- csvwrite 写入数据时每一行以换行符结束。另外，该函数不返回任何值。

这两个函数的应用见例 12-4。

例 12-4　函数 csvread 和 csvwrite 的应用。

本例首先将 MATLAB 的图标转化为灰度图，将数据存储在文本文件中，再将其部分读出，显示为图形。

编写 M 文件，命名为 immatlab.m，内容为：

```
% the example of functions csvread and csvwrite
I_MATLAB= imread('D:\matlab.jpg');          % read in the image
I_MATLAB= rgb2gray(I_MATLAB);                    % convert the image to gray image
```

```
figure,imshow(I_MATLAB,'InitialMagnification',100); % show the image
csvwrite('D:\matlab.txt',I_MATLAB);                  % write the data into a text file
sub_MATLAB= csvread('D:\matlab.txt',100,100);% read in part of the data
sub_MATLAB= uint8(sub_MATLAB);               % convert the data to uint8
figure,imshow(sub_MATLAB,'InitialMagnification',100);   % show the new image
```

在命令窗口中运行该脚本，输出图形如图 12-2 所示。

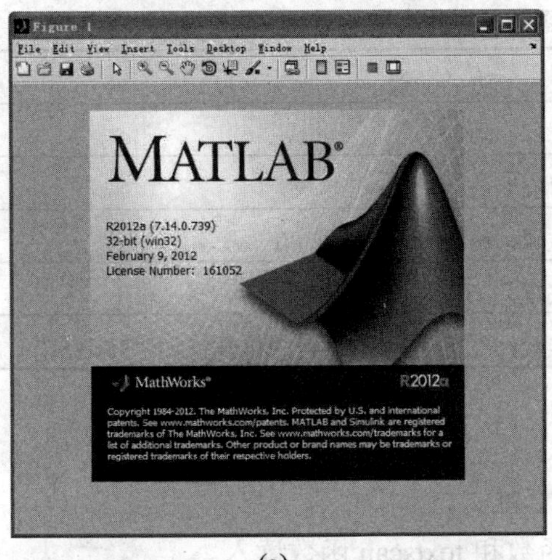

(a)

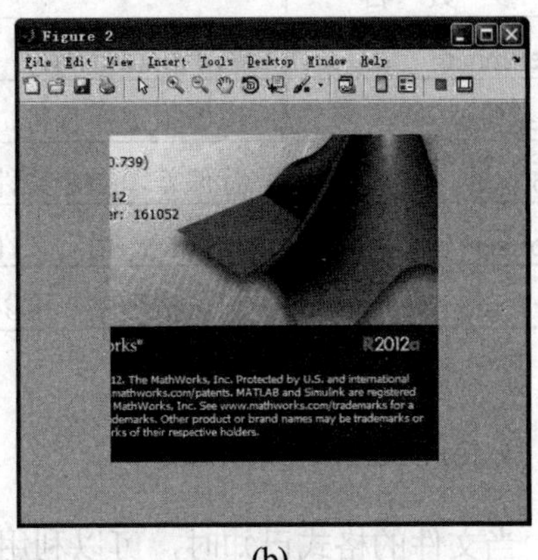

(b)

图 12-2　例 12-4 的运行结果

该例中涉及少量超出本书范围的图像处理内容，感兴趣的读者可以查阅 MATLAB 帮助文档中关于 Image Processing Toolbox 的介绍。

2. dlmread 和 dlmwrite

dlmread 函数用于从文档中读入数据，其功能强于 csvread。dlmread 的调用格式如下。

- M = dlmread('filename')
- M = dlmread('filename', delimiter)
- M = dlmread('filename', delimiter, R, C)
- M = dlmread('filename', delimiter, range)

其中，参数 delimiter 用于指定文件中的分隔符，其他参数的意义与 csvread 函数中参数的意义相同，这里不再赘述。dlmread 函数与 csvread 函数的差别在于，dlmread 函数在读入数据时可以指定分隔符，不指定时默认分隔符为逗号。

dlmwrite 函数用于向文档中写入数据，其功能强于 csvwrite 函数。dlmwrite 函数的调用格式如下。

- dlmwrite('filename', M)：将矩阵 M 的数据写入文件 filename 中，以逗号分隔。
- dlmwrite('filename', M, 'D')：将矩阵 M 的数据写入文件 filename 中，采用指定的分隔符分隔数据，如果需要 tab 键，可以用“\t”指定。

- dlmwrite('filename', M, 'D', R, C)：指定写入数据的起始位置。
- dlmwrite('filename', M, attribute1, value1, attribute2, value2, ...)：指定任意数目的参数。
- dlmwrite('filename', M, '-append')：如果 filename 指定的文件存在，在文件后面写入数据，不指定时则覆盖原文件。
- dlmwrite('filename', M, '-append', attribute-value list)：续写文件，并指定参数。

dlmwrite 函数的可用参数如表 12-2 所示。

表 12-2　dlmwrite 函数的可用参数

参 数 名	功　能
delimiter	用于指定分隔符
newline	用于指定换行符，可以选择“pc”或者“unix”
roffset	行偏差，指定文件第一行的位置，roffset 的基数为 0
coffset	列偏差，指定文件第一列的位置，coffset 的基数为 0
precision	指定精确度，可以指定精确维数，或者采用 C 语言的格式，如“%10.5f”

3. textread，textscan

当文件的格式已知时，可以利用 textread 函数和 textscan 函数读入。

例 12-5　通过%读入文件，按照原有格式读取。

文件的内容为：

```
Sally    Level1 12.34 45 Yes
```

在命令窗口中输入：

```
>> [names, types, x, y, answer] = textread('D:\mat.txt','%s %s %f %d %s', 1)
```

得到结果为：

```
names =
    'Sally'
types =
    'Level1'
x =
   12.3400
y =
    45
answer =
    'Yes'
```

12.3　低级文件 I/O

本节介绍一些基本的文件操作，这些操作如表 12-3 所示。

表 12-3　MATLAB 的基本文件操作

函　数	功　能
fclose	关闭打开的文件
feof	判断是否为文件结尾
ferror	文件输入输出中的错误查找
fgetl	读入一行，忽略换行符
fgets	读入一行，直到换行符
fopen	打开文件，或者获取打开文件的信息
fprintf	格式化输入数据到文件
fread	从文件中读取二进制数据
frewind	将文件的位置指针移至文件开头位置
fscanf	格式化读入
fseek	设置文件位置指针
ftell	文件位置指针
fwrite	向文件中写入数据

下面重点介绍函数 fprintf。该函数的调用格式如下。

count = fprintf(fid, format, A, ...)，该语句将矩阵 A 及后面其他参数中数字的实部以 format 指定的格式写入到 fid 指定的文件中，返回写入数据的字节数。

上面语句中，参数 format 由%开头，共可由 4 个部分组成，分别如下。

- 标记(flag)，为可选部分。
- 宽度和精度指示，为可选部分。
- 类型标志符，为可选部分。
- 转换字符，为必需部分。

下面简要介绍其中 3 个部分。

1. 标记

标记用于控制输出的对齐方式，可以选择的内容如表 12-4 所示。

表 12-4　标记的可选内容

函　数	功　能	示　例
负号(-)	在参数左侧进行判别	%-5.2d
加号(+)	在数字前添加符号	%+5.2d

(续表)

函　数	功　能	示　例
空格	在数字前插入空格	% 5.2d
0	在数字前插入 0	%05.2d

2. 宽度和精度指示

用户可以通过数字指定输出数字的宽度及精度，格式如下。

- %6f：指定数字的宽度。
- %6.2f：指定数字的宽度及精度。
- %.2f：指定数字的精度。

例 12-6　fprintf 函数宽度和精度指示符示例。

在命令窗口中输入如下命令：

```
>> file_h = fopen('D:\type.txt','w');
>> fprintf(file_h, '%6.2f %12.8f\n', 1.2, -43.3);
>> fprintf(file_h, '%6f %12f\n', 1.2, -43.3);
>> fprintf(file_h, '%.2f %.8f\n', 1.2, -43.3);
>> fclose(file_h)
ans =
     0
```

打开该文件，其内容为：

```
  1.20 -43.30000000
1.200000    -43.300000
1.20 -43.30000000
```

从上述结果可以看出宽度和精度控制的效果。

3. 转换字符

转换字符用于指定输出的符号，可以选择的内容如表 12-5 所示。

表 12-5　格式化输出的标志符及意义

标　志　符	意　义
%c	输出单个字符
%d	输出有符号十进制数
%e	采用指数格式输出，采用小写字母 e，如 3.1415e+00
%E	采用指数格式输出，采用大写字母 E，如 3.1415E+00
%f	以定点数的格式输出
%g	%e 及%f 的更紧凑的格式，不显示数字中无效的 0
%G	与%g 相同，但是使用大写字母 E
%i	有符号十进制数

(续表)

标 志 符	意　义
%o	无符号八进制数
%s	输出字符串
%u	无符号十进制数
%x	十六进制数(使用小写字母 a~f)
%X	十六进制数(使用大写字母 A~F)

其中%o、%u、%x、%X 支持使用子类型，具体情况这里不再赘述。格式化输出标志符的效果见例 12-7。

例 12-7　fprintf 格式化输出示例。

```
>> x = 0:.1:1;
>> y = [x; exp(x)];
>> fid = fopen('exp.txt', 'wt');
>> fprintf(fid, '%6.2f %12.8f\n', y);
>> fclose(fid)
ans =
      0
```

显示该文件：

```
>> type exp.txt
   0.00     1.00000000
   0.10     1.10517092
…
   0.90     2.45960311
   1.00     2.71828183
```

例 12-8　利用 fprintf 函数在显示器上输出字符串。

```
>> fprintf(1,'It''s Friday.\n')
It's Friday.
```

在本例中，利用 1 表示显示器，并且用两个单引号显示单引号，使用\n 进行换行。在格式化输出中，这类符号称为转义符。MATLAB 中的常用转义符如表 12-6 所示。

表 12-6　MATLAB 中的常用转义符

转 义 符	功　能
\b	退格
\f	表格填充
\n	换行符
\r	回车

(续表)

转 义 符	功　能
\t	tab
\\	\，反斜线
\" 或 "	'，单引号
%%	%，百分号

12.4　利用界面工具导入数据

除前面几节介绍的函数外，也可以通过界面工具将数据导入到工作区中。本节介绍利用工作区浏览器中的工具导入数据。

单击工作区浏览器工具栏中的 Import Data 按钮，在弹出的对话框中选择待导入的文件，这里选择一个文本文件，其内容为逗号分隔的数字，打开窗口如图 12-3 所示。

在该窗口中选择分隔符号，设置导入数据的起始行。在左侧窗口中显示的是文件中的内容，右侧窗口中是导入数据的预览。设置完成后，单击 Next 按钮，进入下一界面。在该界面中可以设置导入方式，预览导入的变量，如图 12-4 所示。

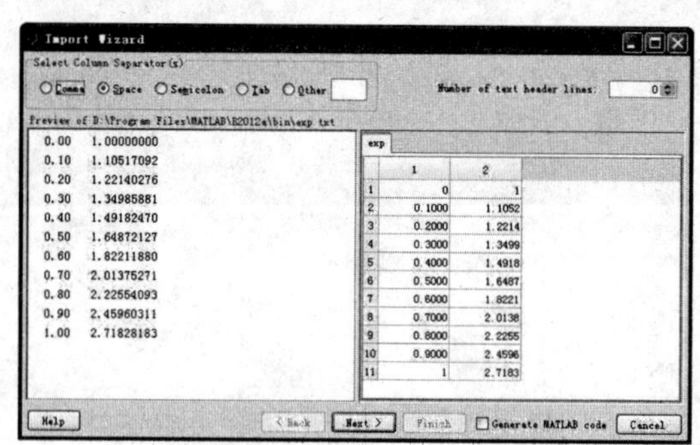

图 12-3　利用工具导入数据界面

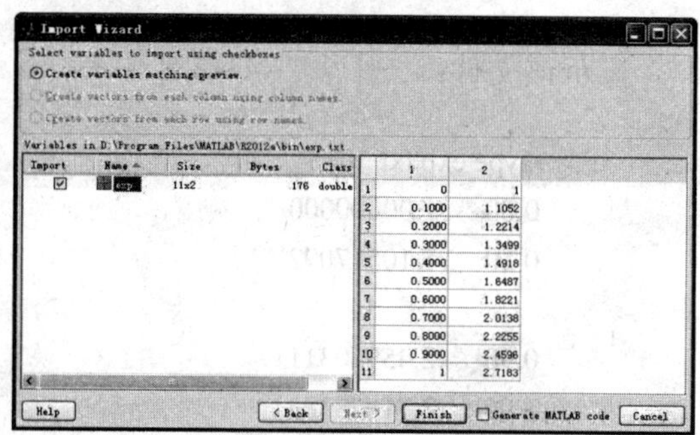

图 12-4　导入界面内容预览

12.5　习　　题

1. 尝试保存当前工作区，之后利用 clear 命令清空当前工作区，再将保存的工作区导入(用界面和命令两种方法进行)。

2. 尝试保存当前工作区中的变量，之后清除该变量，再将其导入(用界面和命令两种方法进行)。

3. 创建矩阵，并将其以不同的方式保存在文件中，再读出。如：通过 save 函数、csvwrite 函数、fprintf 函数等方法及对应的读出方法。

参 考 文 献

[1] 丁丽娟. 数值计算方法[M]. 北京：北京理工大学出版社，1997.

[2] 亨塞尔曼. 精通 MATLAB 7[M]. 北京：清华大学出版社，2006.

[3] 王高雄等. 常微分方程[M]. 3 版. 北京：高等教育出版社，2006.

[4] 陈杨等. MATLAB 6.X 图形编程与图像处理[M]. 西安：西安电子科技大学出版社，2002.

[5] 常巍等. MATLAB R2007 基础与提高[M]. 北京：电子工业出版社，2007.

[6] (美)David M.Smith 著/石志广 唐玲艳 译. MATLAB 工程计算[M]. 北京：清华大学出版社，2008.

[7] 张志涌等. 精通 MATLAB R2011a[M]. 北京：北京航空航天大学出版社，2011.

[8] http://www.mathworks.com.